大直径浅圆仓关键建造技术一本通

中国建筑第四工程局有限公司　编著

北京理工大学出版社

BEIJING INSTITUTE OF TECHNOLOGY PRESS

图书在版编目（ＣＩＰ）数据

大直径浅圆仓关键建造技术一本通／中国建筑第四
工程局有限公司编著 ．－－北京：北京理工大学出版社，
2023.9

　　ISBN 978 － 7 － 5763 － 2882 － 0

　　Ⅰ．①大… Ⅱ.①中… Ⅲ.①粮仓－建筑设计 Ⅳ.
①TU249.2

　　中国国家版本馆 CIP 数据核字（2023）第 170377 号

责任编辑：封　雪　　　**文案编辑**：毛慧佳
责任校对：周瑞红　　　**责任印制**：施胜娟

出版发行 / 北京理工大学出版社有限责任公司
社　　址 / 北京市丰台区四合庄路 6 号
邮　　编 / 100070
电　　话 / （010）68914026（教材售后服务热线）
　　　　　　　（010）68944437（课件资源服务热线）
网　　址 / http：//www.bitpress.com.cn

版 印 次 / 2023 年 9 月第 1 版第 1 次印刷
印　　刷 / 河北盛世彩捷印刷有限公司
开　　本 / 787 mm×1092 mm　1/16
印　　张 / 15.25
字　　数 / 355 千字
定　　价 / 98.00 元

编 委 会

背　景

中国近代粮食储藏技术水平不高，粮仓的建设发展迟缓，在中华人民共和国成立之初，库容量仅有 1 260 万 t，而且大多数仓房非常简陋，多为竹木结构和砖木结构，每仓的仓容量也只有 30～60 t。同时，还有一部分仓房是将祠堂、庙宇改造利用来储藏粮食，温度、湿度等各方面条件均不能满足要求。

20 世纪 60 年代，在全国各行业向苏联学习的大环境下，粮食建仓也学习引进了苏联的机械化房式仓，即"苏式仓"。该仓型在全国普遍推广建设，砖墙结构，5 m—10 m—5 m 三跨木屋架（中间有两根木柱），3 m 开间，廒间长 54 m，檐墙堆粮高 2～2.5 m，粮食斜堆，廒间仓容 2 500 t，沥青砂地面，墙刷热沥青防潮，砂浆抹面。标准的"苏式仓"是考虑了机械化作业的，木屋架中部留有 2.0 m×2.0 m 的地沟，内装出粮皮带机。由于当时经济实力不足，存在钢材、橡胶原材料不足等实际情况，在后期建"苏式仓"时，取消了天桥、地沟，此仓也称"标准仓"。

1964—1974 年，根据战备要求，粮库的建设应以"隐蔽、分散、靠山、机动"为建设方针，在一些山区、偏僻地域建设了一批粮仓，后来由于粮源、交通等各种原因，这些粮仓装粮很少。同时，全国也兴建了一些小型的砖木结构房式仓和"土圆仓"。在河南、陕西、山西、内蒙古等地修建了一批地下喇叭仓、窑洞仓，这些地下仓因地制宜，造价低，储粮安全、稳定，形成了我国储粮仓型的一大特色。

1975—1983 年，主要仓型仍是房式仓，砖墙承重，混凝土地面，装粮高 3～3.5 m，采取的主要是屋盖结构：钢筋混凝土组合屋架，钢筋混凝土门式钢架，预应力钢筋混凝土拱板顶等。

1983—1991 年，根据我国农业和粮食的发展状况，国务院于 1983 年 11 月批准了粮食仓库、棉花仓库、水果仓库的"三库"建设，这是自"苏式仓"之后的一次统筹规划的大规模粮库建设，其中用于粮食仓库建设的基建投资 16.5 亿元，建设总仓容 1 500 万 t。仓型仍以房式仓为主，结构多为砖混结构，但是装粮高度一般为 4.5～5.0 m，仓房跨度以 18 m 和 20 m 为主。

自 1992 年起，中国集中建设了一批粮食周转库和流通设施。1998 年又开始进行空前的中央直属储备库建设，这些大型储备库所选用的高大平房仓和浅圆仓不仅节省用地，仓容也不可小觑。与此同时，科学的储粮技术也蓬勃发展。通过多年不懈的试验和研究，国家粮食技术专家组推出了粮食储存"四合一"技术，包括智能粮情监测、智能机械通风、低剂量环流熏蒸和高效谷物冷却系统，标志着我国粮食储藏技术迈向新时代。

现在"四合一"技术还在不断发展，相关技术的升级主要聚焦在绿色储粮方面，即在粮食储存过程中尽量少使用化学药剂，重视储藏技术的绿色化。如今，通过智慧粮库系统，管理人员不仅可以更便捷地使用手机，也可以在控制中心通过大屏显示，实时了解粮仓内的最新粮情，科学保粮。"互联网＋"和大数据技术已为大国粮仓插上了智慧的翅膀。

保障粮食安全是关系国家长治久安的重大问题，必须坚持走中国特色粮食安全道路，筑牢大国粮食安全根基。根据中央储备粮的要求，全国各地兴建了大批粮食仓库，我国粮食存储仓的仓型主要有平房仓、浅圆仓，其中浅圆仓是 20 世纪初从国外引进的。

浅圆仓在国外已有几十年的应用历史，但在国外多用于周转和短期储藏。我国近年大力发展的浅圆仓，它具有储存量大、造价低、施工期短、进出粮易于实施机械化操作等特点。我国于 1994 年在辽宁试建第一座浅圆仓，随后，在"利用世界银行贷款改善中国粮食流通设施"的项目中，又有 40 个粮食中转库和少数粮食收纳库采用了浅圆仓仓型。在 1998 年开始的大规模国家储备粮库建设中，共有 90 个粮库新建或续建浅圆仓约 720 个，总仓容达 56.9 亿 kg。

浅圆仓和平房仓等仓型各有利弊。浅圆仓作为新引进的仓型，与平房仓、立筒仓相比，具有以下优势。

（1）浅圆仓的水平截面上，粮食的推力转换成对环钢筋的拉力，充分发挥钢材抗拉强度大的特点，仓壁结构受力合理。仓壁仓顶和仓底固连成一个空间壳体，抗震性能好。浅圆仓装粮高度大、仓体直径大、土建投资比立筒仓低，与平房仓相近。

（2）浅圆仓可以采用较少的常规机械组合和较低的运行成本完成粮食入仓和出仓作业，机械化程度较高。

（3）浅圆仓密闭性能好、气密程度高，尤其是配备了机械通风、环流熏蒸、粮情监测、谷物冷却储粮新技术装备后，比较容易实现现代化仓储管理，基本满足作为粮食储备仓安全储粮的要求。

（4）浅圆仓由于占地面积较小，堆粮高度高，仓间不需再留道路，单位仓容所需土地比平房仓少。

粮仓关乎国家粮食安全，因此，浅圆仓在投入使用前的安全检查非常重要，在仓房气密性、仓顶隔热层、仓房干燥程度和其他检查等多方面都有着严格的要求。

大直径浅圆仓的关键建造技术有哪些？

如何掌握大直径浅圆仓的关键建造技术？

大直径浅圆仓如何科学储粮蓄能？

本书详细介绍了大直径浅圆仓滑模施工技术、浅圆仓仓底板高大模板施工技术、浅圆仓仓顶锥壳屋面施工技术、浅圆仓大跨度钢栈桥安装施工技术和浅圆仓科技储粮施工技术，涵盖大直径浅圆仓建造全过程，是一本理论与实际相结合的科学建造指南。

中国建筑第四工程局有限公司积极参与大国粮仓建设，努力推动建造技术创新发展，积累了宝贵的浅圆仓建造实践经验。我公司承建过中储粮（天津）仓储物流有限公司物流项目物流仓储三期标段、中央储备粮日照仓储有限公司物流仓储项目二期二标段、中央储备粮达拉特直属库有限公司粮食仓储物流项目和中央储备粮太谷直属库有限公司粮食仓储项目。

目　录
CONTENTS

第一章　浅圆仓滑模施工技术

第一节　滑模施工技术应用背景

粮稳天下安。各地区各部门将确保重要农产品特别是粮食供给作为首要任务，广大农业科技工作者和农民辛勤耕耘，丰收一季接一季。10 年来，粮食产能稳定提升，产量连续 7 年稳定在 1.3 万亿斤以上，10 年再上一个千亿斤新台阶，做到了谷物基本自给、口粮绝对安全，大国粮仓根基稳固。同时，我国粮食产需中长期仍将维持紧平衡态势，必须确保粮食安全这根弦一刻也不放松。当前，全球粮食产业链供应链面临的不确定性风险增加，我们必须深入实施国家粮食安全战略，着力健全粮食产购储加销体系，以国内稳产保供来应对外部环境的不确定性。

粮食安全是"国之大者"。始终绷紧粮食安全这根弦，把粮食生产抓紧抓牢，"中国饭碗"必将装得更满、端得更牢、成色更足。粮食和重要农产品供应充裕、市场稳定，为保持我国经济社会大局稳定提供了有力支撑。粮食安全一直是治国安邦的头等大事，而粮食储备则是平抑粮价、备战荒年、保障粮食供给的重要后盾。对于我国这样的人口大国来说，粮食储存多一些，粮食安全系数就会高一些。2021 年 1 月 27 日，随着《政府储备粮食仓储管理办法》的发布，一场空前力度的粮食仓储建设全面展开。

浅圆仓是我国近年大力发展的一种新仓型。浅圆仓具有占地小、存储大、造价低、施工期短、仓体圆形设计受力更合理、抗震性能好、粮食出入仓机械化程度高、仓体密闭性能好、气密程度高等优点，因此，其更能满足粮食仓储安全需求。目前，浅圆仓的主体结构施工最常用的施工方法为液压滑动模板施工。这种施工方法具有高度的机械化和便捷性，能够在保证质量合格和降低工程成本的基础上进一步缩短工期，由此而产生的综合效益显著。经过不断的发展，液压滑动模板施工工艺在建筑结构的安全性、经济性及先进性上都极具竞争力，对实现结构成型、提高生产质量、技术创新、文明施工都有着极其重要的意义。本章将重点对浅圆仓滑模施工技术进行详细阐述。

第二节　浅圆仓滑模施工总体流程

滑模施工是用液压提升装置（即滑升模板）来浇筑竖向混凝土结构的一种施工方法，其利用滑模技术对浅圆仓仓壁结构施工。滑模施工装置包括一套特制的滑升模板和与之配套的操作平台，其所需的滑升动力基于液压提升系统。它的工作过程是按照建筑物的平面形状，在地面（或一定的标高）将一整套液压滑模装置（模板、围圈、提升架、操作平台、支撑杆及液压千斤顶等）组装好。利用液压千斤顶在支撑杆上爬升，带动提升架、模板、操作平台一起上升。注意每浇筑一层混凝土，就进行模板滑升，直至结构浇筑结束。浅圆仓滑模施工总体流程如图 1.2.1.1 所示。

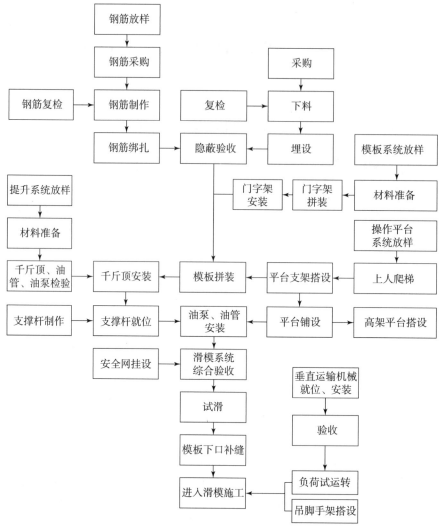

图 1.2.1.1　浅圆仓滑模施工总体流程

第三节　滑模装置设计

1　模板系统设计

模板系统由模板、围圈组成，其作用是根据滑模工程的平面规格和结构特点组成成型结构用于混凝土成型。其在滑升过程中承受新浇混凝土的侧压力和模板与混凝土之间的摩阻力，并将荷载传递给支撑杆。

1.1　模板

内、外模板采用专用滑动模板，其型号为 P2012（200 mm×1 200 mm）和 P6012（600 mm×1 200 mm）两种；所有构件应满足《组合钢模板技术规范》（GB/T 50214—2013）的要求。模板采用新制的组合钢模板，外钢模规格为 600 mm×1 200 mm，内钢模规格为 100 mm×1 200 mm、200 mm×1 200 mm、300 mm×1 200 mm，用螺栓固定在内、外围圈上。

模板与模板之间用 U 形卡连接，模板与围圈之间用钩头螺栓连接（连接时，要求模板与围圈扎紧且不留缝隙），且每 4 块模板与围圈之间用销钉焊接，焊接质量不低于三级焊接标准。制作模板时，应使组模后的模板上部宽度略小于下部宽度，其差度为内部 3 mm、外部 2 mm。钢模板示意如图 1.3.1.1 所示。

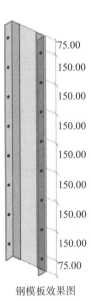

钢模板实景图　　　　　　　　　　　钢模板效果图

图 1.3.1.1　钢模板示意

U 形卡：用于钢模板纵横向自由拼接，将相邻钢模板加紧固定的主要连接件。钩头螺栓：用作钢模板与内外钢楞之间的连接固定。紧固螺栓：用作紧固内外钢楞，增强拼接模板的整体固定。U 形卡、钩头螺栓、紧固螺栓示意如图 1.3.1.2 所示。

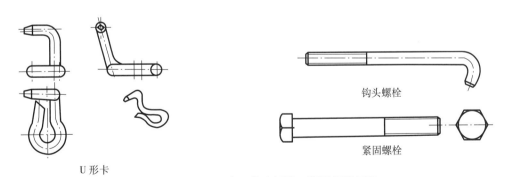

U 形卡

图 1.3.1.2　U 形卡、钩头螺栓、紧固螺栓示意

1.2　围圈

围圈又称围檩，用于固定模板，传递施工中产生的水平与垂直荷载和防止模板侧向变形，因此，围圈设计要求，需要具有足够的强度和刚度。

其采用槽钢或角钢制作，围圈弧度按照工艺要求及设计图纸规格进行加工，沿仓壁内、外（上下）各设一道，共需四道，上面一道的围圈内外净空规格应稍小于下面一道的围圈内外净空规格 3～5 mm。内、外均使用两道 8# 槽钢。上、下两道围圈放置在提升架立柱的钢托上，围圈与钢托连接采用焊接方法。在使用荷载作用下，两个提升架之间围圈的垂直与水平方向的变形不应大于跨度的1/500。围圈接头采用等刚度型钢焊接，焊接质量不低于三级焊接标准。围圈立面示意如图1.3.1.3所示。

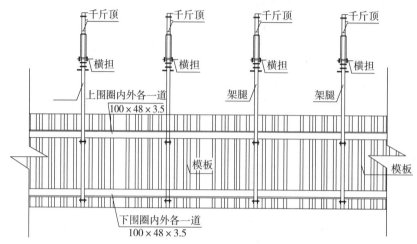

图1.3.1.3　围圈立面示意

2　提升系统设计

提升系统设计是整个滑模系统设计的关键，其中提升架的布置是重中之重，应以分布均匀、荷载均衡、避开库壁预留预埋为原则。提升架的布置，涉及滑模提升的主要设备——千斤顶配置，区别是千斤顶配置相对灵活一些，当提升力不足时可以采用双顶或多顶抬顶形式，而提升架受结构规格、仓壁结构特征、千斤顶点位置等因素的影响，应作为计算的重点。

2.1　提升架

提升架为钢结构，采用双横梁"开"字形架，横梁与立柱刚性连接，两者的轴线在同一平面内，在使用荷载作用下，立柱的侧向变形小于2 mm。采用"门"字式或"井"字式提升架，提升架横担采用14#槽钢为横梁，支腿为140 mm×50 mm×5 mm方钢定型加工，沿仓壁均匀分布，钢托采用L75角钢。方钢与横梁的连接采用螺栓连接，提升架（图1.3.2.1）与围圈连接采用螺栓连接。

2.2　支撑杆

支撑杆（图1.3.2.2）规格为ϕ48 mm×3.0 mm，使用材质为Q235B的钢管，接头形式采用插入式焊接连接方式，支撑杆一端进行缩口，缩口长度为80 mm，间隙为1.5 mm，焊接质量不低于三级焊接标准。当其接头通过千斤顶后，再进行焊接加固。设置在仓壁混凝土内，采用埋入方式。支撑杆接头尽量错开，不可都在同一平面，支撑杆在同截面接头不超过25%。在施工过程中，应定期检查支撑杆的工作状态，发现支撑杆被千斤顶顶拔或局部侧弯等情况，立即对支撑杆进行加固处理。

支撑杆采用ϕ48 mm×3.0 mm钢管套管，支撑杆在同截面接头不超过25%，首批支撑杆长度分别为3 m（4根）、4 m（4根）、5 m（4根）、6 m（4根），所有支撑杆错开布置，相邻支撑按高度不等布置以保证支撑杆稳定。

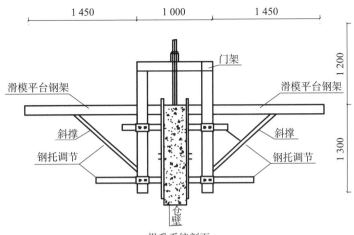

提升系统剖面

提升架现场

图 1.3.2.1 提升架示意

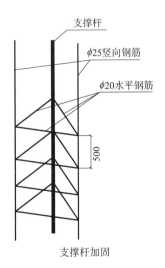

支撑杆加固

支撑杆加固实景

图 1.3.2.2 支撑杆示意

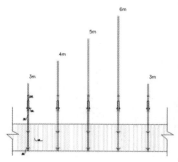

支撑杆布置

支撑杆系统　　　　　　　　　　　　　复核支撑杆垂直度

图 1.3.2.2　支撑杆示意（续）

2.3　液压体系

液压系统使用 GYD－60 滚珠式千斤顶，每榀提升架设置一台 GYD－60 滚珠式千斤顶，一次行程为 25 mm，额定顶推力 60 kN，施工设计时取额定顶推力的 50% 计算，为 30 kN。液压动力使用 YKT－56 型控制台，油压机试验压力为 15 MPa，施工中油压控制在 8 MPa 正常压力升高滑动模板。油路采用主（$\phi16$ mm）、支（$\phi8$ mm）油路系统，油管采用高压油管，胶管试验压力为工作压力的 1.5 倍；选用 30# 液压油，黏度为 7－33 ×10－3 Pa·s。油路布置应便于千斤顶的同步控制和调整，单个组油路的长度、元件规格和数量基本相等，以便于压力传递均匀，油量尽可能一致。整个油路分组并联，由 6 根主油管通过分油器相连，一根主油管始端与液压控制台油阀相连，控制六台千斤顶。提升架立柱规格为 1 500 mm×2 400 mm，用 $\phi48$ mm×3.5 mm 普通钢管焊接成的格构式构件，上、下横梁为双拼 10# 槽钢，立柱与横梁螺栓连接。液压体系示意如图 1.3.2.3 所示。

液压千斤顶　　　　　　　　　　　　　液压控制台

图 1.3.2.3　液压体系示意

2.4　油路系统

液压控制台应设有油压表、漏电保护装置、电压及电流表、工作信号灯以及控制加压、回油、液压报警、滑升次数时间继电器等。设置控制台和油箱平台位置主龙骨加密布置。油路系统为三级并联高压胶管。采取分区分级的方法，直通分油器胶管连接头配件进行连接装配，支路与千斤顶采用 $\phi8$ mm 液压高压橡胶软管进行等长连接，主路采用 $\phi16$ mm 液压高压橡胶软管进行等长连接，以确保千斤顶的同步爬升。此油路为三级油管，均选用耐压力高于 25 MPa 的液压高压橡胶软管，其直径及材料性能指标符合相关标准要求。千斤顶爬杆应顺直，顶升、停止形成距离应统一。所有滑升控制系统的设备及部件均有备用数量。安装完成后试提升 1~2 个行程。各平台油路和千斤顶的距离保持一致；千斤顶、顶升距离各平台应保持一致。

在液压滑模中，油路布置原则上力求管路最短，并使从总控制台至每个千斤顶的管路长短尽量一致。油路的布置形式为串联、并联及串并联结合的混合布置油路三种。其中，串联布置的优点是回路简单，回油时间较短，油管和针形阀数量较少；缺点是容易出现阶段升差，千斤顶的行程调平比较困难。分组并联布置的优点是容易调整升差，便于纠偏，更换千斤顶时不必断开油路；缺点是用油管数量较多，回油时间较长。串联与并联相结合的混合油路，是在并联油路上分别串联油路，这样可以避免或弥补以上两种布置的缺点，既可节省油管数量，又可避免滑升过程中过大的升差。因此，本工程采取混合油路的布置方式。

（1）液压滑模系统的油管分主油管、分油管和支油管三种。主油管采用内径为 19 mm 的无缝钢管，分油管和支油管则采用内径为 8 mm 的高压橡胶管。

（2）油管接头是接长油管、连接油管与液压千斤顶或分油器用的部件，油管接头所承受的压力应与所连接的油管相适应。无缝钢管油路采用卡套式管接头，将高压橡胶管的接头外套将胶管与接头芯子连成一体，再用接头芯子与其他油管或部件连接。

（3）在油路中的作用是调节管路或千斤顶的液压油流量，常用针形阀来调节千斤顶的行程，调整滑模操作平台的水平度。针形阀在油路中一般设置在分油器上，以及千斤顶与油管连接处，一般要求工作压力为 14 MPa。

（4）液压动力使用 YKT-56 型控制台，油压机试验压力为 15 MPa，将施工中的油压控制为 8 MPa，用正常压力升高滑动模板。油路系统示意如图 1.3.2.4 所示。

液压提升系统

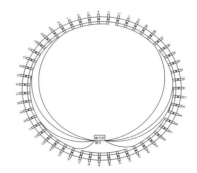
液压控制台供液（8 回路）系统

图 1.3.2.4　油路系统示意

3　滑模平台系统设计

本工程中的滑模平台（图 1.3.3.1）系统主要包括操作平台和粉刷平台。

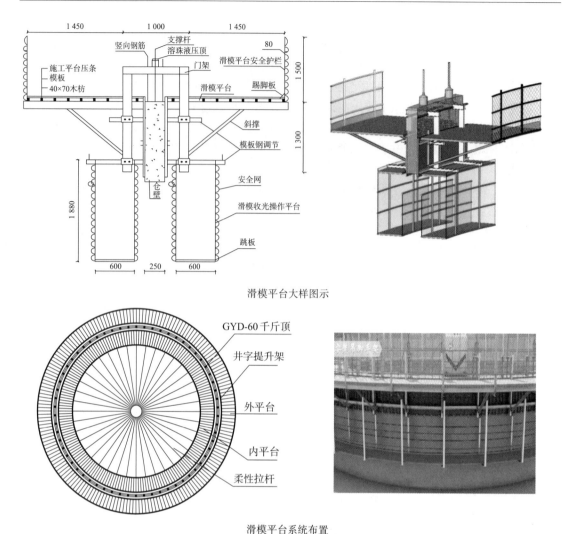

滑模平台大样图示

滑模平台系统布置

图1.3.3.1　滑模平台示意

3.1　操作平台

操作平台是滑模施工的操作场地,是绑扎钢筋、浇筑混凝土的工作场所,也是油路控制系统等设备的安置台,其所承载的荷载较大,必须有足够的强度和刚度。本工程中的滑模系统采用独自操作平台,平台与相邻筒仓滑模平台完全断开,空隙为150 mm。沿筒仓圆周方向在井字提升架立柱上分别支出内、外悬挑平台,平台采用钢构件搭设格构式桁架,平台宽度1.5 m,上铺5 cm厚的脚手板,用弧形钢构件在三脚架外侧连接成围圈。操作平台用于绑扎钢筋、浇筑混凝土,为保证安全内外平台设1.8 m高栏杆,栏杆外挂安全网。

操作平台由内外钢制挑架、平台木胶板、悬吊脚手架组成,操作平台稍高于滑动模板,且涵盖整个模板组合内外部周边;有关限载、洞口、材料堆放等的标识牌应悬挂在平台护栏上,每个仓不少于两处。内、外平台采用φ48×3.0钢管为主要构建焊接加工的桁架式钢平台骨架,安装净宽度为1.5 m,且满挂大眼网和密目网。两仓相接最近处一定范围内宽度稍作调整,且竖向保持安全距离,以避免两仓施工时相互干扰。内、外平台骨架上沿着仓壁环向铺设4 cm×7 cm的木枋,间距200 cm,木枋上铺木胶板构成内外操作平台,内外操作平台外边设置有安全防护栏杆，高度 1.2 m 并悬挂安全网，以保证施工安全。爬梯设置，以及各安装埋件、护栏、休息平台应焊牢，护栏高度应符合相关要求，然后方可施工。

3.2　粉刷平台

粉刷平台是将内外吊脚手架悬挂在调节钢管及提升架立柱上，以钢管立杆和横杆形成吊架，上铺脚手板，设栏杆，外包安全网制成的（吊脚手架净高 2.0 m，宽度大于 0.7 m），作用是筒壁表面处理、抹光、养护等。接下来，在脚手架的内外立柱下挂操作脚手架，上铺脚手板，设栏杆，外包安全网，用于检查混凝土出模强度，处理滑升过程中的质量缺陷，滑模后仓壁修整、清理出预留、预埋件、原浆抹光（内外仓壁混凝土表面粉刷）等，挂脚手用钢管扣件搭设，挂脚手外侧用钢管连成围圈增加稳定性，并在外侧和底部满挂安全网，以保证安全。

仓壁装饰抹灰和观察混凝土出模情况用的操作吊架，其吊架采用 ϕ16 mm 圆钢"U"定型整体加工。吊架的长度均为 2.1 m，两端设有挂钩，与提升架、外挑架采用挂式连接，沿仓内外围设置。吊架外侧 0.5 m、1 m 和 1.5 m 处焊有 ϕ14 mm 的螺母，用于穿插 ϕ12 mm 的圆钢作为防护栏，内外吊架满挂大眼网。安装好的吊架净宽 60 cm，距模板下沿约 1.5 m，每榀提升架安装两套。随后铺设脚手板并挂安全网、防护网和踢脚板，构成内外操作吊架系统。用于检查混凝土出模强度，处理滑升过程中的质量缺陷，滑模后仓壁修整、清理出预留、预埋件、原浆抹光（内外仓壁混凝土表面抹压）等。外架吊篮围挡应严密，这样才能保证使用工具操作时不脱落。

4　运输体系设计

4.1　混凝土运输（商品混凝土站至施工现场）

采用汽车泵作为垂直运输机械，根据汽车泵的工作参数，基本满足直接入模的需要，当局部不足处，用小铁斗车接料后再推至浇筑点入模。

4.2　钢筋及材料运输

钢筋、支撑杆、铁件等其他零星材料和设备，由塔式起重机进行垂直运输。

4.3　人员上、下运输

为解决人员临时上下滑模作业面，在各组（两个仓为一组）浅圆仓当中或其中一个仓搭设上人通道一座，架体搭设高度至檐口，采用标准钢管单立杆搭设。具体搭设设计如下：

（1）搭设架体纵距 1.5 m、横距 0.9 m、步距 1.8 m，上人马道每跑高度 2.4 m，下部基础采用 150 mm 厚 C20 配筋混凝土浇筑，架体采用单立杆。

（2）为增强上人马道整体稳定性，连墙件每间隔两步设立一组，每组设置两个连接点，竖向间隔 5.4 m，连墙件采用在仓壁滑模时预埋钢埋件。架体搭设之后应及时用旋转扣件与焊接杆连接牢固，形成良好的刚性连接点；扶墙件中间增加对角斜杆，形成封闭三角形，连墙件施工时以外吊架为操作作业面。

（3）通道搭设高度为 27 m，最高上人马道入口与仓顶檐沟连接。通道搭设根据主体施工进度搭设，和滑模平台同步施工，若滑模平台高于安全通道口，要及时用钢管封堵其与滑模平台边的临时接口，并且及时挂好安全网。

（4）通道脚手架基础尽量搭设在原土上，局部在回填土上部分采用原土回填夯实（根据现场实际情况处理安全通道基础），压实系数达到 0.94 以上，分层夯实；搭设前浇筑 C20 混凝土（带钢筋网片）基础 150 mm 厚，基础内配置 ϕ12@200 钢筋网片，宽度以安全通道四周外立杆 80 cm 为准；搭设时立杆底部铺设规格为 50 mm×300 mm 的木板，沿纵距方向铺设。

（5）架体整个高度上和四个立面上设连续剪刀撑，与水平杆夹角为 45°，在脚手架立杆底之上 20 cm 处遍设纵向和横向扫地杆，并与立杆连接牢固。休息平台位置安设踢脚板，踢脚板高度 20 cm，刷黄黑警戒色。上人马道斜长 3.4 m，采用钢制踏步或木制踏板与上人马道钢管扣件连接。

（6）应在架体顶端做避雷针，接地极采用 φ25 钢筋（3 根连成一个接地极组），打入地下 1.5 m 深，在钢筋上焊接螺丝杆件，架体与接地极通过铜丝连接，做好避雷措施后，经接地摇表检测；冲击接地电阻值不得大于 4 Ω 为合格。上人马道基础周围保持排水畅通，不得有积水，考虑到当地雨季，本项目在雨季来临时已经施工完成。

5 测量与控制系统

测量与控制系统是控制订型、定位的重要手段，也是保证工程质量的基础，应作为一个系统进行单独设计。设计包含平面测量和竖向测量两个部分，而所确定的方法和设备应能保证测量精度，以利于操作和施测安全。

5.1 操作平台水平观察与控制

操作平台水平观察与控制主要包括测量、监视筒仓的轴线，以此实现对结构或预留、预埋的平面位置的控制。要求在筒仓轴线的外平台下对称设置 4 个观测点，以监视筒仓的扭转及平台的变形。测量设备采用激光垂准仪，辅助线坠用于过程监视，垂准仪用于结果测量。外平台同一个观测点应同时设置上述两种观测标志，并应保持在筒仓轴线上，即每滑升 1.2 m，用水平仪进行一次跟踪观测，抄平校正。控制采用限位卡的方式进行，用来解决液压千斤顶在施工中由于负荷不均匀而导致的爬升不同步而产生的偏差问题。

5.2 垂直度观测与控制

标高传递采用水平仪钢尺传递法，每库至少设置两个互为校验的传递观测点。平面的高程采用水平仪结合水平管测放，其中水平仪测放不少于 4 个点，并应均匀分布。

设计中除了上述测量方法和设备的规划外，还应考虑测量人员的安全防护，地面测量通道及其施测作业区域设置防护棚，测量点位的设置尽可能避开作业危险源。

第四节　滑模系统组装

1 滑模组装工艺流程

滑模组装工艺流程如图 1.4.1.1 所示。

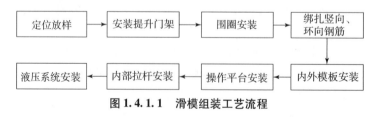

图 1.4.1.1　滑模组装工艺流程

2 滑模组装施工方法

滑模组装施工方法如表 1.4.2.1 所示。

表 1.4.2.1　滑模组装施工方法

组装步骤	组装方法
提升门架安装	定位测放筒仓内模线，做好标记。利用塔式起重机分节吊装门架，临时支撑固定
	提升架的主要作用是防止模板侧向变形，在滑升过程中将全部垂直荷载传递给千斤顶，并通过千斤顶传递给支撑杆，把模板系统和操作平台系统组成一个整体，因此提升架必须有足够的刚度，在上部荷载作用下，其立柱的侧向变形应不大于 2 mm
	提升门架内外立柱应与筒仓中心在同一平面上，本项目按照滑模设计间距（$d = 1.5$ m）均匀分布安装
围圈安装	上、下围圈的间距一般为 450~750 mm，上围圈距模板上口的距离不宜大于 250 mm；围圈在转角处应设计成刚性节点；固定围圈接头应用等刚度型钢连接；在施工荷载作用下，两个提升架之间围圈的垂直与水平方向的变形不应大于跨度的 1/500
	围圈安装遵循先上后下、先里后外的安装方法，固定于门架内侧。上下层安装应该错开接头布置
	围圈在系统组装完成后全部采用焊接连成整体，接头处还应采用型钢对围圈进行加固，在保证围圈的完整性的同时防止受力变形。同时，外模板下口应采用直径不小于 22 mm 的钢筋焊成圆套箍
模板安装	筒仓外壁必须全部采用全新钢模，规格为 600 mm×1 200 mm×6 mm，模板之间采用螺栓拼接（每条拼缝不少于 4 个）
	模板安装遵循先内后外的顺序，采用塔式起重机吊放安装
	外滑升模板采用 600×1 200 mm，内滑升模板采用 100×1 200 mm、200×1 200 mm、300×1 200 mm 组合钢模板，用螺栓固定在内、外围圈上，通过用模板与围圈间的薄铁垫调整呈上口小、下口大的梢口，上下梢口差为 4~5 mm 或单面倾斜为模板的 0.2%~0.5%（2.4~6 mm），以便混凝土顺利出模
	模板下口的找补应在模内清理完成，试提升 1 或 2 个行程，待统一验收后再修补
操作平台安装	操作平台安装同样按照先内后外的顺序，依次为内平台、斜撑、上下加固、内部栏杆。再接下来，进行外平台、斜撑、上下加固等杆件安装
	铺设操作平台板和踢脚板，安全栏杆和安全网安装
	钢筋在后台加工成型后，按规格、长度、使用顺序分别编号堆放。钢筋（包括支撑杆）吊运时，重量不要超过 1 t，只准吊到内操作平台上，并分两处对称落放
拉杆安装	首先位于筒仓中心处安放拉盘，均匀对称安装拉杆，适度拉紧螺栓
	混凝土浇筑 0.5 m 高度后，再次对拉杆进行紧固
液压系统安装	千斤顶安装后，依次安装小油管，通过分油器连接至液压控制台，待千斤顶放气后再安装支撑杆和限位卡
	爬升用的支撑杆拟采用埋入混凝土内不再回收的 ϕ48 钢管，按规范要求接头应错开，在每个水平断面处接头数不应超过总根数的 25%
	支撑杆采用 ϕ48 钢管；第一批插入千斤顶的支撑杆长度有 3 种，按长度变化顺序排列；在支撑杆焊接时应焊牢、磨光；若有油污，应及时清除干净。若在滑升过程中出现失稳、弯曲等情况，要查明原因并及时处理

组装步骤	组装方法
油路、平台系统组装	根据系统的设计，系统的组装主要是根据专家论证通过后的专项方案实施。因为涉及整个滑模系统的运行稳定和实施安全，故应严格按照专家论证通过后的专项方案的要求，实施现场作业和验收
	所有与提升动力相关的千斤顶、液压控制台、油管等，在安装前，必须现场检查合格，进行工作压力试验，待满足产品参数的方可使用
	液压控制台宜放置在滑模平台合适的位置，尽量保持其到各千斤顶的油路相同。待所有液压设备安装完成后，应进行空载试验，重点检查各千斤顶的响应速度及行程，对速度及行程不一致的千斤顶应予以更换
	平台板宜采用多层胶合板铺设，其平面刚度应能满足该平台上作业需要。人员的主要进出口应采取必要的防护措施，并设置醒目的标记
	各种引测到平台上的控制点、线应标注醒目，且在每个千斤顶上挂出编号

提升架安装	围圈安装

钢模板安装	操作平台安装

拉杆安装	安全栏杆安装

踢脚板、安全网安装	千斤顶、液压控制柜安装

3　滑模组装要点

3.1　模板及提升架组装要点

（1）模板为定制钢模板，模板高度为 1 200 mm，模板组成结构物（浅圆仓）的设计圆形状。

（2）模板的连接采用螺栓或钢模回形卡固定，将达到能保证模板接头保持平整的水平，模板面同一平面。

（3）使用厚度大于 1.5 mm 的定型钢模板，采用设置角钢或直接压制边肋的方法来增强其刚度。

（4）模板表面平整，无卷边、翘曲、孔洞等，而且容易脱模、不吸水。

（5）提升架为钢结构，采用双横梁"门"字或"井"字形架，横梁与立柱采用刚性连接，两者的轴线将在同一平面内，在使用荷载作用下，立柱的侧向变形小于 2 mm。

（6）模板顶部至提升架横梁的净高度将不小于 450 mm。

3.2　千斤顶、支撑杆及油压设备组装要点

（1）千斤顶在使用前应经过检验，并符合下列规定。

①升压至耐压 12 MPa 时，持压 5 min，各密封处无渗漏。

②千斤顶卡头锁（滚珠式）是否固牢可靠，放松灵活（通过观察、小锤子）。

③在 1.4 倍额定承载的荷载作用下，停止升压时卡头锁对滚珠式千斤顶回降量应小于 5 mm。

④千斤顶为油压装置，每次的提升高度为 25 ~ 30 cm。

（2）同一批组装的千斤顶，调整其行程，使其在相同荷载作用下的行程差小于 2 mm。

（3）千斤顶在仓壁平均布置，将滑模施工平台的荷载，均衡分配至各千斤顶。

（4）支撑杆采用 $\phi48 \times 3.0$ 钢管，支撑杆在同截面接头不超过 25%，首批支撑杆长度分别为 3 m（4 根）、4 m（4 根）、5 m（4 根）、6 m（4 根），所有支撑杆错开布置，相邻支撑按高度不等布置以保证支撑杆稳定。

（5）支撑杆接头（图 1.4.3.1）采用缩管机缩钢管一头，$\phi48$mm 钢管缩至 $\phi42$ mm（对接下面一根钢管头），缩小长度为 6 cm，缩小一头钢管插入下面承接钢管内，支撑钢管接头满焊，打磨光滑，以便于液压千斤顶通过。然后，接上支撑钢管保证钢管四周垂直度。

支撑杆对接前准备（缩管头）

支撑杆对接就位

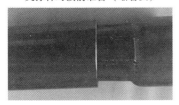

支撑杆对接中

支撑杆对接完（待焊）

图 1.4.3.1　支撑杆接头示意

（6）油压设备应符合下列要求。

①油泵的额定压力不小于 12 MPa。

②油箱的有效容量为千斤顶和油管总容量的 1.4~2 倍。

③油泵控制箱的电气控制系统保证电动机、换向阀等正常工作。

④油泵控制箱设有油压、电压、电流指示表及工作信号及漏电保护装置。

（7）油压系统能保证达到随时启动和随时停止，要对其进行良好的保养及维修，以保证滑模工作的顺利进行。

（8）一旦发生故障，应及时更换相应的受损机具或启用备用油泵控制箱，以保证作业的顺利进行。

3.3 操作平台组装要点

（1）工作平台支撑结构为钢制，与提升架或围圈连成整体钢平台，钢平台满铺木制模板，钢平台内外安装施工安全护栏，护栏高 1.2 m，护栏安装安全网。

（2）工作平台设置护栏与钢平台连接处安装 20 cm 高踢脚板。

（3）钢平台设置移动爬梯，悬挂钢平台施工洞，与钢平台下面混凝土收光吊架操作平台相连接。

（4）悬挂操作平台可设于内外模板的下缘以下 1 800 mm 处，并设有连续的防护栏杆和安全兜网，吊装于滑模架上（门架外挑 8# 槽钢上），以便从事仓壁滑升时随抹随压、养护、检查混凝土工作。

（5）悬挂操作平台的铺板宽度为 50 cm，吊杆螺栓由计算确定，且采用弯曲形进行紧固。

（6）除粉刷等立即使用的材料外，不得在操作平台上放置任何重物、废料。

3.4 组装要点

（1）绑扎模板范围内的竖向、水平钢筋接头按图纸要求错开。

（2）将提升架就位，应径向对准中心，等距离布置，下横梁上表面应在同一水平面（使千斤顶同时起步），提升架之间以短钢筋临时连成一体。

（3）组装内外模板，以确保几何尺寸和模板锥度。

（4）组装外挑平台、液压设备。

（5）组装接料平台，设置混凝土集料斗。

（6）内外吊脚手架待滑升一定高度时安装。

3.5 滑模组装质量标准

滑模组装质量标准如表 1.4.3.1 所示。

表 1.4.3.1 滑模组装质量标准

序号	项目	容许偏差值/mm
1	模板结构轴线相对工程结构轴线位置	±3
2	围圈的水平及垂直位置	±3
3	提升架的垂直偏差	平面内不大于 3、平面外不大于 2
4	安放千斤顶提升架钢梁相对标高	不大于 5
5	考虑斜度后模板规格	上口 -1、下口 +2
6	千斤顶位置	不大于 5
7	圆模直径	不大于 5
8	相邻两块模板平整度	不大于 3

4 滑模组装验收

滑模系统组装完成后，先安排专业技术、质量人员自检，待合格后上报。接下来，组织设计单位、监理单位及业主单位对现场已安装完成的滑模系统验收，并及时处理对现场提出的有关问题。待验收通过后，方可组织开展下一项工序的施工。滑模装置组装允许偏差要求如表 1.4.4.1 所示。

表 1.4.4.1　滑模装置组装允许偏差要求

名称	内容	允许偏差/mm
钢模板	高度	±1
	宽度	−0.7~0
	表面平整度	±1
	侧面平整度	±1
	连接孔位置	±0.5
围圈	长度	−5
	弯曲长度≤3 m	±2
	弯曲长度>3 m	±4
	连接孔位置	±0.5
提升架	高度	±3
	宽度	±3
	围圈支托位置	±2
	连接孔位置	±0.5
支撑杆	ϕ48 mm×3.5 mm 钢管	−0.2~+0.5
	椭圆度公差	+0.25~+0.25
	对接焊缝凸出母材	<+0.25

第五节　仓壁滑升前施工技术准备

1 滑模施工前准备

滑模施工前准备工作是整个滑模施工过程中的关键管控重点。作为滑模施工的组织者，应从"4W1E"的角度，全方位考虑和组织实施，切实落实专项方案各项准备工作。

1.1 技术准备

（1）绘制技术准备图。直观体现结构的特征，避免工作上的遗漏，必须绘制相关的技术准备图：

①控制线平面图：除轴线外，为控制预留、预埋，根据需要可以设置施工过程中的控制线，所有控制线的位置及其编号应单独绘制，并与平台上的标记完全对应。

②预留、预埋示意图：通过平面和立面示意图，将所有预留、预埋绘制成表格，发给负

责人、施工人员人手一份，有助于管理人员、施工人员在实施过程中及时安排，防止遗漏。所有的预留、预埋均应换算为最低点标高值，以便实施控制。

③液压控制示意图：将所有液压设备编号，并绘制示意图，表述其相互作用关系，有利于实施控制或排除故障。

（2）编制安全及施工技术交底书。由于滑模作业的特殊性，交底内容应全面、系统。其重点应包含工作内容、作业要点、质量要求、作业安全、交叉作业的时序和要求，并应针对每一个工作岗位分别编制。

（3）编制滑模作业表。由于滑模作业内容多、时间短，为防止在施工过程中的工作遗漏，应按照单层滑升高度施工作业层的划分，并编制分层工作内容一览表。

（4）完成测量基准设定。根据测量系统设计，进行相关基准值的测放，其中支撑杆在系统验收完成后，应采用水平仪全数测放水平控制线。

1.2 材料准备

所有材料应尽可能在滑模开滑前准备就绪。

（1）钢筋、预埋、预留、支撑杆均一次加工完成，以单层滑升高度施工作业需要量，分类编号，并按照施工次序逆序堆放。

（2）向商品混凝土供应商提供施工进度计划和混凝土需用量，使供应商按计划保证相同材料持续供应的能力。

（3）其他如外加剂、养护液等使用数量较少的材料，应一次全部进场。

1.3 设备就位及检查

在滑模系统的总体验收时，应对所有与滑模有关的在用或备用设备进行检验。特别是垂直运输设备，在条件许可时应进行负载试验。现场应将投入使用的设备编号，并绘制简图。

1.4 施工场地准备

其主要分为堆场和道路的准备，由于滑模施工连续作业时间较长，其间气象变化较大，为保障滑模施工的正常进行，应针对可能出现的不利气候条件对施工现场的影响采取必要的预防措施准备。

堆场一般应硬化，以防止堆放的材料受到污染。道路宜硬化并设置排水沟等，确保其在不利气候下的正常使用。与此同时，还应对现场进行规划安排，标记出危险区域，对危险区域内的作业区设置安全防护。

1.5 人员组织与交底

（1）人员组织应涵盖所有参与（包括备用）的管理和作业层次。按照交接的班次规划，定人、定岗、定位、定责。应编制相应的岗位人员名册，使人员管理明确，管理层次清晰。

（2）交底除通过书面形式完成外，还应在滑模前还应采取大会的形式组织所有作业人员集中进行，各相关管理人员在会后应组织各自管理范围内的作业人员进行现场交底。

2 物资的供应及要求

在进行仓壁滑模施工前，应根据各材料的不同来源渠道提前做好供应工作，以满足施工用量。

2.1 混凝土

滑模施工所需要的混凝土由商品混凝土搅拌站供应，应符合现浇混凝土结构施工规范质量要求指标；并在使用过程中把好关，第一车商品混凝土需要随车带开盘单，确认混凝土配合比是否满足设计要求。

2.2　钢材

钢材（钢筋、工艺预埋件、人行安全通道预埋及搭设通道材料、仓顶胎模预埋件）的进料及加工仓滑模施工所需要的钢材应根据材料计划提前进货到现场，原材料应通过监理工程师见证取样复试合格后，才能进行加工制作；码放在即将施工浅圆仓四周安全区域内，仓竖向筋应根据滑模施工规范要求加工成长度小于 4.5 m 的半成品。

3　混凝土配合比要求

滑模仓筒要求为清水混凝土，原浆收光。采用商品混凝土进行施工，用汽车泵垂直输送，高处用塔式起重机料斗吊运，需在滑模施工前进行充分的配合比试验并确定适宜的配合比。滑模施工混凝土配合比及要求如下。

3.1　强度要求

基础垫层混凝土强度等级为 C15。

基础、仓壁、仓顶混凝土强度等级为 C30。

仓壁滑模的混凝土初凝时间控制在 6~8 h，终凝时间控制在 8~10 h。

混凝土出模强度宜为 0.2~0.4 MPa。

设计要求，仓壁、仓锥顶盖混凝土中均掺入 11% UEA 型膨胀剂。

混凝土入模时的坍落度宜在 180~220 mm。

混凝土要和易性好、不易产生离析，具有一定流动性。

根据相关温度范围（20~25 ℃、25~30 ℃、30~35 ℃、35~45 ℃）调整混凝土的初凝时间、终凝时间及坍落度。

混凝土早期初凝，强度的增长速度必须满足模板滑升速度的要求（6~8 h 完成初凝）。

混凝土水泥宜用硅酸盐水泥或普通硅酸盐水泥配制。

3.2　材料规格要求

水泥：硅酸盐水泥或普通硅酸盐水泥。

砂子：中砂碎石，粒径为 5~20 mm，连续级配。

滑模时使用的混凝土搅拌原料必须是同一厂家、同一品种，不得任意更换，以防混凝土产生其他不利影响。

进行混凝土浇筑前应根据现场气温严格控制混凝土配合比和坍落度，并适时调整。

滑模时安排专人在混凝土搅拌站后台进行专门看护。施工现场混凝土搅拌站必须派专业技术人员现场旁站并及时处理突发事件（调整坍落度、初终凝时间）。

4　钢筋工程

4.1　钢筋配制

筒仓竖向钢筋按设计要求配制，按 1/4 错接考虑，筒仓环向水平钢筋使用通长定尺钢筋接长，不足部分找零交圈。内外壁双层钢筋间按要求设小拉钩。

4.2　钢筋绑扎

4.2.1　钢筋绑扎基本要求

钢筋绑扎基本要求如表 1.5.4.1 所示。

表 1.5.4.1　钢筋绑扎基本要求

名称	钢筋方法
1	待钢筋在后台加工成型后，按规格、长度、使用顺序分别编号堆放。钢筋（包括支撑杆）吊运时，重量不要超过 1 t，只准吊到内操作平台上，并分两处对称落放
2	首段钢筋绑扎，可在外模安装前进行，其后钢筋则需随模板的提升穿插进行（即浇筑混凝土时不绑扎钢筋，绑扎钢筋时不浇筑混凝土）。为明确质量责任，要按人员划分作业区域，分片承包
3	为确保水平钢筋的设计位置，在环向每隔 2 m 设置一道两侧平行的焊接骨架即"小梯"。此焊接骨架位置应与提升架位置错开
4	本工程水平钢筋采用绑扎连接，竖向钢筋采用电渣压力焊连接，水平钢筋与竖向钢筋拟采用绑扎连接，但不允许在水平钢筋上焊接其他附件，以防由于局部应力集中而无法传递
5	钢筋搭接长度要严格按图纸的规定进行，筒仓滑模施工时，混凝土面上至少要存在已绑扎好的两层水平钢筋

4.2.2　钢筋绑扎要点

筒仓滑模钢筋一般采用绑扎接头。竖向钢筋（简称竖筋）的搭接长度不小于 35d（d 为钢筋直径，下同），接头位置错开布置，任意水平截面（搭接长度范围为同一截面），接头钢筋截面不超过 25%（1/4 错接）。

环向水平钢筋搭接长度不小于 50d，接头位置错开布置，接头水平方向不小于一个搭接长度，在同一竖向截面内，每隔三根钢筋，允许有一个搭接接头，内外水平钢筋也均匀错开。门窗梁水平钢筋锚固 50d，柱钢筋锚固 40d。

对于控制竖筋位置，在门字架横梁上用 φ16 螺纹钢筋焊接成定位环向钢筋（简称环筋），在其上焊接环向定位圈，将竖向钢筋套在定位滑环中，来保证竖向钢筋的间距和保护层。滑环中心即为每根竖筋所在位置，绑扎时按滑环位置接长竖筋，应注意所接竖筋的下端应在滑环之下时再开始接，以免接头钩住滑环。环筋可预先在竖筋上用粉笔画出间距线以控制绑扎间距，模板上口距提升架下横梁有 50 cm 左右空档，以便于穿环向钢筋，并保证混凝土面上至少能见到已扎好的两道水平钢筋。

仓壁外层钢筋保护层厚度为 30 mm，内层钢筋保护层厚度 30 mm。混凝土保护层保证措施方案示意如图 1.5.4.1 所示。

仓壁钢筋水平搭接长度为 50d，竖向搭接长度为 35d，任意垂直截面与水平截面上的接头不得超过 25%。

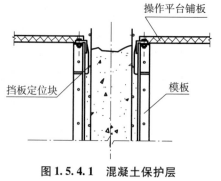

图 1.5.4.1　混凝土保护层
保证措施方案示意

为了保证环筋位置正确，应按设计要求制作环筋定位骨架，准确放置。仓壁内外层连系筋采用 φ6@600 梅花状布置。

始滑前仓壁环筋可绑扎高度为 1.5 m，正常滑升阶段环筋应绑扎高度为 0.3 m，钢筋的绑扎速度与滑升速度应保持一致，要注意不同标高钢筋的变化（直径与间距），以防止错误施工。

先立少部分竖筋，与下层伸出的搭接筋绑扎，画好水平钢筋的分档标志，在下部绑两根横筋定位，并在横筋上画好分档标志，接着绑其余竖筋，最后再绑其余横筋。横筋放在里面或外面应符合设计要求。

（1）竖筋与伸出搭接筋搭接处需绑三根水平横筋，其搭接长度及位置均要符合设计要求。钢筋绑扎要求如表1.5.4.2所示。

表1.5.4.2 钢筋绑扎要求

混凝土强度钢筋		C30	备注
Ⅰ级钢		27d	锚固长度 L_{aE}
Ⅱ级钢	$d \leq 25$	34d	锚固长度 L_{aE}
	$d > 25$	38d	
Ⅲ级钢	$d \leq 25$	41d	锚固长度 L_{aE}
	$d > 25$	45d	

（2）仓壁钢筋应逐点绑扎，双排钢筋之间应绑拉筋和支撑筋，其纵横间距不大于600 mm，拉筋上下层应错开。仓壁钢筋搭接、锚固长度及洞口周围附加筋等均应符合设计抗震要求。

（3）仓壁钢筋水平及竖向钢筋搭接长度要符合设计要求，在任意垂直截面与水平截面上的接头不得超过25%。

（4）为了保证水平钢筋位置，应按设计要求制作水平钢筋定位骨架，准确放置。

（5）滑模模板组装完毕后，对伸出的竖向钢筋应进行修整，宜在搭接处绑一道横筋定位，浇筑混凝土时专人看管，浇筑后再次调整以保证钢筋位置准确。

（6）钢筋的形状、规格、数量、锚固长度、接头位置，必须符合设计及规范要求。

（7）缺扣、松扣数量不超过绑扣数的10%，且不应集中。

（8）钢筋绑扎前应检查有无锈蚀，除锈之后再运行至绑扎部位。

钢筋定位措施：在滑模滑升过程中，由于钢筋绑扎时间紧张，仓壁竖向钢筋定位偏差较大，易将仓壁竖向钢筋定位筋与滑模提升架相连，使其同步滑升。这不但简化了滑模钢筋绑扎施工过程中，对竖向钢筋进行定位骨架焊接的烦琐工作，而且施工工艺简单，施工速度快。用一道可移动式定位钢筋，代替传统做法中每间隔1 m需要设置的定位钢筋，利用现场废料加工，极大限度地节约现场钢筋的使用量。

钢筋绑扎过程控制重点：滑模施工过程中对钢筋的需求量大，钢筋种类多，在绑扎过程中必须对号入座，合理安排相关施工人员，保证钢筋的绑扎和连接质量符合规范要求。

4.3 预埋、预留

滑升前，将所有预埋、预留工作统计详尽，列出表格，注明标高、部位、预埋和预留品种、规格，若平面位置较复杂，应事先在滑模平台上做好标志，按照表格查验各种预埋件、预留孔是否已准备妥当。

预埋、预留由专人负责，需凿出的预埋件、预留孔、预留插筋一旦出模立即凿出，注意找准位置再进行，以免影响库壁表面。各种预埋、预留件均不得与库壁环筋焊接，预留洞口两侧混凝土须对称浇筑。

筒仓下部预留门窗洞口较多，滑升至洞口底部标高时，需要将洞口底部收平并适当放慢滑升速度，保证门洞口施工质量的同时为门窗洞口模板的安装、定位、加固提供必要的时间。

第六节　浅圆仓仓壁滑升施工

模板滑升是一个协调性很强的工作，滑升前各条口准备工作应充分，如滑升平台系统在技术上、安全上、质量上是否满足要求，人员组织是否完备，材料供应是否确保，水电是否正常，广播、通信、监控、设备是否齐全等，确保施工可以连续进行后，才能下达开机令。

1　滑升施工工艺流程

滑升施工工艺流程如图 1.6.1.1 所示。

图 1.6.1.1　滑升施工工艺流程

2　仓壁滑升施工

滑升程序分为初滑升、正常滑升和末滑升三个阶段。进入正常滑升后如需暂停滑升（如停水停电等），则必须采取停滑措施（停滑时施工缝应为 V 形）。

2.1　初步滑升

混凝土浇筑采用分层交圈（分层厚度应为每次滑升高度，且与千斤顶行程成倍），混凝土分三层，每层 300 mm，上下两层浇筑方向相反，正、反向均匀连续浇筑 1 200 mm（模板高度），避免滑模系统扭转。3~6 h 开始试提升，提升 2~4 个行程，模板的初次滑升，要求混凝土在模板内的浇筑高度 1 200 mm 左右、浇筑高度为模板高度的 1/2~2/3 及第一层浇筑的混凝土强度为 0.2~0.4 MPa。开始滑升前，必须先进行试滑升，试滑升时，应将全部千斤顶同时升起 5~10 cm，观察混凝土出模强度，符合要求即可将模板滑升到 300 mm 高，对所有提升设备和模板系统进行全面检查。修整后，可转入正常滑升，正常混凝土脱模强度宜控制在 0.2~0.4 MPa。混凝土滑升时的强度应严格控制，避免滑早，混凝土脱落。在每次初滑、空滑时，应全面检查滑模装置，待检查确认安全后方可继续使用。

初滑升时一般连续浇筑 2~3 个分层，高 600~900 mm，当混凝土强度达到初凝至终凝之间，即底层混凝土强度达到 0.3~0.35 MPa 时，即可进行试滑升工作，初滑升阶段的混凝土浇筑工作应在 2 h 内完成。试滑升时应将模板升起 50 mm，即千斤顶提升 2~3 行程，当混凝土出模后不塌落，又不被模板带起时（用手指按压可见指痕，砂浆又不粘手指），即可进行初滑升，初滑升阶段一般每次可提升 200~300 mm。对所有提升设备和模板系统进行全面检查。修整后，可转入正常滑升。

2.2　正常滑升

当初滑以后，即可按计划的正常班次和流水分段、分层浇筑（上下两层间隔时间小于混凝土初凝时间），分层滑升。正常滑升时，两次滑升之间的时间间隔一般控制为 $1.5 \sim 2$ h，根据经验，出模混凝土以按压稍有手印为宜。每个浇筑层的控制浇筑高度为 300 mm，绑扎一层（浇筑层）钢筋、浇筑一层混凝土，混凝土正、反循环向浇筑，气温较高时中途提升 $1 \sim 2$ 个行程。滑升过程中，操作平台应保持水平，千斤顶的相对高差不得大于 40 mm，相邻两个千斤顶的升差不得大于 20 mm。如果超过允许值，应及时检查各系统的工作情况以及混凝土出模强度，并及时找出原因，采取有效的措施予以排除。滑模施工混凝土，应在浇筑后、开始提升时，注意筒壁的裂缝，及时修复。正常滑升过程中应定期检查，每次检查确认安全后方可继续使用。

每浇筑一层混凝土，提升模板一个浇筑层高度，依次连续浇筑，连续提升。正常滑升时，两次滑升之间的时间间隔，以混凝土达到 $0.1 \sim 0.3$ MPa 立方体强度的时间来确定。一般控制在 1.5 h 左右，每个浇筑层的控制浇筑高度为 30 cm。滑升过程中，操作平台应保持水平，千斤顶的相对高差不得大于 50 mm，相邻两个千斤顶的升差不得大于 25 mm。

2.3　末滑升

当模板滑升到设计标高位置下 1 m 时，即应放慢滑升速度，并进行准确的抄平和找正工作。整个模板的抄平、找正，应在滑升到距顶标高最后一模以前做好，以便顶部能均匀地交圈，保证顶部标高及位置的正确。混凝土全部浇筑结束后，应及时卸去平台上所能卸去的荷载，并按正常滑升时间继续提升模板。

当模板滑升到接近顶部时，最后一层混凝土应一次浇筑完毕，混凝土必须在一个水平面上。当模板滑升到距顶 1 m 左右时，应放慢滑升速度，并进行准确的抄平和找正工作，以保证顶部标高及位置的正确。当模板滑升至设计标高后采用空滑时，应对支撑杆进行加固处理。加固时采用直径大于 20 mm 的短钢筋插入混凝土 40 cm 绑焊在支撑杆上和每 30 cm 高用大于 20 mm 的短钢筋将支撑杆与钢筋连为一体。筒仓滑升示意如图 1.6.2.1 所示。

筒仓初滑升示意

筒仓正常滑升示意

图 1.6.2.1　筒仓滑升示意

3　仓壁钢筋绑扎及预埋

3.1　钢筋绑扎

浅圆仓滑模钢筋采用绑扎接头。

竖向钢筋搭接长度为 $40d$，接头位置错开布置，任意水平截面（搭接长度范围为同一截面），接头钢筋截面不超过25%（1/4错接）。

环向水平钢筋搭接长度为60d，接头位置错开布置，接头水平方向不小于一个搭接长度，也不小于1 m，同一竖向截面内每隔三根钢筋允许有一个搭接接头，内外水平钢筋也均匀错开。

钢筋加工环筋7 m、竖筋5 m定长，滑模所用钢筋预先按规格、使用部位、长度、允许吊重捆扎，并挂设标牌，注明钢筋的直径、编号、数量、长度、使用部位。

应按内外层钢筋按设计要求设置拉钩，在水平和竖直方向内外两层钢筋之间每隔500～700 mm设置一根三级钢筋。

对于控制竖筋位置，可在提升架下横梁上焊内外两道环筋，在环筋上安装焊接上滑环，滑环中心即为每根竖筋所在位置，焊接时按滑环位置接长竖筋，注意所接竖筋的下端在滑环之下时再开始接，以免接头钩住滑环。环筋可预先在竖筋上用粉笔画出间距线以控制绑扎间距，模板上口距提升架下横梁有40～50 cm，但应保持模板之上环筋不少于两道。

滑模施工前可安排钢筋工预先模拟，以获取实践经验来验证、指导、改进施工方法。

此外，还需注意在滑升过程中对纵筋的监控，以防止因纵筋偏位而导致水平加筋无法穿扎。钢筋绑扎示意如图1.6.3.1所示。

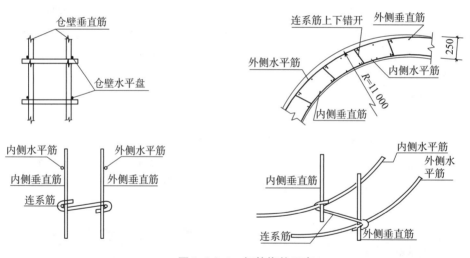

图1.6.3.1　钢筋绑扎示意

3.2　仓体工艺、钢结构预埋及门、洞预留

滑升前，将所有预埋、预留工作进行详细统计，列出表格，注明标高、部位、预埋和预留品种、规格，若平面位置较复杂，应事先在滑模平台上做好标志，按照表格查验各种预埋件、预留孔是否已准备妥当。

预埋、预留由专人负责，需凿出的预埋件、预留孔、预留插筋一旦出模立即凿出，注意找准位置再进行，预埋件、预留孔、预留插筋四周面进行修补，以免影响仓壁表面。

各种预埋、预留件均不得与仓壁环筋焊接，预留洞口两侧混凝土须对称浇筑。

预留洞口用木板钉制木盒预埋，木盒外侧抛光、涂刷脱模剂。

4　仓筒体混凝土浇筑

4.1　混凝土浇筑

浇筑混凝土前,升起的滑动模板表面应彻底清理,经验收合格后方可浇筑。在一般情况下,筒壁要连续浇筑,不允许留施工缝。混凝土主要利用汽车泵输送,部分位置采用塔式起重机吊斗浇筑,人工均匀分别送入模内。混凝土入仓后,用直径 50 mm 的插入式振捣棒振实,每层层厚 300 mm,振捣棒应插入下层混凝土内,深度 50 mm 左右,以利于结合。浇筑混凝应按照严格的先后顺序进行,保证每模内的荷载均匀并且保证模板提升时强度一致。

仓壁混凝土采用商品混凝土、泵送浇筑,混凝土在施工计划书中标明浇捣时间、部位、强度及抗渗要求、坍落度要求、一次浇捣方量及计划浇捣时间等数据。为保持仓壁色泽一致,要求"凡是供仓壁滑模的混凝土均采用同厂、同标号、同批号的水泥"。

试验配合比由商品混凝土单位提供,如无疑议,则形成施工配合比;若有疑议,则根据具体情况加以调整。

混凝土进场后,进行坍落度抽检及强度试件抽检,滑模施工泵送混凝土最适宜坍落度为 180 mm ± 20 mm。现场进行强度等技术指标的抽检工作,形成文字记录,注明浇筑部位、强度等指标。标养后送检,并将检测结果与商品混凝土供应商提供的资料相比较,合格者作为技术资料存档。不合格者则请有关方面对不合格品进行评审,分析原因,并对不合格品作出处理意见。

混凝土浇筑时必须遵循分层、交圈、变换方面的原则,均匀浇筑,每次浇筑厚度不宜大于 200 mm,保证混凝土出模强度达到 0.2~0.4 MPa。浇筑完成高度低于模板上口 30 mm,振捣棒应振捣均匀,"快插慢拔",振捣时须插入上一层混凝土至 50 mm,保证前后浇筑充分接触,做到不漏振、不振过。汽车泵将混凝土送入模,不够处采用人工推小推车入模。

混凝土按 25 cm 分层浇筑,每批次混凝土从开始浇筑至结束,须经过 3~4 层浇筑时间才出模,按控制混凝土出模时间≤5 h 考虑,则容许每分层混凝土浇筑时间为 75 min。

初浇时,待第一层混凝土入模达 4 h 后,可试提升 1~2 个行程观察混凝土出模强度是否适宜,如适宜,即可进入正常浇捣、提升,注意混凝土不应浇满模板,而是离模板上口 5 cm 左右。每仓第二层浇筑时应以第一层浇筑点为起点(错开 1 m 左右,以免造成上下垂直的施工缝)逆方向浇筑,每层浇筑完毕后,应原起点同顺序浇筑。

仓壁滑升时,混凝土入模时,在两个门架空档中滑槽内,掉落在平台零散混凝土,施工人员及时把平台上混凝土铲入模内,用振捣棒振捣。混凝土连续浇筑,正反方向同时分头入模和振捣(分仓分头浇筑),避免单向施工最后出现冷缝。混凝土顶面高度应低于模板 5 cm。

混凝土入模后及时用插入式振捣棒振捣,操作时按"快插慢拔""棒棒相接"的方式进行,采用"并列式"振捣;每点振捣时间 20~30 s,当混凝土表面不再显著下沉、不出现气泡,表面泛浆方能停止振捣;振捣棒在振捣上层混凝土,插入下层混凝土不大于 5 cm,消除两层之间接缝,严禁漏振和过振现象发生。

混凝土出模时,以略带湿润且按压有微痕为宜,按此原则调整混凝土坍落度、模板滑升速度。通常,泵送滑模混凝土坍落度以 180 mm ± 20 mm 为宜。

除正常留置标养试块外，尚需留置同条件养护试块。

仓壁滑升采用日夜三班制连续施工，日提升控制高度为 3 ~ 3.6 m，混凝土出模强度由贯入阻力仪测量（强度为 0.2 ~ 0.4 MPa）或用手压无明显压痕为准，并以此检查和调整实际施工时的滑升速度。混凝土振捣方法如图 1.6.4.1 所示。

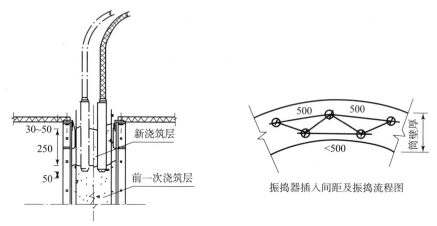

图 1.6.4.1　混凝土振捣方法

4.2　混凝土养护

采用高压水泵供水，气温在 10 ℃ 以上时隔 1 h 断续对仓壁养护。在内外吊脚手架下端设置水管（均匀打眼）交圈，由水泵向上输水养护，一般计算时间：交圈水管位置混凝土已达到终凝程度。养护水落至地面立即排走或回收，防止侵入地基造成基础沉陷。

仓壁内外均随滑随抹光，原则上为表面原状打磨出浆后压光，如局部须修补，应从滑模混凝土中筛出原浆以保证修补处色泽与其他部位一致。

5　滑升过程支撑杆加固与连接

支撑杆（ϕ48 钢管）采用插入式接头，将支撑杆一端由直径为 ϕ48 压缩到直径为 ϕ38，长度为 80 mm 左右。施工时，将直径为 ϕ38 插入直径 ϕ48 内即可。

在滑升过程中，模板的滑空或由于支撑杆穿过门窗孔洞等原因使支撑杆脱空长度过大，在这种情况下，支撑杆容易失稳而弯曲，因此必须采取加固措施，常用的加固措施：将支撑杆两侧各增加一根 ϕ25 钢筋（三级钢），在水平方利向 ϕ14 钢筋（三级钢）进行焊接固定。

在滑升过程中，遇到支撑杆在混凝土内部发生弯曲时，应立即停止使用该处的千斤顶，然后将支撑杆弯曲处的混凝土清除，若弯曲程度不大，可采用钩头螺栓加固，若发现支撑杆有严重弯曲，可割除弯曲部分，再用钢筋绑条焊接。

待模板滑升至仓底板环梁底部时，开始空滑至环梁顶部 3.3 m 并加固爬杆，爬杆上每隔 30 cm 焊接一根 ϕ25 的钢筋使仓内爬杆连成整体，相邻爬杆间从爬杆根部用 ϕ25 钢筋，钢管焊接剪刀撑，爬杆与撑杆间夹角控制为 30°~60°，使其形成整体的网架形式，以防止空滑时出现平台变形或支撑杆失稳，加固完成后方可继续提升模板。滑空以钢模板下口与板面上口平齐时结束。每根爬杆与钢筋连接必须焊接且保证焊缝质量，不得漏焊。钢筋接头亦焊接牢固，不得采用绑扎接头。洞口加固示意如图 1.6.5.1 所示。

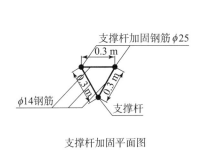

支撑杆加固平面图

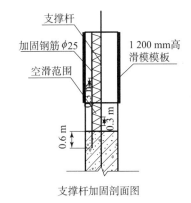

支撑杆加固剖面图

图 1. 6. 5. 1　洞口加固示意

6　滑模系统拆除

6. 1　滑模拆除前审批手续

（1）拆除报验申请，监理组织复查。

（2）临边（浅圆仓外围 5 m 警戒线）防护措施到位，防坠落措施到位。

（3）模板等物料转出通道、平台已通过验收，模板拆除顺序和安全技术交底已书面完成；拆模前，对作业人员进行有针对性的安全技术交底。

（4）拆模现场设警戒区域，项目部设有监护人（专职安全员），非作业人员不得在警戒区内通行或停留。

（5）拆模前，对作业场所进行检查及清场（项目部专职安全员清除作业区内与拆模无关的施工人员），落实各项安全措施，以消除安全隐患。

（6）作业人员应正确使用劳保用品。拆模时严格按顺序拆除滑模设备，且未经许可，不得任意拆除。

（7）作业人员应严格遵守安全操作规程。

6. 2　拆除总体要求

滑模滑升至设计标高时停止，加固仓内桁架，最后拆除多余滑升系统，利用塔式起重机配合清除多余的荷载，其主要工序如下：滑模结束→空滑加固→平台清理→滑模设备拆除。加固桁架及拆除作业的人员必须服从指挥，每道工序都必须严格检查，加固、拆除滑模装置的施工人员必须戴好安全带，严格按交底要求及施工顺序拆除，严禁乱拆乱扔，及时利用塔式起重机转移拆下的配件和材料，清除桁架上多余的荷载，具体拆除要求如下：

拆除门字架前，要根据现场情况组织班组成员明确分工、统一指挥，拆除时由专职安全员现场协调指挥，拆除过程中精力要集中，不要东张西望和开玩笑。工具不用时放入工具袋内。操作人员衣服要灵便，袖口、裤脚和腰带束紧，头戴安全帽，上高空要挂安全带。拆除前，周围应设围栏和警戒标志，拆除时地面要设监护人，统一指挥，当上面有人作业时，下面不准有人操作和停留。根据门字架的型号选择好操作用脚手板的长度，单面操作宽度不小于 50 cm。门字架拆除人员要 2～3 人为一组，互相配合，不准单人操作，以防由于拆除时扣件、杆件掉下而造成事故。

6. 3　拆除步骤

滑模平台清理→滑模脱空→拆除内外平台板与吊篮架板→拆除中心拉盘→塔式起重机吊

索将提升架绷紧→分段拆除滑模装置→吊卸至地面分割区→分割滑模装置→材料整理堆放。

滑模平台清理：筒壁混凝土浇筑至环梁底处时，筒壁浇筑混凝土全部完成，将所有平台上的混凝土施工垃圾、钢材、水泥、水桶等物件全部清理至地面，并分类堆放整齐。

滑模脱空：在正常情况下，模板的夹固作用要大于模板下口早期混凝土对支撑杆的嵌固作用。滑模装置待混凝土达到初凝强度后开始脱空，利用滑模下口夹固作用及支撑杆的嵌固作用，保证滑模脱空后整体稳定性。空滑完成后，须对滑模系统进行仔细检查，检查的主要内容：支撑杆有无弯曲变形；平台是否水平，有无侧移、倾斜、扭转等现象。如发现问题，须及时调整和纠正。另外，空滑时需减缓千斤顶的回油速度延长回油时间，避免千斤顶回油时的下坠冲击力过大。

拆除平台板：分段拆除平台板，将吊架底部架板全部上传至平台上部，统一吊装至地面，待全部平台板拆除完成后，再将平台板底支撑用钢筋全部分段拆除，吊装至地面。

拆除中心拉盘：拆除中心拉盘时，在保证滑模装置整体受力均匀前提下，对称拆除每根拉盘钢筋。

分段拆除滑模装置：当拆除工作利用施工结构作主支撑点时，对结构混凝土强度的要求不低于 15 MPa。本工程使用的塔式起重机为一台 TC6013、两台 TC6515、三台 TC7520，塔式起重机位于两仓交界处。塔式起重机吊索分别先挂在两提升架中心上，然后吊索将提升架绷紧后，分段切割支撑杆、围圈及模板连接部位，两提升架两侧分段模板重量一致，切割完成后吊运至地面滑模装置分割区进行地面切割。所有吊运至地面的滑模装置分类切割完成后，将滑模装置材料分类堆放整齐，待所有装置切割完成后，及时运出外场。

拆除完成后，门字架杆件及其他部件要分类堆放，堆放地点要平坦，下设支垫、木枋或方钢，保证排水良好，如堆放在室外，应加以遮盖，对扣件应用机油清洗干净以备再用。对方地点选于仓底至道路之间，因三期项目场地空间狭小，材料退场应及时。

6.4 滑模系统拆除

滑模系统拆除应在滑升结束三天后进行，拆除以先装后拆为原则，利用塔式起重机配合。滑升结束，首先拆除滑模操作平台面板（木模板及木枋），再拆除滑升门架及钢模板，通过吊车或塔式起重机吊至仓内自然地坪上，地面上分解门架及模板、槽钢围圈。

拆除人员必须服从指挥，并戴好安全带，按顺序拆除，并应充分利用塔式起重机。滑模系统拆除方法如表 1.6.6.1 所示。

表 1.6.6.1　滑模系统拆除方法

序号	滑模拆除
1	滑模装置拆除前必须组织拆除专业人员，指定专人负责、统一指挥。并戴好安全带，按顺序拆除，并应充分利用塔式起重机
2	凡参加拆除工作的作业人员，必须经过技术培训，考试合格。不得中途随意更换作业人员
3	滑模装置拆除前应检查各支撑点埋件牢固情况，以及作业人员上下走道是否安全可靠
4	拆除作业必须在白天进行，采用每 4 个开字架为一组分段整体拆除，在地面上解体。应上人马道口开始拆除，按圆形一周顺序拆除至上人马道口处完成拆除。拆除的部件及操作平台上的一切物品均不得从高空抛下

续表

序号	滑模拆除
5	当遇到雷雨或风力达到五级或五级以上天气时，不得进行滑模装置的拆除作业

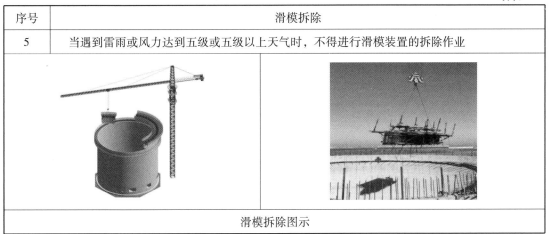

滑模拆除图示

7　滑模混凝土质量要求

7.1　滑模施工混凝土允许偏差

滑模施工混凝土允许偏差如表 1.6.7.1 所示。

表 1.6.7.1　滑模施工混凝土允许偏差

项目		允许偏差/mm
轴线位置		±8
梁、柱、墙截面规格		−5，10
标高	层高	±10
	全高	±30
表面平整（2 m 长直尺检查）		8
清水混凝土的表面平整		5
垂直度	层高小于或等于 6 m	10
	层高大于 6m	12
	全高	30
门窗洞口及预留洞口中心线		出 15
预埋件中心线		15
筒体结构	定位中心线	0，15
	筒壁厚度	−5，10
	任意截面的半径	≤25
	全高垂直度	≤50

7.2　滑模施工中的容许偏差

滑模施工中的容许偏差如表 1.6.7.2 所示。

表 1.6.7.2　滑模施工中的容许偏差

项目	容许偏差值/mm
轴线间的相对位置	5
垂直度、扭转度	25
筒仓直径	直径的 1% 且不超过 ±40
垂直度	全高的 0.1% 且不大于 ±30
结构截面规格	+10，−5
表面平整（用 2 m 靠尺检查）	5
预埋件位置	±20
预留孔标高及水平位置	±25
预留孔规格	≥设计规格
表面平整（用 2 m 靠尺检查）	5

第七节　滑模施工过程中特殊情况处理

1　滑模系统不均衡滑升的监控及纠偏措施

筒仓滑模组装时，按 90° 间隔在外挑平台上设置 4 个激光照靶作为监控点，在整板基础面相应位置做出基准点，滑升时，每隔 90 cm 检验一次相对标志偏移值，马上传达给平台指挥，以便及时查明原因，进行相应的调整。筒仓控制点布置如图 1.7.1.1 所示。

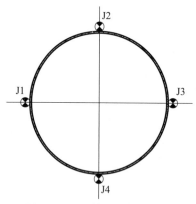

图 1.7.1.1　筒仓控制点布置

对滑模体系的监控主要分为两种：一种是滑升扭转监控；另一种是滑升中心位移监控。

1.1　滑升扭转监控

现象：筒仓滑模施工时，在滑升模板结构与所滑筒体竖向轴线间出现螺旋式扭曲。这不但会给筒体表面留下难看的螺旋划痕，也会使筒壁竖向支撑杆和受力钢筋随着筒体混凝土的旋转发生位移，产生相应的单项倾斜和螺旋形扭曲，从而改变竖向钢筋的受力状态，使结构的承载能力降低，严重影响工程质量。螺旋式扭曲裂缝示意如图 1.7.1.2 所示。

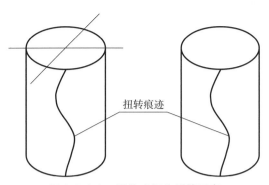

图 1.7.1.2　螺旋式扭曲裂缝示意

1.1.1　滑升扭转原因分析

滑升扭转原因分析如表 1.7.1.1 所示。

表 1.7.1.1　滑升扭转原因分析

序号	原因分析
1	千斤顶爬升不同步，造成部分支撑杆过载而弯折倾斜，致使结构向荷载大的一方倾斜
2	滑升操作平台荷载不均，使荷载大的支撑杆发生纵向挠曲，出现异向转角
3	千斤顶及油路布置不合理，千斤顶之间存在提升时间差，先提升者过载，支撑杆出现过载弯曲
4	滑升模板结构设计不合理，组装质量不好
5	混凝土浇筑方式和程序不合理
6	混凝土浇筑时间和滑升时间不合理

1.1.2　滑升扭转预防措施

滑升扭转预防措施如表 1.7.1.2 所示。

表 1.7.1.2　滑升扭转预防措施

序号	预防措施
1	滑升前，应将千斤顶逐台调试好。要采用同种规格的千斤顶。如用带有行程调整帽的千斤顶时，要使其行程一致。但一般情况下，尽量不用行程调整帽，以免使支撑杆受力不均匀
2	在滑模操作平台上，静、活荷载的布置要均匀，以避免支撑杆因受力不均而造成弯曲变形
3	要十分注意千斤顶的合理布置和油路的正确设计。应使液压操作台到千斤顶之间的距离基本相等，管径一致，分段配置
4	注意模板结构设计和组装质量。模板组装中要特别注意下列公差和控制：提升架垂直偏差，平面内不得超过 3 mm，平面外不得超过 2 mm。千斤顶安装位置偏差，提升架平面内、平面外均不大于 5 mm；提升架安装千斤顶的横梁水平偏差，平面内不大于 2 mm，平面外不大于 1 mm
5	筒仓混凝土浇筑时要有计划地、均匀地变换浇筑方向，以防止冲击模板和操作平台
6	筒仓混凝土浇筑时控制好浇筑量和高度，并掌控好滑升的时间

1.1.3 滑升扭转的治理方法

（1）筒仓滑升发生扭转时，只要采用"爬杆导向法"进行治理。其调扭原理是对千斤顶的支撑杆施加一定的外力，使千斤顶支撑杆产生与平台偏转方向相反的转角，利用支撑杆对模板与滑升结构之间依存导向关系，使操作平台沿支撑杆转角方向进行纠扭滑升，以达到导向调扭的目的。其具体方法是在滑升筒壁沿圆周等距布置 4~8 对双千斤顶，以此作为产生导向转角的预防性措施。当需要纠扭时，关闭双千斤顶中一侧的油路，使提升架产生导向转角，进行纠偏操作。双千斤顶导向纠扭示意如图 1.7.1.3 所示。

（2）另一种方法是，在滑升千斤顶底座下，在扭转反方向一侧垫楔形铁片，使千斤顶与支承杆同时产生导向转角，以达到纠扭目的。千斤顶纠偏示意如图 1.7.1.4 所示。

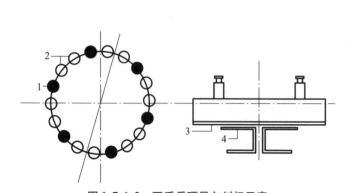

图 1.7.1.3　双千斤顶导向纠扭示意

1—单千斤顶；2—双千斤顶；3—挑梁；4—提升架横梁

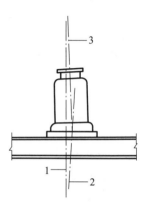

图 1.7.1.4　千斤顶纠偏示意

1—设计中心线（铅垂线）；

2—偏移方向；3—纠偏方法

1.2 滑升中心位移监控

现象：在滑升过程中，结构坐标中心随着操作平台产生水平位移，其主要表现形式为仓体单向水平位移。平台水平位移示意如图 1.7.1.5 所示。

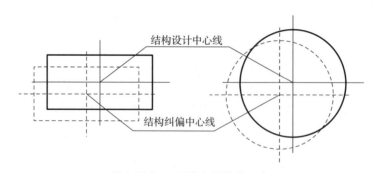

图 1.7.1.5　平台水平位移示意

1.2.1 滑升中心位移原因分析

滑升中心位移原因分析如表 1.7.1.3 所示。

表 1.7.1.3 滑升中心位移原因分析

序号	原因分析
1	千斤顶行程不同步，使操作平台倾斜，在操作平台自重力水平分力作用下，操作平台向低侧方向移动
2	操作平台上荷载不均，如平台一侧人员、各种材料、设备堆放过于集中，混凝土临时堆放选择不当，以及混凝土卸料冲击力等都会造成操作平台倾斜，促使中心位移
3	受风力等外力影响

1.2.2 滑升中心位移预防措施

滑升中心位移预防措施如表 1.7.1.4 所示。

表 1.7.1.4 滑升中心位移预防措施

序号	预防措施
1	对千斤顶进行选择调试
2	合理安排操作平台上的静、活荷载，务必均匀堆放，应特别注意对活荷载的控制。应正确疏导平台上操作人员，不要过分集中。混凝土临时堆放点应有规律地变动，避免直接将混凝土从料斗中卸在操作平台上，应通过串筒等缓冲工具倒卸，以减少冲击力

1.2.3 滑升中心位移治理方法

（1）平台倾斜法。这种方法对模板结构和操作平台整体刚度以及可调性较好的工程效果较好。其纠偏原理主要利用抬高操作平台的一侧的高度，使操作平台产生有控制的、定值的、由高到低的、带方向性的倾斜斜度，利用操作平台倾斜后产生的水平分力，推动模板结构体系逐步向设计轴线方向移动。

（2）加载纠偏法。在爬升千斤顶及支承杆提升能力有富余的情况下，在操作平台位移的反方向一侧增加一部分临时荷载，作为平台倾斜法的辅助纠偏措施。

采取以上两种纠偏方法时都不能操之过急，否则便会出现仓鼓肚及死弯等不良后果。

2 滑模施工时遇大风及雷雨天气处理

针对本工程所在地区风力大的特点，一般采用"1.2.3 滑升中心位移治理方法"中的平台倾斜法作为大风地区滑模滑升施工防位移的措施。

滑模施工时将提前 48 h 与当地气象台取得联系并得到之后两天内的天气状况，以确保之后 2 天的施工部署，如遇到雷雨、六级和六级以上大风时，必须停止施工。停工前做好停滑措施，操作平台上的人员撤离前，应对设备、工具、零散材料、可移动的脚手板等进行整理、固定并采用彩条布做好防护，用重物压紧，使用缆风绳固定，在全部人员撤离后立即切断通向操作平台的供电电源。

当发生上述特殊天气停工时，必须设置施工缝，以便在继续浇筑时，新旧混凝土黏结良好。滑模施工时遇大风及雷雨天气处理如表 1.7.2.1 所示。

表 1.7.2.1　滑模施工时遇大风及雷雨天气处理

情况分类	情况说明	应对措施
第一种情况	需停滑时间在 4 h 以内、混凝土表面没有初凝的情况	这种情况下，每隔 1～1.5 h，将滑模提升 2～4 个行程（5～10 cm），防止混凝土与模板黏结
	滑模需停滑 4 h 以内应对措施示意	
第二种情况	需停滑 4 h 以上	要求在停滑区域设置止水钢板，在二次施工前清理干净，凿除松动石子和浮碴，并用水冲洗干净，然后涂刷水泥基渗透结晶。再次浇筑时，应先按配合比减半石子的混凝土浇筑一层（30 cm）后，再继续按原配合比浇筑
	滑模需停滑 4 h 以上应对措施示意	

大风或雷雨侵袭过后，工程复工前应做出损坏鉴定，并按工程项目监理的指示实施后续作业。使用中的模板及滑升装置，于每次复工前，认真复查，并做好模板的清理和涂刷脱模剂的工作，经项目专业工程师确认后再复工运作。

第二章 浅圆仓仓底板高大模板施工技术

第一节 浅圆仓仓底板高大模板应用背景

我国目前的粮食仓储相关施工行业都是长期以房式仓储粮仓为主，缺乏大直径浅圆仓的施工经验，许多的施工企业都是在"摸着石头过河"。近几年，大直径浅圆仓的建设相对较多，但是随之而来的许多难题都在实际施工中显现出来。

2021 年 11 月 17 日，国家粮食和物资储备局发布"十四五"时期实施优质粮食工程"六大提升行动"，计划到 2025 年，新增粮仓容量 2 000 万吨。目前高标准粮仓建设市场巨大，对于粮仓的施工要求比较高，在施工过程中，滑模工艺在钢筋混凝土大直径浅圆仓被广泛地运用。

作为储存粮食的仓库，首先要做的就是控制粮仓内的温度，因为粮食长期处于低温的环境下，可以有效延缓品质"衰老"，确保储粮绿色新鲜。那么该如何实现粮仓内保持低温呢？粮仓使用了内环流控温储粮技术，主要是利用冬季冷空气带来的低温进行通风蓄冷，在夏季高温期间进行仓内环流，从而保证仓温达到较低水平。全年整仓平均粮温一般在 20 ℃以下，实现了准低温储粮。

为了保持粮仓内部温度不易流失，需要对浅圆仓仓底板进行加厚的处理，故仓底板的厚度一般在 500 mm 以上。本章将针对仓底板超厚混凝土板施工进行详细介绍。

第二节 仓底板高大模板选型

1 模板工程及支撑体系的选择

顶板拟选用标准型承插型盘扣式脚手架作为模板支撑体系，使用 15 mm 厚优质木模板作为面板，使用 40 mm×90 mm 木枋作为次龙骨，使用 10# 槽钢作为主龙骨。模板工程及支撑体系如图 2.2.1.1 所示。

梁的选型：梁两侧顶板为承插型盘扣式脚手架；梁底为承插型盘扣式脚手架专用双槽钢托梁作为基础，使用 15 mm 厚优质木模板作为面板，使用 40 mm×90 mm 木枋作为次龙骨，使用 $\phi48×3$ mm 钢管作为主龙骨（计算取值 $\phi48×2.7$ mm）；使用 10# 槽钢作为 2# 龙骨。

模板采用 15 mm 厚胶合板；内龙骨采用 40 mm×90 mm 木枋，间距 ≤150 mm 布置，竖直敷设，需要搭接时，搭接长度不小于 500 mm；外龙骨采用定型化卡具进行加固，水平敷设，在地面上 200 mm 设置第一道外龙骨，在其上间距 450 mm 处设置第二道龙骨，继续向上，在间距 600 mm 处设置第三道龙骨。柱模板加固方式如图 2.2.1.2 所示。

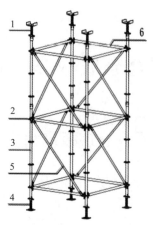

1—可调托撑；2—盘扣节点；3—立杆；4—可调底座；5—水平斜杆；6—竖向斜杆

承插型盘扣式钢管支架

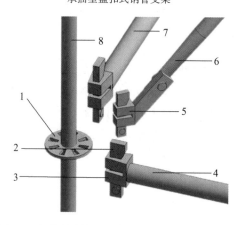

1—连接盘；2—扣接头插销；3—水平杆杆端扣接头；4—水平横杆；
5—斜杆杆端扣接头；6—竖向斜杆；7—水平斜杆；8—立杆

承插型盘扣式钢管支架节点构造

注：标准型支架的立杆钢管的外径应为48.3 mm，水平杆和水平斜杆钢管的外径应为48.3 mm，竖向斜杆钢管的外径可为33.7 mm、38 mm、42.4 mm和48.3 mm，可调底座和可调托撑丝杆的外径为38 mm。

图 2.2.1.1　模板工程及支撑体系

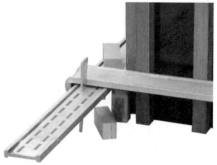

图 2.2.1.2　柱模板加固方式

2　选用材料规格及品质要求

2.1　材料性能

原材料应有质量证明书或合格证，具体要求如下。

立杆不应低于《低合金高强度结构钢》（GB/T 1591—2018）中 Q345 的规定；水平杆和水平斜杆不应低于《碳素结构钢》（GB/T 700—2006）中 Q235 的规定，竖向斜杆不应低于《碳素结构钢》（GB/T 700—2006）中 Q195 的规定。

可调托撑和可调底座的钢板的力学性能不应低于《碳素结构钢》（GB/T 700—2006）中 Q235 的规定；调节丝杆为空心时的力学性能不应低于《优质碳素结构钢》（GB/T 699—2015）中牌号为 20 钢的规定；调节丝杆为实心时的力学性能不应低于《碳素结构钢》（GB/T 700—2006）中 Q235 钢的规定。

立杆连接盘采用碳素铸钢制造时，其力学性能应符合《一般工程用铸造碳钢件》（GB/T 11352—2009）中 ZG230 - 450 牌号的规定；采用圆钢热锻制造或钢板冲压时，其力学性能不应低于《碳素结构钢》（GB/T 700—2006）中 Q235 的规定。

插销采用碳素铸钢制造时，其力学性能不应低于《一般工程用铸造碳钢件》（GB/T 11352—2009）中 ZG230 - 450 牌号的规定；采用圆钢热锻制造时，其力学性能不应低于《优质碳素结构钢》（GB/T 699—2015）中牌号为 45 钢的规定；采用钢板冲压时，其力学性能不应低于《碳素结构钢》（GB/T 700—2006）中 Q235 的规定。

连接外套管采用碳素钢制造时，其力学性能应符合《一般工程用铸造碳钢件》（GB/T 11352—2009）中 ZG230 - 450 牌号的规定；外套管采用挤压工艺在内壁形成台阶式时，其力学性能不应低于《碳素结构钢》（GB/T 700—2006）中 Q235 的规定；外套管采用无缝钢管时，其力学性能不应低于《低合金高强度结构钢》（GB/T 1591 中—2018）Q345 的规定；内插管采用无缝钢管或焊管，其力学性能不应低于《碳素结构钢》（GB/T 700—2006）中 Q235 的规定。

扣接头采用碳素铸钢制造时，其机械性能应符合《一般工程用铸造碳钢件》（GB/T 11352—2009）中对于 ZG230 - 450 的规定。

2.2　外观和工艺

立杆、水平杆、斜杆及构配件内外表面应热浸镀锌，不应涂刷油漆和电镀锌，构件表面应光滑，在连接处不应有毛刺、滴瘤和结块，镀层应均匀、牢固。

各构配件内外表面镀层厚度最小值应符合表 2.2.2.1 中的规定。

表 2.2.2.1　各构配件内外表面镀层厚度最小值

序号	类型	镀层厚度/μm	
		局部厚度	平均厚度
1	钢厚度≥3 mm	55	70
2	钢厚度<3 mm	45	55
3	铸件	60	70

铸件表面应做光整处理，不应有裂纹、气孔、缩松、砂眼等铸造缺陷，应将粘砂、浇冒口残余、披缝、毛刺、氧化皮等清除干净。

冲压件应去毛刺，无裂纹和氧化皮等缺陷。制作构件的钢管不应接长使用。

焊丝宜采用符合《熔化极气体保护电弧焊用非合金钢及细晶粒钢实心焊丝》（GB/T 8110—2020）中气体保护电弧焊用碳钢、低合金钢焊丝的要求，有效焊缝高度应不小于 3 mm。

焊缝应平整光滑、饱满，无明显漏焊、焊穿、夹渣、咬边、裂纹等缺陷。所有构配件焊接连接处均应满焊，且连接盘与立杆连接处应双面焊接。焊缝质量应符合《钢结构焊接规范》（GB 50661—2011）中的三级焊缝要求。

2.3 规格偏差

钢管应检查直线度，宜线度允许偏差为管长的 1.5L/1000，两端面应平整。

构件长度 L 允许偏差为 ±1.0 mm，其直线度允许偏差为 1.5L/1000，铸件规格公差应符合《铸件 尺寸公差、几何公差与机械加工余量》（GB/T 6414—2017）中 CT7 的规定。

钢管外径和壁厚允许偏差应符合表 2.2.2.2 的规定。

表 2.2.2.2　钢管外径和壁厚允许偏差　　　　单位：mm

序号	名称	型号	外径 D	壁厚	外径允许偏差	壁厚允许偏差
I	立杆	Z	60.3	3.2	±0.3	±0.15
		B	48.3	3.2	±0.3	±0.15
2	水平杆、水平斜杆	Z 或 B	18.3	2.5	±0.5	±0.2
3	竖向斜杆	Z 或 B	48.3	2.5	±0.3	±0.2
			42.4	2.5	±0.3	±0.15
			38	2.5	±0.3	±0.15

立杆杆端面与立杆轴线应垂直，垂直度允许偏差为 0.5 mm。

立杆盘扣节点间距应按 0.5 m 模数设置，间距允许偏差为 ±1 mm，累计误差允许偏差为 ±1 mm。

热锻或铸造连接盘的厚度应不小于 8 mm，厚度允许偏差 ±0.3 mm；钢板冲压的连接盘材质应为 Q345，厚度为 9 mm，厚度公差不应为负偏差；若钢板冲压的连接盘材质为 Q235，厚度为 10 mm，厚度允许偏差 ±0.3 mm，内壁有台阶的连接外套管的壁厚应不小于 4 mm；采用无缝钢管作外套管的壁厚不小于 3.5 mm；内插管的壁厚应不小于 3.2 mm。外套管或内插管壁厚公差不应为负偏差。内壁有台阶的连接外套管长度应不小于 90 mm，可插入长度应不小于 75 mm；采用无缝钢管作外套管的长度应不小于 150 mm，可插入长度应不小于 100 mm；内插管形式的连接套管长度应不小于 200 mm，可插入长度应不小于 100 mm。内插管外径与立杆钢管内径间隙应不大于 2 mm；采用无缝钢管作外套管的内径与立杆钢管外径间隙应不大于 2 mm；内壁有台阶的连接外套管内径与立杆外径间隙应不大于 3 mm。

立杆与连接套管应设置固定立杆连接件的防拔出销孔，销孔孔径应不大于 14 mm，允许偏差 ±0.2 mm；立杆连接件直径宜为 12 mm，允许偏差为 ±0.5 mm。

水平杆长度宜按 0.3 m 模数设置，长度允许偏差为 ±1.0 mm。水平杆和水平斜杆杆端扣接头应平行，平行度允许偏差为 1.0 mm。

铸钢制作的扣接头与立杆钢管外表面应形成良好的弧形接触，并有不小于 500 mm² 的接触面积。

楔形插销的斜度应确保楔形插销楔入连接盘后能自锁。采用碳素铸钢制造和材质为Q235的钢板冲压制作的插销厚度应不小于 8 mm，厚度允许偏差为 ±0.3 mm；采用圆钢热锻制造和材质为 Q345 的钢板冲压制作的插销厚度应不小于 6 mm，厚度允许偏差为±0.3 mm。

重型立杆应配置直径为 48 mm 丝杆和调节手柄，丝杆外径允许偏差为 ±0.5 mm；标准型立杆应配置直径为 38 mm 丝杆和调节手柄，丝杆外径允许偏差为 ±0.5 mm，空心丝杆壁厚包括丝牙，其厚度应不小于 5 mm，允许偏差为 ±0.3 mm。

可调底座底板和可调托撑托板应采用 5 mm 厚 Q235 钢板制作，厚度允许偏差为 ±0.3 mm，承力面钢板长度和宽度均应不小于 150 mm；承力面钢板与丝杆应采用环焊，并应设置加劲片或加劲拱；可调托撑托板应设置开口挡板，挡板高度应不小于 40 mm；可调底座和可调托撑的丝杆与调节螺母旋合长度应不小于 4 扣，调节螺母厚度应不小于 30 mm。

2.4　构件强度

主要构件强度指标应满足表 2.2.2.3 中的规定。

表 2.2.2.3　主要构件强度指标

序号	项目	型号	要求
1	连接盘单侧抗剪强度	Z	当 $P = 30$ kN 时，各部位不应破坏
		B	当 $P = 20$ kN 时，各部位不应破坏
2	连接盘双侧抗剪强度	Z	当 $P = 21$ kN 时，各部位不应破坏
		B	当 $P = 14$ kN 时，各部位不应破坏
3	连接盘抗弯强度试验	Z 或 B	当弯矩值 $M = 80$ kN·cm 时，各部位不应破坏
4	连接盘抗拉强度试验	Z 或 B	当 $P = 25$ kN 时，各部位不应破坏
5	连接盘内侧环焊缝抗剪强度	Z	当 $P = 120$ kN 时，各部位不应破坏
		B	当 $P = 80$ kN 时，各部位不应破坏
6	可调托撑和可调底座抗压强度	Z	当 $P = 140$ kN 时，各部位不应破坏
		B	当 $P = 100$ kN 时，各部位不应破坏
注：P 为试验荷载			

3　支撑体系设计

结合现场实际情况，仓底板施工主要采用承插型盘扣式钢管支撑体系。

3.1　仓底板

一般大直径浅圆仓的仓底板板厚为 500 mm，施工总荷载超过 10 kN/m²，但不大于 15 kN/m²，其搭设高度一般不超过 5 m。

仓底板顶板模板支撑体系如表 2.2.3.1 所示。

表 2.2.3.1 仓底板顶板模板支撑体系

序号	构件	材料	布置项目	布置要求	备注
1	立杆	Q345 钢管 $\phi 48.3\ mm \times 3.2\ mm$	纵距	900 mm	取最不利值进行计算
			横距	900 mm	取最不利值进行计算
2	水平杆	$\phi 48\ mm \times 2.75\ mm$	步距	1 500 mm	扫地杆距地≤550 mm 扫天杆≤650 mm
3	顶托	—		随立杆布置	—
4	主龙骨	10#槽钢	间距	900 mm	随立杆布置
5	次龙骨	40 mm × 90 mm 木枋	间距	200 mm	需要搭接时搭接长度 500 mm
6	竖向斜拉杆	—		按规范布置	
7	水平剪刀撑	$\phi 48\ mm \times 3\ mm$ 钢管		按规范布置	共设两道

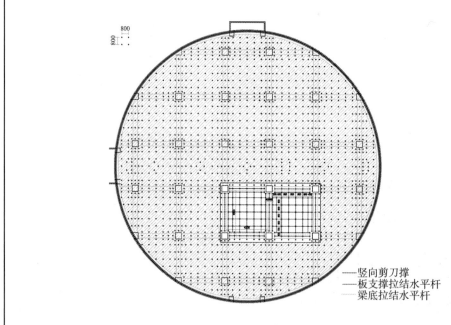

浅圆仓 500 mm 底板支撑架体布置图

续表

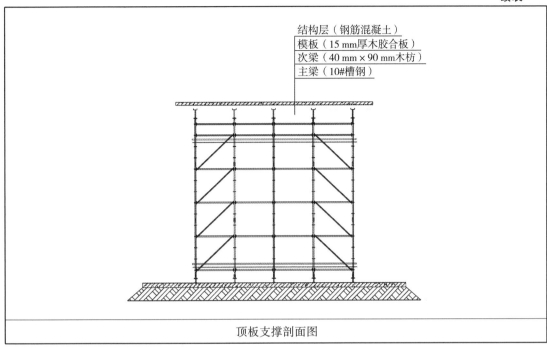

结构层（钢筋混凝土）
模板（15 mm厚木胶合板）
次梁（40 mm×90 mm木枋）
主梁（10#槽钢）

顶板支撑剖面图

3.2　浅圆仓梁模板支撑设计

浅圆仓仓底板梁按 500 mm×1 100 mm、支模高度按 4 m 考虑，梁底模次楞采用 40 mm×90 mm 木枋，主龙骨采用 10#槽钢。梁底设置一根立杆，梁跨度方向间距 400 mm，按 500 mm×1 100 mm 考虑。

梁两侧立杆距梁中间距为 450 mm，立杆沿梁跨度方向的间距为 400 mm；梁底增设 1 根支撑立杆，居梁中布置；距地面第一道连接盘高处设置纵横向扫地杆，纵横水平杆步距为 1 500 mm，最顶部一道水平杆距支撑点小于 500 mm；梁底立杆荷载传递立杆方式采用可调托撑，可调托撑伸出立杆的长度不得超过 300 mm，可调顶托内采用单钢管；当梁跨度在大于或等于 4 m 时，梁底模应按要求起拱，起拱高度宜为全跨长度的 1/1 000 ～ 3/1 000。主、次梁交接时，先主梁起拱，后次梁起拱。梁模板支撑设计如图 2.2.3.1 所示。

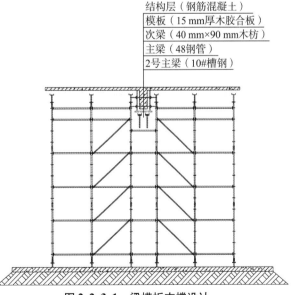

结构层（钢筋混凝土）
模板（15 mm厚木胶合板）
次梁（40 mm×90 mm木枋）
主梁（48钢管）
2号主梁（10#槽钢）

图 2.2.3.1　梁模板支撑设计

3.3　浅圆仓梁侧模支撑设计

梁侧模次龙骨采用 40 mm×90 mm 木枋，主龙骨采用 10#槽钢。梁侧模支撑设计及主要参数如表 2.2.3.2 所示。

表 2.2.3.2 梁侧模支撑设计及主要参数

对拉螺杆	梁截面规格	支撑主要参数
梁侧设两道对拉螺杆	按 500 mm × 1100 mm 考虑	木枋延梁侧跨度方向水平布置，间距为中到中 150 mm； 梁底步步紧（或距离梁底 100 mm 设置一道对拉螺杆），距离梁底 400 mm 处设置第二道对拉螺杆，以此类推，对拉螺杆沿梁跨度方向间距为 600 mm

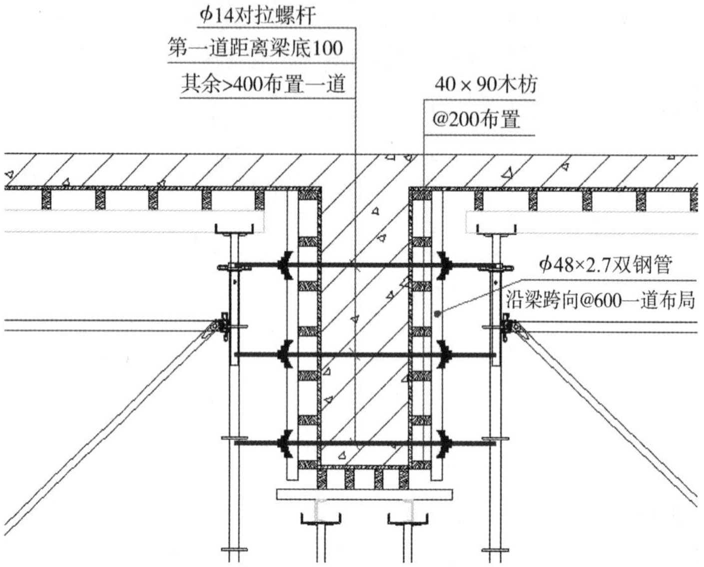

按 500 mm×1 100 mm 考虑的梁侧模设计

3.4 仓底柱模板支撑设计

根据设计安排，浅圆仓壁柱由滑模施工时一次性施工完成，仓底板支撑结构柱截面面积一般为 700 mm × 700 mm，采用常规加固方法。模板采用 15 mm 厚胶合板；内龙骨采用 40 mm × 90 mm 木枋，间距 ≤ 150 mm 布置，竖直敷设，需搭接时，搭接长度不小于 500 mm；外龙骨采用定型化卡具进行加固，水平敷设，在地面上 200 mm 设置第一道外龙骨，其上间距 450 mm 设置第 2、3 道，继续向上间距 600 mm 设置。

4 构造措施

脚手架搭设步距不应超过 1 500 mm。

当标准型（B 型）立杆荷载设计值大于 40 kN，或重型（Z 型）立杆荷载设计值大于 65 kN 时，脚手架顶层步距应比标准步距缩小 0.5 m。

脚手架的构造体系应完整，脚手架应具有整体稳定性。

支撑架的高宽比宜控制在 3 以内，高宽比大于 3 的支撑架应采取与既有结构进行刚性连接等抗倾覆措施。

对标准步距为 1.5 m 的支撑架，应根据支撑架搭设高度、支撑架型号及立杆轴向力设计值进行竖向斜杆布置，竖向斜杆布置形式选用应符合表 2.2.4.1 的要求。竖向斜杆设置如图 2.2.4.1 ~ 图 2.2.4.4 所示。

表 2.2.4.1　标准型（B 型）支撑架竖向斜杆布置形式

立杆轴力设计值 N/kN	搭设高度 H/m			
	$H \leqslant 8$	$8 < H \leqslant 16$	$16 < H \leqslant 24$	$H > 24$
$N \leqslant 25$	间隔 3 跨	间隔 3 跨	间隔 2 跨	间隔 1 跨
$25 < N \leqslant 40$	间隔 2 跨	间隔 1 跨	间隔 1 跨	间隔 1 跨
$40 > N$	间隔 1 跨	间隔 1 跨	间隔 1 跨	每跨
注：立杆轴力设计值和脚手架搭设高度为同一独立架体内的最大值				

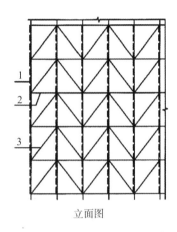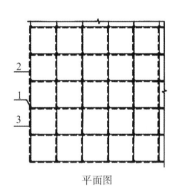

立面图　　　　　　　　　　　平面图

图 2.2.4.1　每跨形式支撑架斜杆设置

1—立杆；2—水平杆；3—竖向斜杆

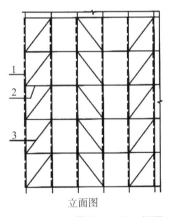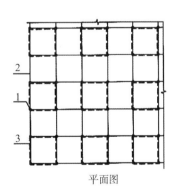

立面图　　　　　　　　　　　平面图

图 2.2.4.2　间隔 1 跨形式支撑架斜杆设置

1—立杆；2—水平杆；3—竖向斜杆

支撑架可调托撑伸出顶层水平杆或双槽托梁中心线的悬臂长度不应超过 650 mm，且丝杆外露长度不应超过 400 mm，可调托撑插入立杆或双槽托梁长度不得小于 150 mm。可调托撑伸出顶层水平杆的悬臂长度如图 2.2.4.5 所示。

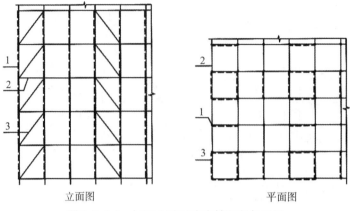

立面图　　　　　　　平面图

图 2.2.4.3　间隔 2 跨形式支撑架斜杆设置

1—立杆；2—水平杆；3—竖向斜杆

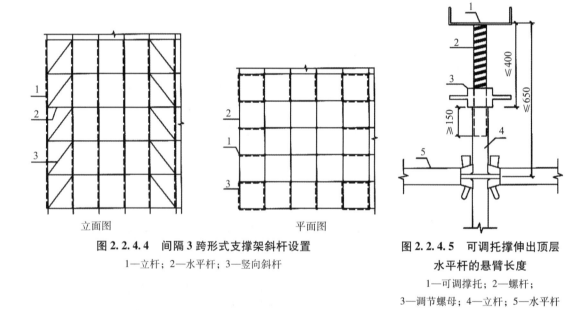

立面图　　　　　　　平面图

图 2.2.4.4　间隔 3 跨形式支撑架斜杆设置

1—立杆；2—水平杆；3—竖向斜杆

**图 2.2.4.5　可调托撑伸出顶层
水平杆的悬臂长度**

1—可调撑托；2—螺杆；

3—调节螺母；4—立杆；5—水平杆

　　支撑架可调底座丝杆插入立杆长度不得小于 150 mm，丝杆外露长度不宜大于 300 mm；作为扫地杆的最底层水平杆中心线距离可调底座的底板不应大于 550 mm。

　　当支撑架搭设高度超过 8 m、周围有既有建筑结构时，应沿高度每间隔 4～6 个步距与周围已建成的结构进行可靠拉结。

　　支撑架应沿高度每间隔 4～6 个标准步距设置水平剪刀撑，并应符合现行行业标准《建筑施工扣件式钢管脚手架安全技术规范》（JGJ 130—2011）中钢管水平剪刀撑的相关规定。

　　普通型：在竖向剪刀撑顶部交点平面应设置连续水平剪刀撑。当支撑高度超过 8 m，或施工总荷载大于 15 kN/m²，或集中线荷载大于 20 kN/m² 的支撑架，扫地杆的设置层应设置水平剪刀撑。水平剪刀撑至架体底平面距离与水平剪刀撑间距不宜超过 8 m。普通型水平、竖向剪刀撑布置如图 2.2.4.6 所示。

加强型：在竖向剪刀撑顶部交点平面应设置水平剪刀撑，扫地杆的设置层水平剪刀撑的设置应符合普通型相关的规定，水平剪刀撑至架体底平面距离与水平剪刀撑间距不宜超过6 m，剪刀撑宽度应为3~5 m。加强型水平、竖向剪刀撑布置图如图2.2.4.7所示。

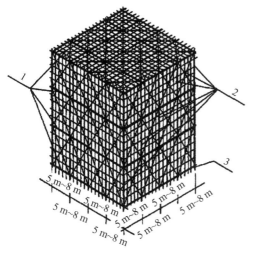

图2.2.4.6　普通型水平、竖向剪刀撑布置
1—水平剪刀撑；2—竖向剪刀撑；3—扫地杆设置层

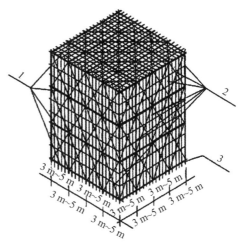

图2.2.4.7　加强型水平、竖向剪刀撑布置
1—水平剪刀撑；2—竖向剪刀撑；3—扫地杆设置层

当以独立塔架形式搭设支撑架时，应沿高度每间隔2~4个步距与相邻的独立塔架水平拉结。

当支撑架架体内设置与单支水平杆同宽的人行通道时，可间隔抽除第一层水平杆和斜杆形成施工人员进出通道，与通道正交的两侧立杆间应设置竖向斜杆；当支撑架架体内设置与单支水平杆不同宽的人行通道时，应在通道上部架设支撑横梁，横梁的型号及间距应依据荷载确定。通道相邻跨支撑横梁的立杆间距应根据计算设置，通道周围的支撑架应连成整体。洞口顶部应铺设封闭的防护板，相邻跨应设置安全网。通行机动车的洞口，应设置安全警示和防撞设施。

抱柱：为保证整个模板支撑系统的稳定性，模板支架中间有结构柱的部位，按竖向间距3 m（2步架高）与建筑结构柱设置一个钢管抱柱固结点。支架与框架柱连接节点如图2.2.4.8所示。

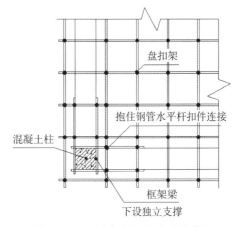

图2.2.4.8　支架与框架柱连接节点

第三节　仓底板高大模板支撑施工技术

1　工艺流程

施工工艺流程如图2.3.1.1所示。

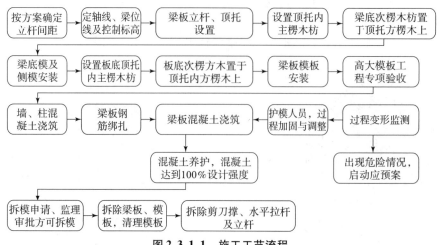

图 2.3.1.1　施工工艺流程

2　施工准备及地基处理

2.1　技术准备

施工前项目技术总工应提前将完成编制并经监理单位审批、审核的专项施工方案对项目管理人员、施工劳务进行交底，交底人员包括但不限于项目生产经理、项目工程部、项目质检部、项目安监部、劳务管理人员、劳务班组长、劳务安全员。劳务操作人员由项目工程部管理人员对其进行安全技术交底。所有人员签字确认后方可实施。

项目技术部应组织项目管理人员、劳务技术人员进行不少于 8 h 的识图、读图，所有人员对图纸达到相应熟悉程度后方可进行现场施工作业。

2.2　物资准备

施工前 7 日，提报物资需用计划。项目物资部组织施工所需的物资进场。进场后由项目物资部组织相关人员对进场物资进行检查，物资需满足现场所需。

施工前 3 日，提报模板下料表进行审核。

2.3　设备准备

施工所需大型机械为塔式起重机，塔式起重机的日常使用应满足相关规范规定，定期由专人进行巡检、维护，确保在施工周期内塔式起重机安全、高效运行。

施工所需小型机械为台式电锯及手电锯，为保证施工质量、减少物资损耗、提高混凝土成型质量，电锯及手电锯严禁上楼，所有模板、木枋必须在项目指定加工厂进行加工后上楼。

3　底板地基及支撑情况说明

浅圆仓基础施工完成后，采用小型机械分层进行夯实处理，将回填土表面浮土人工清理干净后，保证地基基础承载力。对于危险性较大的模板支撑体系的基础为回填土的，为保证支撑体系的稳定性，在回填过程中必须严格控制回填土质量。回填过程中主要采取如下措施控制回填土质量：

（1）回填土两侧设皮数杆，每 300 mm 一道。

（2）回填土在回填前应控制粒径在 20 mm 以内，不得含有淤泥和建筑垃圾。

（3）每层回填按照皮数杆回填，采用夯实机械，"一夯压半夯"的方式进行夯实。

（4）每层夯实工作完成，采用环刀取样法进行土方取样，检测密实度。

（5）夯实结束后，检测其地基承载力，达到模板支撑设计要求的地基承载力后方可实施模板支撑工作。

仓内地面排水措施：回填土施工时，沿圆形环梁预留环形排水沟，做规格为 0.6 m × 0.6 m × 0.6 m 的集水坑，地面坡向集水坑，积水由水泵抽排进入沉淀池，沉淀后排入排水管网。

4　支撑体系搭设

根据方案要求的立杆间距，在地面上弹出立杆定位墨线。

按线放置底托，底托调出以 300 mm 为宜。

按方案要求的间距安装立杆、扫地水平杆。

在扫地杆上端，安装第一道水平剪刀撑。

按方案要求的间距、步距继续安装立杆、水平杆，最后一道水平杆安装完毕后，安装第二道水平剪刀撑。

按设计要求继续搭设剩余立杆、水平杆；按方案要求安装竖向斜杆。

所有支撑杆件安装完毕，经项目部、监理验收合格后安装水平防护兜网；安装位置位于第二道水平杆、第四道水平杆上；支撑体系应在项目部、监理验收合格后方可敷设主龙骨。

5　梁模板安装

5.1　梁模板设计

梁底、梁侧模采用 15 mm 木模板作为面板，梁底平板模铺设在横木枋上，横方采用 40 mm × 90 mm 木枋，横方搁置在主龙骨上，主龙骨采用 ϕ48 mm × 3 mm 双钢管。梁底主龙骨放置在 10# 槽钢上，通过调节丝杠作用于双槽钢托梁上。

5.2　梁模板安装顺序

先按设计标高调整可调顶托的标高，将其调至预定的高度，经过测量人员复核，然后将 10# 槽钢放置在可调顶托的托板上，在槽钢上架设 ϕ48 mm × 3 mm 钢管。固定钢管后在其上安装梁底龙骨。龙骨安装完成后，用木模板安装梁底模板，并拉线找平。对跨度不小于 4 m 的现浇钢筋混凝土梁、板，其模板应按设计要求起拱；当设计无具体要求时，起拱高度宜为跨度的 1‰ ~ 3‰。当进行主、次梁交接时，先主梁起拱，后次梁起拱。梁底模安装后，再安装侧模、压脚板及斜撑。

为了防止梁身不平直、梁底不平及下挠、梁侧模爆模、局部模板嵌入柱梁间、拆除困难的现象，可采取如下措施：

支模应遵守侧模包底模的原则，梁模与柱模连接处，下料规格一般应略为缩短。梁侧模必须有压脚板、斜撑，拉线通直将梁侧模钉固。

混凝土浇筑前，模板应充分用水浇透。混凝土浇筑时，不得采用使支撑系统产生偏心荷载的混凝土浇筑顺序，泵送混凝土时，应随浇随捣随平整，混凝土不得堆积在泵送管路出口处。

6　顶板模板安装

6.1　顶板模板设计

采用 15 mm 木模板作为面板，次龙骨选用 40 mm × 90 mm 木枋，主龙骨采用 10# 槽钢。

6.2 顶板模板安装顺序

首先通线，然后调整可调顶托的标高，将其调到预定的高度，在可调顶托托头上架设10#槽钢作为托梁，托梁固定后架设横楞，然后在横楞上安装木模板。铺木模板时，可从四周铺起，在中间收口。若为压旁时，角位模板应通线钉固。

7 柱模板安装

7.1 柱模板设计

采用 15 mm 木模板作为面板，次龙骨选用 40 mm × 90 mm 木枋，主龙骨采用定型化卡具。

7.2 柱模板安装顺序

首先根据地面上柱脚线及控制线设置定位筋，定位点焊在墙柱竖直钢筋上；依次安装面板、次龙骨、主龙骨；墙柱模板加固完毕后使用钢线或钢管进行校正垂直度。

8 模板拆除

8.1 支顶、模板的拆除

模板的拆除必须接到项目部的拆模通知后方可拆除，严禁私自拆除模板。

在拆除模板过程中，如发现混凝土有影响结构安全的质量问题，应暂停拆除。经过处理后，方可继续拆除。在模板拆除时，严禁用大锤和撬棍硬砸硬撬。拆下的模板、配件等严禁抛扔，要有人接应传递，在指定地点堆放，并做到及时清理、维修和涂刷好隔离剂，以备待用。

8.1.1 拆除顺序

模板的拆除顺序一般是先非承重模板，后承重模板，先侧板，后底板。拆除模板时应遵循先支后拆、后支先拆，先拆非承重部位后拆承重部位以及自上而下的原则。

拆除竖直面模板，应自上而下进行；拆除跨度较大的梁下支柱时，应先从跨中开始，分别拆向两端。

8.1.2 梁、板模板的拆除

梁、板拆除顺序：梁、板模板应先拆梁侧模，再拆板底模，最后拆除梁底模，并应分段分片进行，严禁成片撬落或成片拉拆。

拆除时，作业人员应站在安全的地方进行操作，严禁站在已拆或松动的模板上进行拆除作业。

拆除模板时，严禁用铁棍或铁锤砸，已拆模板应妥善传递或用绳钩放置地面。

严禁作业人员站在悬臂结构边缘敲拆下面的底模。

待分片、分段的模板全部拆除后，方允许将模板、支架、零配件等按指定地点运出堆放，并进行拔钉、清理、整修、刷防锈油或脱模剂，入库备用。

8.1.3 梁、板模板拆除注意事项

梁侧模、柱模板拆除时混凝土强度应能保证其表面及棱角不因拆模而受损坏，预埋件或外露钢筋插铁不因拆模而松动。

梁、板底模拆除时应先将同条件拆模试块送试，当同条件拆模试块强度≥100%时，方可拆除。

8.1.4 墙、柱模板拆除

当混凝土强度达到拆模要求时，先拆除一块模板，保证拆模时不缺棱掉角方可进行全部

模板的拆除。

柱模板的拆除顺序：拆除拉杆或斜撑、自上而下拆除柱箍或横楞、拆除竖楞、自上而下拆除配件及模板、运走分类堆放、清理、拔钉、钢模维修、刷防锈或脱模剂、入库备用。

墙模板拆除顺序：拆除斜撑或斜拉杆、自上而下拆除外楞及对拉螺栓、分层自上而下木楞或钢楞及零配件和模板、运走分类堆放、拔钉清理或清理检修后刷防锈油或脱模剂、入库备用。

在墙、柱脱模困难时，可在底部用撬棍轻微撬动，不得在上口使劲撬动、晃动或用大锤砸模板。

8.1.5　角模的拆除

角模两侧都是混凝土墙面，吸附力较大，加之施工中模板封闭不严，或者角模移位，被混凝土握裹，因此拆模比较困难，可先将模板外表面的混凝土剔掉，然后用撬杆从下部撬动，将角模脱出，不得因拆模困难而用大锤砸，把模板碰歪或变形，使以后的支模、拆模更加困难，以致损坏大模板。

8.2　模板的清理维修、存放

8.2.1　模板清理维修

拆除后的模板运至后台进行清理维修，将模板表面清理干净，板边刷封边漆，堵螺栓孔，要求板面平整干净，严重破损的予以更换。

8.2.2　模板的堆放

现场拆下的模板不要码放，须修整的及时运至后台。清理好的模板所放地点要高出周围地面 150 mm，防止下雨时受潮。

8.2.3　模板拆除成品保护要求

拆模时不得用大锤硬砸或撬棍硬撬，以免损伤混凝土表面和楞角。坚持在每次使用后清理板面。

按楼板部位层层复安，减少损耗。材料应按编号分类堆放。

对已完成的混凝土楼面应加以保护，工人不得将材料用力抛掷向楼面。

8.3　拆除安全技术措施

按照《混凝土结构工程施工质量验收规范》（GB 50204—2015）中有关模板拆除的规定，及时拆除模板，以利于模板的周转利用。

拆模应遵循先安装后拆除、后安装先拆除的原则。

模板拆除前，应经技术负责人按同条件养护试块强度检查，确认混凝土已达到拆模强度时，方可拆除。拆模应严格遵守从上而下的原则，先拆除非承重模板，后拆除承重模板，禁止抛掷模板。

上层楼板浇筑混凝土时，下一层楼板的模板支撑不得拆除，并对混凝土的强度发展情况分层进行核算，确保下层楼板能够安全承载。

高处、复杂结构模板的拆除，应有专人指挥和切实可靠的安装措施，并在下面标出作业区，严禁非操作人员靠近，拆下的模板应集中吊运，并多点捆牢，不准向下乱扔。

工作前，应检查所有的工具是否牢固，扳手等工具必须用绳链系挂在身上，工作时思想集中，防止钉子扎脚和从空中滑落。

拆除模板采用长撬杆，严禁操作人员站在拆除的模板下。在拆除楼板模板时，要注意防止整块模板掉下，尤其是用定型模板作为平台模板时更要注意，防止模板突然全部掉下伤人。拆除间歇时，应将已活动模板、拉杆、支撑等固定牢固，严防突然掉落，倒塌伤人。

9 支撑架使用要求

9.1 混凝土泵送方式

根据工程现场实际情况，混凝土浇筑方式采用汽车泵施工。

9.2 混凝土施工基本要求

高支模浇筑混凝土时，先浇筑墙柱（分层多次浇筑），待墙柱混凝土达到终凝状态以后，才允许浇筑梁板，确保模板支架施工过程中均衡受载。

混凝土施工前，项目技术负责人应向预拌商品混凝土厂家、施工管理人员、试验员等进行有针对性的交底，起到技术预控的作用。

对混凝土小票记录的交底包括混凝土的出站时刻、到场时刻、开始浇筑时刻、浇筑完毕时刻，以便分析混凝土罐车路上运输时间、罐车在现场等待时间、浇筑时间、每罐混凝土总耗用时间、发车间歇时间、前车混凝土最长裸露时间等。

混凝土试块留置组数：每浇筑 100 m^3 的同配合比的混凝土，取样一次，而对于不足 100 m^3 的同配合比的混凝土，取样不得少于一次。每次取样应至少留置一组标准养护试件，同条件养护试件的留置组数根据实际情况确定。

模板、钢筋、预埋件及管线等全部安装完毕后，应检查模板规格和预埋件等的规格、数量和位置，其偏差值应符合《混凝土结构工程施工质量验收规范》（GB 50204—2015）的规定；检查模板支撑的稳定性以及接缝的严密情况；清除模板内的垃圾、泥土等杂物及钢筋上的油污；检查钢筋的垫块是否垫好；办完隐蔽、预检手续。浇筑混凝土前，应将模板洒水湿润。

通知混凝土搅拌站运送混凝土，根据浇筑的部位、时间的不同，来确定罐车的台数、发车间隔时间，并合理安排罐车行走路线，保证混凝土的连续供应，连续浇筑。安全设施、劳动力配备应妥当，并能满足浇筑速度要求。

加强气象预测预报工作，混凝土施工阶段施工员负责查询一周天气情况并转发给有关劳务作业队，保证混凝土连续浇筑的顺利进行，以确保混凝土的质量。

9.3 混凝土施工浇筑要求

9.3.1 确定混凝土施工浇筑顺序及浇筑方法

1. 浇筑顺序

本工程先浇筑墙柱混凝土，待达到拆模强度将模板拆除后，进行梁板模板安装以及混凝土浇筑等后续工作，在施工缝位置应安排专人将浮浆剔凿清理。

梁混凝土浇筑采用由跨中向两端对称扩展的浇筑方式，板混凝土浇筑采用由中间向两侧对称扩展的浇筑方式。

2. 浇筑方法

投入 2 台混凝土汽车输送泵结合人工振捣同步进行浇筑。浇筑过程中应确保混凝土对称浇筑，避免对支撑架体产生水平动向荷载。在混凝土浇筑过程中应安排专人监护，特别应加强对支撑系统的变形监测。

混凝土浇筑采用平板振捣棒或插入式振捣棒振捣。混凝土自吊斗口或布料管口下落的自由倾落高度不得超过 2 m。混凝土浇筑应结合结构特点、钢筋疏密情况，对于梁混凝土浇筑应分层进行，每层厚度不得大于 400 mm。

使用插入式振捣棒应快插慢拔，插点要均匀排列、逐点移动、顺序进行、不得遗漏，做到均匀振实。移动间距不大于振捣作用半径的 1.5 倍（一般为 300～400 mm）。振捣上一层时应插入下层 50～100 mm，以消除两层间的接缝。遇有梁柱节点或钢筋较密时，振捣棒移动间距约为 20 cm，同时用 ϕ30 mm 振捣棒振捣。

浇筑混凝土要连续进行，不得中断。如果必须间歇，其间歇时间应尽量缩短，在前层混凝土初凝前 1 h，将后层混凝土浇筑完毕。建立交接班制度，下一班人员没接班，上一班人员不能离开岗位。

浇筑混凝土时应指派木工、钢筋工负责人员进行值班，随时观察模板、钢筋、预埋件和插筋等有无移动、变形或堵塞情况，发生问题应立即处理并应在已浇筑的混凝土初凝结前修正完好。

泵送混凝土时必须保证连续工作，如果发生故障，停歇时间超过 45 min 或混凝土出现离析现象，应立即用压力水或其他方法冲洗管内残留的混凝土。

振捣时应特别注意钢筋密集处等位置混凝土的浇筑，钢筋过于密集难以下棒时，可采用小直径 30 mm 振捣棒；暗梁密集处振捣棒不易振捣，可采用插入附加钢管，振捣棒在钢管内振捣。

梁混凝土应分层下料、分层振捣，每次浇筑厚度不得大于 400 mm，由于主构架梁受力情况比较复杂，混凝土施工中不得留下冷缝。

混凝土梁不留垂直施工缝，若因施工条件受影响，应根据梁高只留水平施工缝，每次混凝土浇捣后，上层混凝土施工前，必须清除松散物质，用高压水冲刷施工缝，确保上下层混凝土结合牢固。

9.3.2　梁板混凝土浇筑

梁混凝土一次浇筑成型，梁板按框架格顺序浇筑，每框架格先将梁根据高度分层浇筑成阶梯形，当达到板底位置时即与板的混凝土一起浇捣，随着阶梯形的不断延展，则可连续向前推进，倾倒混凝土方向与浇筑方向相反。

梁侧及梁底部位要用 ϕ30 mm 或 ϕ50 mm 的插入式振捣棒振捣密实，振捣时不得触动钢筋和预埋件。梁、柱节点钢筋较密时要用小直径振捣棒振捣，并加密棒点。

构架梁混凝土分层下料、分层振捣，浇筑厚度采用尺杆配手把灯加以控制。混凝土振捣采用赶浆法，上下层的间隔时间不应超过 2 h，以保证新老混凝土接槎部位黏结良好。

板采用平板振捣器振捣密实，浇筑板的混凝土虚铺厚度要略大于板厚，振捣完毕后用1.5～4 m 刮杠刮平，用木抹子抹平，并拉线检查板面标高，严格控制平整度，尤其是墙柱根部。

9.4　混凝土的养护

梁板混凝土浇筑完成后用塑料薄膜覆盖，待混凝土终凝后再浇水养护，浇水次数以保证混凝土湿润为准，养护时间 14 天。

9.5　混凝土强度检验与评定

根据本工程的具体情况，混凝土强度采用普通评定方法。混凝土试块由专人制作，在现场成型，并在现场同条件养护或进行标准养护，抗压、抗渗试块要求按规范留置；制作好的试块要标明施工部位、强度等级、制作日期，并做好养护工作，龄期到及时送检；现场同条件养护，其强度作为拆模及检验现场养护条件混凝土强度变化规律的依据。

9.6 模架使用安全措施

泵车操作工必须是经培训合格的有证人员，严禁无证操作。泵管的质量应符合要求，对磨损严重及局部穿孔现象的泵管不准使用，以防爆管伤人。

泵车料斗内的混凝土保持一定的高度，防止由于吸入空气造成堵管或管中气锤声和造成管尾甩伤人的现象。泵车安全阀必须完好，泵送前先试送，注意观察泵的液压表和各部位工作正常后加大行程。在混凝土坍落度较小和开始启动时使用短行程。检修时必须卸压后进行。

当发生堵管现象时，立即将泵机反转将混凝土退回料斗，然后正转小行程泵送，如仍然堵管，则必须经拆管排堵处理后开车，不得强行加压泵送，以防发生炸管等事故。混凝土浇筑结束前用压力水压泵时，泵管口前面严禁站人。

混凝土浇筑过程中，项目部派人检查支架和支撑情况，施工员、安监员也应观测检查模板及支架的变形情况，发现下沉、松动、变形等异常现象时要立即报告现场技术负责人或项目经理及监理人员，采取措施，同时暂停施工，迅速疏散人员，待排除险情，并经施工现场技术负责人检查同意后方可继续施工。

10　检查要求

10.1　模板支撑体系主要材料进场检查

所有支撑体系所需的主要材料进场后，应有项目物资部组织项目部技术总工、生产经理、施工员、质检员、监理单位相关人员进行现场验收；支撑体系所用的盘扣式脚手架应随车附带合格证、形式检验报告等文件；监理单位有权指定对主要的受力构件切割查验壁厚。

10.2　支撑体系施工过程中的检查重点

1）底托距离第一步水平杆高度≤550 mm。
2）顶托距离最顶部水平杆高度≤650 mm。
3）立杆的位置是否与方案一致。
4）立杆的纵、横向间距应满足方案要求。
5）竖向斜杆的布置是否按方案要求隔二布一。
6）水平剪刀撑设置的位置及间距。
7）水平安全兜网是否系牢。
8）是否与其他刚性构件有效拉结。
9）其他具体梁下构造应满足本方案9中的要求。
10）混凝土浇筑阶段框架柱混凝土是否已经终凝。

第四节　仓底板高大模板安装保证措施

1　安全组织保障措施

施工前设定安全管理制度，设置模板施工安全管理架构，通过各职能部门分工，进行高支模施工的安全管理。安全管理组织机构如图2.4.1.1所示。

2　安全职能分工表

安全职能分工如表2.4.2.1所示。

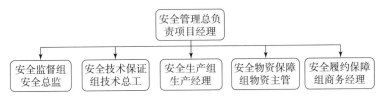

图 2.4.1.1　安全管理组织机构

表 2.4.2.1　安全职能分工

职能部门	职能分工
项目经理	项目安全生产第一责任人，对项目施工全过程的安全生产负全面领导责任。履行承揽合同要求，确定安全管理目标，确保项目工程安全施工。领导编制施工组织设计，建立项目安全生产保证体系，组织编制安全生产保证计划，对安保体系建立、安全管理目标的制订、健全并有效运行的决策负责，对本项目最终管理目标的实现和安全管理工作全面并亲自组织管理评审
安全总监	项目安全责任人之一。全面负责现场安全管理，贯彻和宣传有关的安全生产法律法规，组织落实上级的各项安全施工管理规章制度，并监督检查执行情况。负责各专业工程施工的安全管理工作
技术负责人	对工程项目的安全负总的技术责任，严格审核安全技术方案、技术交底等，贯彻落实国家安全生产方针、政策，严格执行安全技术规程、规范、标准及上级安全技术文件
生产经理	施工安全生产第一责任人，对土建范围内的施工全过程负主要领导责任。履行承揽合同要求，确定安全管理目标，确保项目工程安全施工。对分包安保体系建立、安全管理目标的制订、健全并有效运行的决策负责
物资主管	按施工部提交的物资采购计划按时完成物资采购工作，把控物资进场质量验收，确保符合物资采购计划的参数型号，符合物资计划采购量。协调物资材料的周转利用，提高周转材料利用率，节省材料，环保施工
商务经理	组织考察分包单位的安全能力，在合同文件中对分包单位提出安全要求，落实与安全生产相关的资金，协助安全管理部工作。并与分包单位签订安全管理协议书，在合同文件中对相关方提出安全生产方面的要求

3　技术安全保障措施

3.1　施工安全保障措施

架体应分阶段搭设、验收，每阶段搭设完毕，由项目成员分阶段验收。全部搭设完毕后，项目部组织监理单位共同对架体进行验收；每日由劳务班组长对施工人员开展班前晨会教育，告知其该日所施工内容、范围以及注意事项，将面临的危险源及应对措施予以告知；严格管理支撑体系重要物资的验收、使用程序，对不符合规范要求的物资坚决予以清退出场。

3.2　高处作业安全保障措施

施工过程中，严禁施工人员攀爬架体上下；在架体搭设过程中，先安装两侧架体，在两侧架体形成稳定的结构单元后，安装水平向钢丝绳，架体搭设时，架体搭设人员应佩戴安全带，并将安全带挂系在水平向钢丝绳上。

支撑体系搭设完毕后，应及时按方案要求将水平安全网及时安装到位，模板安装体系施工时，水平安全网必须完整、有效。

在操作过程中，工人踩踏处必须设松木脚手板，严禁工人踩踏木枋施工。

3.3 支撑系统防失稳措施

浇筑梁板混凝土前，应组织专门小组检查支撑体系中各种坚固件的固体程度。考虑支模架的稳定性，竖向结构浇筑时分层浇筑，分层振捣，避免一次性浇筑量过大，造成支模体系失稳产生质量、安全风险。

支撑系统生根点处的混凝土强度应达到设计要求，并下设垫板，防止应力集中，下沉失稳。

高支模区域混凝土浇筑严格按方案中混凝土浇筑要求施工。

3.4 应急逃生通道

为保证施工中工人操作方便以及加固过程中防止意外，支模区域需设置安全逃生通道。根据《建筑施工承插型盘扣式钢管脚手架安全技术标准》（JGJ/T 231—2021）中的规定：当模板支架体内设置与单肢水平杆同宽的人行通道时，可间隔抽除第一层水平杆和斜杆行程施工人员进出通道，与通道正交的两侧立杆间应设置竖向斜杆。

3.5 质量技术保证措施

3.5.1 原材料保证措施

模板分项工程、混凝土分项工程的原材料质量都会极大地影响现浇混凝土成型质量。

面板：选择厚度在 14 mm 以上的优质胶合模板，模板不得分层起皮，不得有明显变形。

次龙骨：选择 40 mm×90 mm 优质松木木枋，进场前应及时打开包装检查，检查项包括截面规格、弯曲程度，在日常使用过程中，支设前、拆模后应及时打包压紧，严禁暴晒，防止失水过程中发生强烈变形，影响使用。

混凝土：由于仓底板施工单次浇筑混凝土量过大，在浇筑前应提前不少于 7d 通知供货厂家备料，防止浇筑期间混凝土供应不足造成浇筑冷缝；混凝土原材料供运至现场后，应及时组织项目技术部、监理单位进行开盘鉴定；每隔 200 m^3 抽查一次坍落度，坍落度必须符合浇筑要求，严禁在浇筑期间因混凝土黏稠不易浇筑便私自加水。

3.5.2 技术保证措施

在模板施工前，项目技术部组织工程部、劳务技术人员进行识图、读图工作，做到施工前心中有数。

方案实施前，应由项目技术总工将方案对项目部管理人员、劳务管理人员进行方案交底。在施工前应将施工过程中要求的监测设备进行校核，所有应用于本次方案施工的监测设备均应在校核有效期内。

在方案实施过程中，项目技术部应及时对施工进行方案复核，及时纠正方案实施过程中与方案不符的做法。

3.6 文明施工保证措施

工人须经三级安全教育，待考试合格后方可上岗。在支设梁板模板时，承插型盘扣式脚手架搭设必须稳固，并按照规定的立杆间距搭设，不得在未经技术人员允许的情况下擅自更改立杆间距。搭设时，必须设置临时斜撑，以防整体偏移。

拆模板时应相互配合，协同工作，传递工具时不得抛掷。拆模时应提醒相关人员注意行走安全。

在脚手架上堆放的木料、模板及其他材料的强度不得超过 1.5 kN/m²。施工现场不准吸烟。模板堆放区、木工房、木料堆放区应有完善的防火、灭火措施。搭设脚手架、挑架等特殊工种持证上岗，有关证件须符合有关规定。

起吊或安装模板时，须和附近高压线路或电源保持一定的安全距离，吊钩重物下不得站人。模板吊运由持证起重工指挥，符合相关安全操作规程。

在拆除墙模前不准将操作脚手架拆除，用塔式起重机拆除时应有起重工配合。已拆模板起吊前认真检查螺栓是否拆完、是否有拌钩挂地方，并清理模板上杂物，仔细检查吊钩是否有开焊、脱扣现象。

浇筑混凝土前必须检查支撑是否可靠、扣件是否松动。浇筑混凝土时必须由模板支设班组设专人看模，随时检查支撑是否变形、松动，并组织及时恢复。经常检查支设模板吊钩、斜支撑是否松动，发现问题及时组织处理。起吊前必须进行复查，模板的穿墙杆是否拆完，大模板吊点处是否与模板连接牢靠，是否有开焊等现象，若有应立即补焊，没问题时才可起吊模板，杜绝冒险蛮干作业。大钢模垂直吊运必须采取两个以上的吊点，方可将模板吊走。不允许一次吊运 2 块模板。

木工机械必须严格专用开关箱，严禁使用倒顺开关，一次线不得超过 3 m，外壳接保护零线，且绝缘良好。电锯和电刨必须接用漏电保护器，锯片不得有裂纹（使用前检查，使用中随时检查）；且电锯必须具备皮带防护罩、锯片防护罩、分料器，并接用漏电保护器，电刨传动轴、皮带必须具备防护罩和护手装置。使用木工多用机械时严禁电锯和电刨同时使用；使用木工机械严禁戴手套；长度小于 50 cm 或厚度大于锯片半径的木料严禁使用电锯；两人操作时相互配合，不得硬拉硬拽；机械停用时断电加锁。

施工机械必须设置防护装置，每台机械必须一机一闸并设漏电保护开关。

发生人身触电时，须立即切断电源，然后对触电者进行紧急救护，严禁在未切断电源之前与触电者接触。现场木工加工棚全封闭并采取隔声措施，防止噪声污染。木工加工棚必须配备足够的灭火器及其他（如水桶、铁锹等）灭火器材。

严禁上下同时交叉作业，严防高空坠落。传递物料、工具严禁抛掷，以防坠落伤人。所有钢管架料及配件进场必须经过喷漆处理，满足 CI 标注（《建筑图纸制图规范》中的一种标注）要求。

模板整装整拆，选择平整坚实的场地进行堆放。材料堆放严格按项目部指定位置码放整齐，材料码放高度等满足安全要求。夜间施工要有足够照明。模板支拆要采取临时固定措施，防止倾倒伤人。模板工程的其他操作必须符合相关安全操作规范要求。

脚手架料、钢筋在塔式起重机吊运时，捆绑绳与千斤绳分开，捆绑绳必须对被起吊物缠绕一圈四点起吊，防止杆件滑落伤人。脚手架作业层上的施工荷载不能超过 1.5 kN/m，不得将模板支架、泵送混凝土及输送管等固定在脚手架上，严禁挂起重设备。当遇五级及五级以上大风或降雨时，应停止脚手架搭设与拆除作业，严禁大风或降雨天气塔式起重机吊运作业。雨后上架作业应有防滑措施。

接高必须可靠，当采用可调底座、可调顶托时，其伸出的长度不得超过 300 mm，尤其是 U 形可调顶托，直接承受来自梁板混凝土浇捣时的动荷载，以防止失稳；若伸出长度超过 300 mm，此处必须加设水平拉杆交圈。

安装仓底板模板遇有洞口的地方，应做临时封闭，以防误踏和坠物伤人。在下班时对已铺好而来不及钉牢的模板等，应归堆码放整齐稳妥，以防事故发生。在中部水平剪刀撑平面满铺安全兜网，安全兜网竖向间距不大于 6 m 设置一道，采取绑扎形式固定于主节点上。应遵守高处作业安全技术规范有关规定。

架子工作业时，必须戴安全帽，系紧安全带，穿工作鞋，拿工作卡，铺脚手架不准马虎操作，操作工具及零件放在工具袋内，搭设中应统一指挥，思想集中，相互配合，严禁在脚手架搭设过程中嬉笑打闹，材料工具不能随意乱抛乱扔，吊运材料工具的下方不准站人。

凡遇五级以上大风、浓雾、雷雨时，均不得进行高空作业，特别是雨后施工，要注意防滑，对脚手架进行经常检查，凡遇大风或停工一段时间再使用脚手架时，必须对脚手架进行全面检查，如发现连接部分有松动、立杆、大横杆、小横杆、顶撑有左右上下位移，铁丝解除，脚手板断裂、翘头等现象，应及时处理。

立杆应间隔交叉有同长度的钢管，将相邻立杆的对接接头位于不同高度上，使立杆的薄弱截面错开，以免形成薄弱层面，造成支撑体系失稳。

扣件的紧固是否符合要求，可使用扭矩扳手实测，一般测定值为 40~60 N·m，过小则扣件易滑移，过大则会引起扣件的铸铁断裂，在安装扣件时，所有扣件的开口必须向外。

所有钢管、扣件等材料必须经检验符合规格，无缺陷方可使用。模板及其支撑系统在安装过程中必须设置防倾覆的可靠临时措施。施工现场应搭设工作梯，作业人员不得爬支架上下。支撑体系上高空临边要有足够的操作平台和安全防护，特别在平台外缘部分应加强防护。模板安装、钢筋绑扎、混凝土浇筑时，应避免材料、机具、工具过于集中堆放。不准架设探头板及未固定的杆。模板支撑不得使用腐朽、扭裂、劈裂的材料。顶撑要垂直、底部平整坚实并加垫木。木楔要顶牢，并用横顺拉杆和剪刀撑。安装模板应按工序进行，当模板没有固定前，不得进行下一道工序作业。禁止利用拉杆、支撑攀登上下。支模时，支撑、拉杆不准连接在门窗、脚手架或其他不稳固的物件上。在混凝土浇筑过程中，要有专人检查，发现变形、松动等现象，要及时加固和修理，防止塌模伤人。在现场安装模板时，所有工具应装入工具袋内，防止高处作业时，工具掉下伤人。两人抬运模板时，要互相配合，协同工作。传送模板、工具应用运输工具或绳子绑扎牢固后升降，不得乱扔。安装柱、梁模板应设临时工作台，应作临时封闭，以防误踏和堕物伤人。

3.7 环境保护措施

噪声的控制：当支拆模板时，必须轻拿轻放，且四周有人负责传递。模板的拆除和修理时，禁止使用大锤敲打模板。装脱模剂的塑料桶设置在专用仓库内。模板支设做到工完场清，现场模板架料堆放整齐，有明显标识；现场模板架料和废料及时清理，并将裸露的钉子拔掉或打弯。

梁、模板内锯末、灰尘等不得用高压机吹，而用大型吸尘器吸，然后将垃圾装袋送入垃圾场分类处理。已拆除的模板、拉杆、支撑等应及时运走或妥善堆放，严防操作人员因扶空、踏空堕落，在混凝土墙体、平台上有预留洞时，应在模板拆除后，随即在墙洞上做好安全防护，或将板的洞盖严。拆模前必须填写拆模申请，未得到项目技术负责人的同意严禁拆除。

3.8 季节性施工保证措施

3.8.1 雨季施工措施

每年雨量主要集中在 6—9 月（汛期），为雨季施工期间，对工程施工有较大的影响，故制订了相关施工措施。

根据《气象灾害预警信号发布与传播办法》相关规定,暴雨预警信号分为四级,依次为暴雨蓝色预警信号、暴雨黄色预警信号、暴雨橙色预警信号、暴雨红色预警信号,其严重程度和紧急程度依次递增。降雨预警及预防措施如表2.4.3.1所示。

表 2.4.3.1 降雨预警及预防措施

序号	图标	含义	预防措施
1	暴雨 蓝 RAIN STORM	12 h 内降雨量将达 50 mm 以上,或者已达 50 mm 以上且降雨过程可能持续	积极做好全面防暴雨准备工作:机动车辆驾驶人员应当注意道路积水和交通阻塞,确保安全,检查排水系统畅通情况
2	暴雨 黄 RAIN STORM	6 h 降雨量将达 50 mm 以上,或者已达 50 mm 以上且降雨过程可能持续	及时通知易受暴雨影响的户外工作人员;密切注意暴雨可能造成的严重积水,土体滑坡等灾害
3	暴雨 橙 RAIN STORM	3 h 降雨量将达 50 mm 以上,或者已达 50 mm 以上且降雨过程可能持续	时刻监视天气及现场情况,适当暂停易受暴雨侵害的户外作业
4	暴雨 红 RAIN STORM	3 h 降雨量将达 100 mm 以上,或者已达 100 mm 以上且降雨过程可能持续	临时避险场所开放,危险地带人员撤离;各职能部门做好相关防御准备

3.8.1.1 施工部署

1. 制订防汛计划和应急措施

组织有关人员学习防汛知识,并做好对工人的防汛安全技术交底。熟悉现场总平面布置以及临水、临电的布置,明确雨季施工中要进行的分项工程及所用的人、机、料,主要的施工工艺、安全、质量等施工注意点。雨季施工主要以预防为主,采用防雨措施及加强排水手段,以确保雨季施工生产不受季节性条件影响。

2. 人员准备

雨季施工期间,项目部设专人随时关注天气变化情况,如遇降水可能,及时通知项目应急领导小组,提前做好防汛工作。

3. 材料准备

项目部提前配备各项应急物资及用具,并与供货商协商,准备后备资源,根据实际情况可随时启用后备资源。雨季防汛物资储备如表2.4.3.2所示。

表 2.4.3.2 雨季防汛物资储备

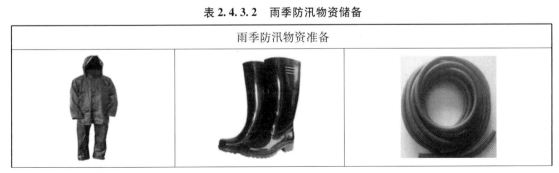

雨季防汛物资准备

雨衣	雨鞋	ϕ50 mm 橡胶软管
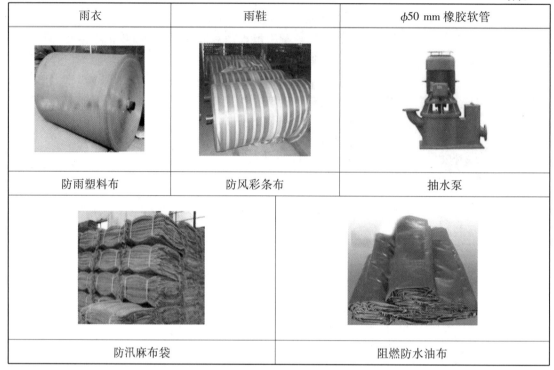		
防雨塑料布	防风彩条布	抽水泵
防汛麻布袋		阻燃防水油布

3.8.1.2　主要分部分项工程防雨措施

3.8.1.2.1　模板工程防雨措施

现场堆放的模板、木枋要码放整齐并垫高，距离地面 100 mm 以上，用塑料布或彩条布盖好，避免因日晒雨淋引起变形。

大雨、大风时，禁止进行大模板吊装就位施工作业，已就位的大模板的对拉螺栓连接要牢固，模板支撑要稳定。

大雨、大风后对模板支撑等要及时检查：扣件有无松动滑移、架子和模板有无变形，并对相应的规格误差重新检查，检查完成后要及时修复，待确定质量合格及无安全隐患后，方可继续使用。

支好的顶板模，如遇大雨未浇筑混凝土，应进行遮盖，防止因雨淋而造成脱模剂的失效。雨后要认真检查其平整度、垂直度和脱模剂附着情况，合格后方可浇筑混凝土。

雨季梁、板支模施工时必须留设清扫口或出水口，每次雨后须及时清除模板上的积水，对于木模板重新涂刷脱模剂，如有钢模，要彻底除锈并重新涂刷脱模剂。

3.8.1.2.2　混凝土工程

混凝土浇筑前，提前查询气象信息，掌握浇筑过程中的天气情况，混凝土浇筑尽量避开雨天进行，如在浇筑过程中遇雨，应采取如下措施：

混凝土浇筑中遇到大雨时，将已浇筑的混凝土振捣密实并根据规范要求在合适位置留置施工缝后立即停止浇筑，用塑料布覆盖，将塑料布与钢筋绑扎牢固，防止被风吹走；混凝土浇筑中如遇小雨，及时振捣抹压和覆盖，保证水泥浆不流失。

雨后对临时施工缝加强处理，将留浆、薄弱处剔除，将梁、板、墙中的污物、积水清理干净，经过验收后方可继续浇筑混凝土。

雨季施工期间，要求混凝土供应商根据砂、石的实际含水率适当调整混凝土的用水量，保证混凝土的质量。并定期派人去搅拌站检查其砂、石堆料场、水泥仓库，检查砂、石的含泥量，水泥的防雨情况。严禁将含泥量超标的砂、石和失效的水泥用于其中。

3.8.1.2.3　钢筋工程防雨措施

钢筋根据工程进度适量进场，钢筋原材料存放不得过多，现场的原材料应做到先进场的先使用、后进场的后使用，避免存放时间过长而使钢筋锈蚀严重，锈蚀和污染的钢筋须清理后方可使用，进入现场的钢筋原材料及成品钢筋要分规格堆放整齐，并垫高距离地面100 mm以上，遇雨时，用塑料布临时加以遮盖；现场制作的预埋铁件入库保存或放入室内，避免锈蚀和污染。

雷雨天气严禁进行焊接工作，若遇特殊情况施焊，必须有必要的防雨措施，防止雨水淋湿焊接接头造成钢筋连接性能的改变，从而影响工程质量。

对已绑扎好的竖向钢筋，必须用斜撑固定，以防被大风吹倾斜。绑扎完成的钢筋如遇雨天，雨后钢筋视情况进行除锈除污。

3.8.2　雨季安全措施

1. 防汛抢险工作必须及时、高效

防汛值班人员在值班期间，严守纪律，不得擅自离岗，发现汛情立即向项目应急救援小组汇报，以便尽快启动应急救援措施，及时调动抢险人员到位；当发生紧急汛情时，在保证自身生命安全的前提下，防汛人员必须坚守岗位，查清险情；同时，还要向上级有关领导和防汛部门汇报情况。

抢险过程中必须认真服从指挥人员的统一指挥，并统一调配抢险过程中所需使用的物资用品；防汛抢险器材严禁挪作他用。

2. 现场安全检查及整改

电缆线的敷设、各种机具的漏电保护、接地措施等均应符合要求且准确可靠；保证各级电箱、电动机械防雨棚在雨季能正常使用；对任何施工机具、电器具必须严格按照有关操作规程进行，具有可靠的接地，操作者必须佩戴必备的劳保用品；加强现场施工人员的劳保工作，大雨天气不得露天作业，小雨天气穿雨衣、雨鞋；电气操作人员，必须穿绝缘鞋、戴绝缘手套。

大雨来临前，须清理外脚手架上的用具和其他物件，雨天，停止外脚手架的搭设与拆除等施工作业；大雨、大风时，禁止进行大模板吊装就位施工作业，已就位的大模板的对拉螺栓连接要牢固，模板支撑要稳定；风雨过后，对模板支撑等要及时检查，确定质量合格及无安全隐患后方可继续使用。

六级以上大风塔式起重机停止使用；塔式起重机、脚手架按标准安装避雷装置，并确保完好、有效。大雨后，应对塔式起重机、外脚手架等进行全面检查，确认无隐患后方可使用；组织专人定期检查并做好记录，如发现危险情况，及时报告有关部门，以便及时采取有效措施。

3.8.3　防雷措施

3.8.3.1　施工宜避开雷暴高发期

6—9月为雷电高发期，雷雨时常伴有大风，雷电活动主要集中在每天的12—20点，以14—19点最为强烈。具体防雷措施如下：

（1）在6—9月合理安排高空施工时间；塔式起重机等作为接闪器的施工机械安装和拆卸作业安排在每天12点以前，12—20点不进行此类作业。

（2）雷雨天气不安排室外高空作业，并在相应区域设立警示牌。在施工期间4—9月实施雷电预警。

（3）制订防雷安全管理制度，并对施工人员进行防雷安全知识培训。

3.8.3.2 施工阶段的防雷措施

1. 塔式起重机防雷

塔式起重机直接连接在核心筒预留电气接地端子上，每台塔式起重机连接点不少于两处，连接线采用40×4热镀锌扁钢或ϕ12 mm热镀锌圆钢。塔式起重机等各机械设备可利用其金属结构体作为防雷引下线，应保证其良好的电气连接导通性。塔式起重机等机械设备、操作人员乘坐室及塔式起重机吊臂顶端采取直击雷防护措施，设置1～3 m的避雷针，避雷针与金属箱体进行等电位连接。

2. 其他部位防雷

在6—8月合理安排高空施工时间；在5—9月实施雷电预警。制订防雷安全管理制度，并对施工人员进行防雷安全知识培训；设于施工现场的交流电源工作接地、各类施工机械电气保护接地、防雷接地共用接地装置，接地电阻应不大于4 Ω，可利用基础接地装置作为此共用接地装置；为了防止侧向雷击，使塔楼水平向形成等电位体，这样可以有效防止侧向雷击现象的发生。

3.8.4 防暑施工措施

每年7—9月为高温季节。为确保高温季节施工作业人员的健康及安全，预防中暑，防止意外事故的发生，需要根据《关于进一步加强工作场所夏季防暑降温工作的通知》的相关规定，结合项目实际情况制订夏季施工防暑降温规定及措施。

根据《气象灾害预警信号发布规定》中的相关规定，高温预警信号分为三级，依次为高温黄色预警信号、高温橙色预警信号、高温红色预警信号，其严重程度和紧急程度依次递增，如表2.4.3.3所示。

表2.4.3.3 夏季施工高温预警表

序号	图标	含义	预防措施
1	黄 YELLOW	24 h内可能或已经受暖空气影响，最高气温升至35 ℃以上	避免长时间户外或者高温条件下的作业
2	橙 ORANGE	24 h内可能或已经受暖空气影响，最高气温升至37 ℃以上	建议12—15点停止户外或者高温条件下作业，并缩短连续作业时间
3	红 RED	24 h内可能或已经受暖空气影响，最高气温升至40 ℃以上	建议停止户外或者高温条件下作业（抢险救灾、医疗及保障居民基本生活必需的公共交通、供水、供电、燃气供应等特殊行业除外）

3.8.4.1 防暑降温措施

1. 施工现场

施工现场及生活区均设置茶水供应点，每天提供充足的茶水；为现场施工人员发放解暑药品，如清凉油、风油精、人丹、藿香正气水等。

2. 管理措施

夏季露天作业，应合理安排作业及休息时间。在气温较高的条件下，适当调整作息时间，早晚工作，中午休息，尽可能白天做"凉活"，晚间做"热活"，并适当安排工间休息制度。

做好夏季预防中暑的宣传工作，使施工作业人员了解中暑的症状及急救方法。根据临床表现，中暑可分为先兆中暑、轻症中暑和重症中暑三类，它们之间的关系是渐进的。夏季施工高温中暑症状和急救方法如表2.4.3.4所示。

表2.4.3.4 夏季施工高温中暑症状和急救措施

序号	分类	症状	急救措施
1	先兆中暑	表现为大量出汗、头昏、口渴、心慌、心闷、心悸、四肢无力、体温正常或略有升高	迅速转移至阴凉通风的地方，解开衣扣，平卧休息；用清凉油、风油精涂抹额部；服用淡盐水、绿豆汤等解暑；用冷水毛巾敷头，或用30%酒精擦身降温；重度中暑者，除了以上措施之外，还应该迅速将其送至医院治疗
2	轻症中暑	表现为呕吐、血压下降、面色潮红、脉搏细而快、皮肤灼热等，且体温在38.5 ℃以上	
3	重症中暑	除出现轻症中暑症状之外，还表现出昏厥、痉挛、不出汗、体温在40 ℃以上	

发现有人中暑时，应及时采取措施，遇情况严重的，发现者应立即进行急救并拨打医院急救电话（注意：在拨打急救电话时应清楚地报知伤者所在地、病因及程度，并派人到约定路口接应），同时报告项目部相关管理人员，或现场组织车辆立即送往医院救治。

4 监测监控措施

4.1 监测点的设置

应按监测项目分别在受力最大的立杆、支架周边稳定性薄弱的立杆及受力最大或地基承载力低的立杆处设支架监测点。监测点布置应根据支架平面大小设置，一般情况下，每隔15～20 m应布设一个监测剖面，每个监测剖面应布设不少于两个立杆顶水平位移监测点、两个支架整体水平位移监测点、两个支架沉降监测点。

4.2 监测仪器设备和人员的配备

4.2.1 监测仪器设备

工作仪器设备的精度、稳定性直接关系到测量数据的准确性、可靠性，是测量项目能否成功的关键因素之一。一般高支模监测使用仪器设备如表2.4.4.1所示。

表2.4.4.1 一般高支模监测使用仪器设备

序号	监测项目	仪器名称	仪器型号	监测精度
1	立杆杆件弯曲、垂直度	经纬仪	HTS – 221R4	1.0 mm
2	杆件竖向位移	水准仪	DS32 – A	1.0 mm

4.2.2 监测人员

监测由专人进行监测并将监测结果详细记录后反馈给项目部、监理单位进行分析。

4.3 监测方式方法

4.3.1 监测点的设置方法

在监测点中，盘扣托盘上使用红色油漆标识，其标识方式如图 2.4.4.1 所示。

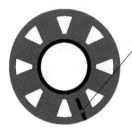

盘面通刷红色油漆
图示位置粘贴胶带，作为观测定位点位置

图 2.4.4.1　监测点位标识方式

4.3.2 监测方法

（1）模板、支撑体系搭设完毕后观测并记录一次监测点标高。
（2）钢筋全部安装完成后观测并记录一次监测点标高。
（3）浇筑过程中每小时观测一次并记录监测点标高。
（4）浇筑完成后观测一次并记录监测点标高。
（5）浇筑完 6 h 后观测一次并记录监测点标高。

4.4 信息反馈

当次完成的测量内容，及时对数据进行处理，正常情况下第二个工作日提交上一工作日的观测结果。观测结果异常时，立即口头向项目部、监理单位汇报，随后提交书面报告，书面报告加盖公章，做好交接手续。

4.5 检测预警值

检测预警值如表 2.4.4.2 所示。

表 2.4.4.2　检测预警值

序号	项目		搭设允许偏差	变形预警值	检查工具
1	立杆钢管弯曲	$3\,m < L \leqslant 4\,m$	≤12 mm	—	—
		$4m < L \leqslant 6.5m$	≤12mm	—	—
2	立杆垂直度全高		绝对偏差≤50 mm	10 mm	经纬仪及钢卷尺
3	立杆脚手架高度 H 内		相对值≤$H/6$	10 mm	吊线和卷尺
4	支架沉降观测		<12 mm	8 mm	水准仪
5	支架水平位移		—	10 mm	经纬仪及钢卷尺

第五节　仓底板高大模板支撑施工应急处置

1　风险辨识与分级

根据中华人民共和国住房和城乡建设部办公厅于 2018 年 5 月 17 日颁布的《危险性较大的分部分项工程安全管理规定》（建办质〔2018〕31 号）中对危险性较大的分部分项工程范围关于模板工程及支撑体系的相关规定：

搭设高度 5 m 及以上，或搭设跨度 10 m 及以上，或施工总荷载（荷载效应基本组合的设计值，以下简称设计值）10 kN/m² 及以上，或集中线荷载（设计值）15 kN/m 及以上，或高度大于支撑水平投影宽度且相对独立无联系构件的混凝土模板支撑工程为危险性较大的分部分项工程范围。

搭设高度 8 m 及以上，或搭设跨度 18 m 及以上，或施工总荷载（设计值）15 kN/m² 及以上，或集中线荷载（设计值）20 kN/m 及以上为超过一定规模的危险性较大的分部分项工程范围。

一般大直径浅圆仓的仓底板板厚为 500 mm，施工总荷载超过 10 kN/m²，但不大于 15 kN/m² 属于危险性较大的分部分项工程。

一般大直径浅圆仓的仓底板存在纵向和横向的梁，梁截面规格一般为 500 mm×1 100 mm；施工线荷载超过 20 kN/m，属于超过一定规模的危险性较大工程，见表 2.5.1.1。

表 2.5.1.1　超过一定规模的危险性较大工程表

部位	板		梁	
	楼板厚度/mm	最大面荷载 /(kN·m⁻²)	梁截面规格 /(mm×mm)	最大集中线荷载 /(kN·m)
仓底板	500	19.527	500×1 100	24.272

施工前要充分考虑施工地的气候特征和季节性天气，防止施工过程中因为恶劣天气对施工质量和施工进度造成不良的影响。

2　物体打击事故的预防及其应急预案

2.1　应急处理程序

（1）发生物体打击事故时，事故发现人员应高声呼救，现场值班最高级别管理人员应立即按以下程序进行应急处理。

（2）现场人员应迅速通知项目经理，并打电话及时向监理、业主及上级应急救援中心报告事故的发生情况，说明伤者情况、目前采取的应急措施。

（3）若物体打击事故导致人员大出血、昏迷、不能行动等严重情况，应在第一时间通知急救中心请求支援，详细说明事故的地点、受伤人数、受伤的严重程度和性质。

（4）若物体打击事故造成的伤害程度较轻，且受伤者能自由行动，应急负责人应要求受伤者不能乱动，在原地坐下加强观察，如情况较重或物体打击可能引起内伤的情况，应果断送往就近医院进行全面检查和治疗。

（5）若出现被物体打击的受伤者倒在危险部位或掉到危险部位自己不能行动等的情况，除了要通知急救中心外，项目应急小组还应先把受伤者转移到便于救治的地面、楼面或其他安全地带，抢救方法可以参照高处坠落的类似情况进行，避免在救治过程中发生二次伤害。

（6）若物体打击造成重伤或死亡事故，应立即安排警戒保卫组在事故现场周围建立警戒区域实施管制，维护现场治安秩序，将无关人员清理出现场，负责保护事故现场，安排应急人员马上到大门口迎接急救中心，接到后直接带到出事地点，避免延误救治时间。

2.2　现场临时救治措施

（1）在急救中心赶到前，现场救护人员应对伤者进行及时救治，现场抢救的重点应放在对休克、颅脑损伤、骨折及大量失血等几种情形上。

（2）进行物体打击事故的现场紧急救治时，首先观察伤者的受伤情况、部位、伤害性质，如伤员发生休克，应先处理休克；遇呼吸、心跳停止者，应立即进行人工呼吸、胸外心脏挤压。另外，也应对颅脑损伤、骨折和出血等情况进行处理：

（3）若受伤者处于休克状态，要让其平卧、少搬动，并将下肢抬高约20°，要采取相应的办法让其苏醒；同时，尽快配合急救中心送医院进行抢救治疗；

（4）若物体打击造成颅脑损伤，受伤者处于昏迷状态，则必须保持呼吸道通畅，让昏迷者平卧，面部转向一侧，以防舌根下坠或分泌物、呕吐物吸入，发生喉阻塞；

（5）若物体打击造成骨折，应初步固定后再搬运，创伤处用消毒的纱布或清洁布等覆盖伤口，用绷带或布条包扎后，及时配合急救中心送医院治疗；当出现血流严重时，应想办法进行止血，避免流血过多引起生命危险。

（6）急救人员赶到后，现场相关人员要在医生的指导下尽快把伤者抬到救护车上，再由急救中心医生在车上继续对受伤者进行必要的救治。

3 应急处置领导小组组成与职责

由项目部成立重大事故应急救援"应急反应指挥中心"，由项目经理、项目总工程师及生产、安监、设备等负责人组成，下设应急救援专业小组。应急救援领导小组设在安监部，日常工作由安监部兼管负责。发生较大事故时，领导小组迅速到达指定岗位，项目经理为现场总指挥，负责事故预兆的应急救援工作的组织和指挥。

施工现场生产安全事故应急救援小组应与有关部门保持联系，保障应急现场有足够的卫生医疗、救援救护、治安保卫、通信、供电、供水、后勤保障等设施和人员。

3.1 职责和分工

项目部应急救援指挥领导小组负责应急救援工作的组织和指挥，日常工作由安全环境管理部兼管。一旦发生重大事故或紧急情况，以指挥领导小组为基础，立即成立事故应急救援指挥部，负责事故的现场抢救和应急处置。

3.1.1 应急救援分工表

应急救援分工见表2.5.3.1。

表2.5.3.1 应急救援分工

岗位	职能及职责
应急总指挥	指挥、协调应急反应行动；最大限度地保证现场人员、外援人员及相关人员的安全；协调后勤保障以支援应急反应组织；通报外部机构，决定请求外部援助
应急副总指挥	协助应急总指挥组织和指挥应急操作协调任务；提出采取的减缓事故后果行动的应急反应对策和建议。 协调、组织和获取应急所需的其他资源，以支援现场的应急操作；组织相关技术和管理人员对施工场区生产过程各危险源进行风险评估。 定期检查各常设应急反应组织和部门的日常工作和应急反应准备状态；与周边企业共享资源、相互帮助、建立共同应急救援网络和制定应急救援协议
抢险抢修组	对施工现场特点及生产安全过程的危险源进行科学的风险评估；指导安全管理及安全措施落实和监控工作，减少和避免危险源的事故发生；完善危险源的风险评估资料信息，为应急反应的评估提供科学、合理、准确的依据。 落实应急反应共享资源及应急反应最快捷有效的社会公共资源的报警联络方式，为应急反应提供及时的支援措施。 科学合理地制订应急反应物资资源、人力计划；对施工现场进行抢险抢修

岗位	职能及职责
后勤供应组	协助制订应急反应物资资源的储备计划并落实; 定期检查、监督、落实应急反应物资资源、管理人员的到位和变更情况,及时调整应急反应物资资源的更新;定期收集和整理应急反应物资资源信息、建立档案并归档。 应急预案启动后,有效地组织应急反应物资资源到位,并及时提供后勤服务
应急救援组	抢救现场伤员,对受伤人员做简易的抢救和包扎工作,及时转移重伤人员到医疗机构就医;引导现场作业人员从安全通道疏散;抢救现场物资,转移可能引起新危险源的物品到安全地带。 组建现场消防队,启动场区内的消防灭火装置和器材进行初期的消防灭火自救工作,协助消防部门进行消防灭火的辅助工作;保证现场救援通道的畅通,疏散人员撤出危险地带
事故调查组	保护事故现场;对现场的有关实物资料进行取样封存;调查了解事故发生的主要原因及相关人员的责任;按"四不放过"的原则对相关人员进行处罚、教育,并做总结
通信联络组	与外部应急反应人员、部门、组织和机构联系。例如,迅速拨打 119 报火警,并迅速到路口等候消防车,指引火灾场地道路。在事故发生的同时,向上级领导报告事故发生的情状
医疗救治组	迅速拨打 120 急救电话并在报警后迅速到路口等候救护车。在事故发生的同时,向上级领导报告事故现状

3.2 应急预案响应程序

如不幸发生紧急事故,发现人应当立即向项目部应急组织机构的成员报告,亦可根据紧急事态情况直接报告地方相关救援机构。项目部各应急组相关成员接到报告后必须立即赶到现场,同时向项目部应急组组长、副组长报告,报告后不得离开现场,应当立即组织人员进行救援。项目部应急组组长、副组长根据现场紧急事态情况迅速启动应急预案,并立即报告地方救援机构,同时向公司应急救援组织机构报告。公司应急救援组织机构负责人应当根据事态情况立即部署救援工作。必要时,还应组织公司救援组有关成员赶赴现场指挥协调。

4 应急事件及其应急措施

4.1 支模坍塌事故处置措施

发生坍塌事故时,事故发现人员应高声呼救,现场值班最高级别管理人员应立即按以下程序进行应急处理:

立即呼叫在场全体人员进行施救,立即将施工人员从危险区有组织地紧急疏散撤离到安全地带或从安全通道疏散到地面上;把有可能再次坍塌影响到的范围内的地面人员疏散到安全地带,并划出危险区域,拉起警戒线,由保安负责,不准人员靠近。

现场人员应迅速通知项目经理或项目负责人,并打电话及时向监理、业主及上级应急救援中心报告事故的发生情况,说明主要坍塌部位、坍塌面积、有无伤亡、目前采取的应急措施。

根据现场情况,若有人员受伤,应直接拨打急救医院求救电话,主要说明紧急情况性质、地点、发生时间、伤亡情况、是否需要派救护车、消防车或警力支援到现场实施救援,并派人到主要路口引导救援车辆人员到达事故现场;同时,现场急救人员在救护车到来以前,应对受伤人员进行急救。

上级应急领导小组在接到紧急情况报告后，应在最短时间赶往现场，及时了解现场的实际情况，负责指挥现场进行抢救、警戒、疏散和保护现场等工作，并检查人员是否全部疏散到了安全地带，检查已经采取的应急措施是否合理和有效，并召开紧急会议，确定下一步的救援措施。

技术支持组或专家组将抢险技术措施准确无误地向抢险人员进行交底，抢险组应根据技术措施组织抢险人员进入事故现场进行抢险。

警戒保卫组应在事故现场周围建立警戒区域实施管制，维护现场治安秩序，将无关人员清理出现场，并负责保护事故现场。

4.2 高坠应急措施

发生高处坠落事故时，事故发现人员应立即上报给上级直属领导，现场值班最高级别管理人员应立即按以下程序进行应急处理：

应急救援负责人应立即组织把伤者从危险区小心谨慎地移动到安全地带，根据高处坠落的不同情况采取不同的应急救援措施；

坠落高度超过3 m以上的，伤势一般较重，应第一时间拨打急救中心求救电话，说明事故地点、发生时间、伤者情况，并马上派人到大门口等候急救中心的到来，由引路者直接带到出事地点，避免延误时间；

警戒保卫组应在事故现场周围建立警戒区域实施管制，维护现场治安秩序，将无关人员清理出现场，并负责保护事故现场。

4.3 现场临时救治措施

当发生高处坠落事故后，在急救人员赶到前，现场救护人员应对伤者进行及时救治，现场抢救的重点应放在对休克、骨折和出血等几种情形上。急救中心赶到后，要在急救中心医生指导下尽快把伤者抬到救护车上，再由急救中心医生在车上继续对受伤者进行必要的救治。

（1）首先，由现场医生观察伤者的受伤情况、部位、伤害性质，如伤员发生休克，应先处理休克。遇呼吸、心跳停止者，应立即进行人工呼吸、胸外心脏按压。处于休克状态的伤员要让其安静、平卧、少动，并将下肢抬高约20°。

（2）若高处坠落者出现颅脑外伤，如伤者神志清醒，则先想办法止血；如伤者处于昏迷状态，则在止血的同时，必须维持其呼吸道通畅，要让昏迷者平卧，面部转向一侧，以防舌根下坠或吸入分泌物、呕吐物，发生喉阻塞。

（3）若高处坠落者出现骨折，如手足骨折，不要盲目搬运伤者。应在骨折部位用夹板临时固定，使断端不再移位或刺伤肌肉、神经或血管。固定方法：以固定骨折处上下关节为原则，可就地取材，用木板、竹片等，在材料不足的情况下，可将上肢固定在伤者身侧，下肢与无骨折的下肢缚在一起，然后用硬板担架搬运。偶有凹陷骨折、严重的颅底骨折及严重的脑损伤症状出现，创伤处用消毒的纱布或清洁布等覆盖伤口，用绷带或布条包扎后及时送医院治疗。

若发现脊椎受伤者，创伤处用消毒的纱布或清洁布等覆盖伤口，用绷带或布条包扎后及时送医院治疗。搬运时，将伤者平卧放在硬板担架上，严禁只抬伤者的两肩与两腿或单肩背运，避免受伤者的脊椎移位、断裂造成截瘫或导致死亡，从而造成二次伤害的发生。

遇有创伤性出血的伤员，应迅速包扎止血，使伤员保持在头低脚高的卧位，正确的现场止血处理措施如下：

一般伤口小的止血法：先用生理盐水（0.9% NaCl 溶液）冲洗伤口，然后盖上消毒纱布，用绷带较紧地包扎。

加压包扎止血法：将纱布、棉花等作成软垫，放在伤口上再进行包扎，来增强压力而达到止血的目的。

止血带止血法：选择弹性好的橡皮管、橡皮带或三角巾、毛巾、带状布条等，上肢出血结扎在上臂上 1/2 处（靠近心脏位置），下肢出血结扎在大腿上 1/3 处（靠近心脏位置）。结扎时，在止血带与皮肤之间垫上消毒纱布或棉纱。每隔 25 ~ 40 min 放松一次，每次放松 0.5 ~ 1 min。

第六节　仓底板高大模板检查与验收

1　检查与验收标准

模板安装上下层支架的立柱应对准，并铺设松木脚手板作为垫板。

模板和混凝土的接触面应清理干净并涂刷脱模剂，但不得采用影响结构性能或妨碍装饰工程施工的脱模剂。在涂刷脱模剂时，不得污染模板和混凝土接槎处。

在浇筑混凝土前，模板内杂物应清理干净，木模板应浇水湿润，但模板内不应有积水。模板及支撑必须有足够的强度、刚度和稳定性，并不致发生不允许的下沉和变形，接缝严密，不得漏浆。穿墙螺栓紧固可靠。预埋件和预留孔洞的偏差控制在规范允许的范围内。

1.1　预埋件和预留孔洞允许偏差

预埋件和预留孔洞允许偏差见表 2.6.1.1。

表 2.6.1.1　预埋件和预留孔洞允许偏差

项目		允许偏差/mm	检查方法
预埋钢板中心线位置		3	用拉线和尺量检查
预埋管、预留孔中心位置		3	
插筋	中心线位置	5	
	外露长度	+10, 0	
预埋螺栓	中心线位置	2	
	外露长度	+10, 0	
预留洞	中心线位置	10	
	截面内部规格	+10, 0	

（1）现浇结构模板安装的允许偏差及检验方法应符合表 2.6.1.2。

表 2.6.1.2　现浇结构模板安装的允许偏差及检验方法

项目	允许偏差/mm	检验方法
轴线位置	5	用钢尺检查
底模上表面标高	±5	用水准仪或拉线、钢尺检查

续表

项目		允许偏差/mm	检验方法
截面内部规格	基础	±10	用钢尺检查
	柱、墙、梁	±5	用钢尺检查
层高垂直度	不大于5 m	8	用经纬仪或吊线、钢尺检查
	大于5 m	10	用经纬仪或吊线、钢尺检查
相邻两板表面高低差		2	用钢尺检查
表面平整度		5	用2 m靠尺和塞尺检查

（2）各种构件底模及其支架拆除时的混凝土应达到规范允许的强度。

（3）支撑体系验收要点检查见表2.6.1.3。

表 2.6.1.3 支撑体系验收要点检查

项目名称						
搭设部位		高度		跨度	最大荷载	
搭设班组		班组长				
操作人员持证人数		证书符合性				
专项方案编审程序符合性		技术交底情况		安全交底情况		
钢管支架	进场前质量验收情况					
	材质、规格与方案符合性					
	使用前质量检测情况					
	外观质量检查情况					

检查内容		允许偏差/mm	方案要求/mm	实际情况	符合性
立杆垂直度≤L/500 且不超过50 mm		±5			
水平杆水平度		±5			
可调托撑	垂直度	±5			
	插入立杆深度≥150	−5			
可调底座	垂直度	±5			
	插入立杆深度≥150	−5			
立杆组合对角线长度		±6			

续表

检查内容		方案要求/mm	实际情况	符合性
立杆	梁底纵横向间距			
	板底纵横向间距			
	竖向接长位置			
	基础承载力			
水平杆	纵横向水平杆设置			
	梁底纵横向步距			
	板底纵横向步距			
	插销销紧情况			
斜向竖杆	最底层步距处设置情况			
	最顶层步距处设置情况			
	其他部位			
剪刀撑	垂直纵、横向设置			
	水平向			
扫地杆设置				
与已建结构物拉结设置				
其他				
施工单位检查结论	结论：		检查日期：	
	检查人员：	项目技术负责人：	项目经理：	
监理单位验收结论	结论：			
	检查人员：	总监理工程师：		

2　验收程序及人员

2.1　参与验收人员

当高大模板支撑系统搭设完成后，应公司技术负责人、项目安全负责人、项目技术负责人、主管高支模施工员组织验收，验收人员应包括施工单位和项目两级技术人员、项目安监人员、质量技术负责人、施工人员，监理单位的总监和专业监理工程师。验收合格，经施工单位项目技术负责人及项目总监理工程师签字后，方可进入后续工序的施工。

高大模板工程施工完毕后，由施工单位邀请论证专家及安监站进行验收，填写超过一定规模的危险性较大分部分项工程验收确认单，提前两个工作日书面通知论证专家、安全监督站，以便于安排验收监督。

2.2　验收程序

在高大模板支撑系统搭设前后，应由项目技术负责人组织对需要处理或加固的地基、基础进行验收，并留存记录。

项目负责人组织自检，项目部质量员、安监员验收。公司工程部、安监部、技术部复检后整改。整改完成后项目部会同监理公司共同验收，验收通过后方可进行下道工序施工。以《建筑施工模板安全技术规范》（JGJ 162—2008）和《建筑施工承插型盘扣式钢管脚手架安全技术标准》（JGJ/T 231—2021）等为依据进行检查与验收。

立杆验收：检查是否按规定每根立杆底部设置了底座，梁底立杆是否按规定设置，立杆垂直度允许存在偏差。纵横水平拉结杆检查与验收（检验过程略）。扣件拧紧检查与验收：进行扣件拧紧扭力矩抽样检查。剪刀撑检查与验收：检查剪刀撑是否按支撑系统平面布置图设置。验收严格按照附件表格验收。

2.3 高支模使用与检查

模板、钢筋及其他材料等施工荷载应均匀堆置，放平放稳。施工总荷载不得超过模板支撑系统设计荷载要求。模板支撑系统在使用过程中，立柱底部不得松动悬空，不得任意拆除任何杆件，不得松动扣件，也不得用作缆风绳的拉结。

施工过程中检查项目应符合下列要求：立杆下楼板应达到设计承重强度；顶托螺杆伸出长度应符合规定；立柱的规格和垂直度应符合要求，不得出现偏心荷载；扫地杆、水平拉杆、剪刀撑等设置应符合规定，固定可靠；安全网和各种安全防护设施符合要求。

3 验收内容

3.1 材料构配件及质量

所有进场构件应随车带有合格证、形式检验报告；在监理单位监督下随机抽取构件并测量横断面其是否符合规范的要求。

3.2 搭设场地及支撑结构的稳定性

在实施前，应在项目指定位置设立木工加工场地及物资堆场；物资堆场应在塔式起重机覆盖之下；立杆支撑底部的施工质量应满足规范要求。

3.3 阶段搭设质量

所有立杆底部应设有底托，立杆顶部应设有顶托，立杆套筒应朝下设置。底托旋出长度应不大于200 mm，顶托旋出长度应不大于400 mm；应检验水平杆与立杆连接销的紧固程度，检查标准为：锤击后插销下落应不大于3 mm。

3.4 支撑体系的构造措施

支撑体系立杆位置应满足本方案及相关规范要求；竖向斜杆可按 W 形布置，也可单向布置，但相邻两道竖向斜杆布置方向应相反布置；两道水平剪刀撑布置间距应不大于6 m；支撑体系搭设完毕后，应及时将水平安全兜网放置到位。

第三章 浅圆仓仓顶锥壳屋面施工技术

第一节 仓顶锥壳屋面应用背景

仓的顶面一般为圆锥形钢筋混凝土屋盖，屋盖跨度大，高度高，结构自身重量大，施工荷载大，施工难度高。屋盖施工支撑体系如采用传统的落地式满堂支撑方法，不仅工期长，安全风险高，也不经济。如何选择一种经济实用、安全可靠的施工方法，解决高空混凝土屋盖施工问题，保证工程安全优质高效施工，是一项重大技术课题，本书将针对浅圆仓仓顶施工介绍两种截然不同的成套施工技术。

根据中华人民共和国住房和城乡建设部办公厅于2018年5月17日颁布的《危险性较大的分部分项工程安全管理规定》（建办质〔2018〕31号）中对超过一定规模的危大工程范围的相关规定：

混凝土模板支撑工程中：工具式模板工程滑模工程（单独编制专项施工方案）、搭设高度8 m及以上、搭设跨度18 m及以上、施工总荷载15 kN/m² 及以上、集中线荷载20 kN/m 及以上为超过一定规模的危大工程。本工程仓顶板施工采用钢桁架钢管支撑体系、超限梁板支撑体系，架体安全等级设置为一级。

浅圆仓仓顶板为钢筋混凝土锥壳顶盖，施工采用不同结构形式的钢桁架支撑体系平台，顶板壳体水平夹角通常为23°～27°，顶板板厚通常为150～200 mm，模板支撑采用钢管扣件满堂架。本章针对不同结构形式的钢桁架支撑体系平台做详细阐述。

第二节 仓顶钢桁架支撑分段安装施工技术

1 技术特点、优势及适用范围

此类工程梁板超限较多，施工时需经常校核规格，防止出现错误，而且经常伴有工期紧、工程量大等因素。因此，必须组织好施工。建立现场施工协调组织机构，根据总体进度计划和施工作业安排，每天报备次日施工作业内容和作业区域，每周进行落实情况检查、纠偏工作，按照施工工期统筹安排。在时间、空间上对各专业进行分层、分区，实行界面管理，提升各专业对接、配合作业的准确性。

此类工程浅圆仓仓筒采用滑模施工工艺，仓底板超限梁板高支模施工在滑模施工至仓底板底标高时穿插施工，仓顶板为钢筋混凝土锥壳顶盖，在滑模施工完成后进行施工，施工采用钢桁架支撑体系平台，搭设满堂支撑架。提升塔部位经常与浅圆仓距离较近，需先进行地下结构施工才能进行浅圆仓结构施工。故此类工程工艺要求高，穿插施工较多，是此类项目最主要的特点，下面就仓顶钢桁架支撑分段安装施工技术做详细阐述。

2 基本组成以及施工工艺

浅圆仓底板模板支撑满堂架搭设在基础承台顶面上，局部回填土采用分层夯实，立杆底部铺设规格为 200 mm×50 mm×4 000 mm 的通长木垫板。

浅圆仓仓顶板支撑钢结构格构柱以仓底板为基础,底板模板支撑以圆仓中心为原点 6 m×6 m 范围内不拆除,以保证上层格构柱架体承载力要求。仓顶平板及斜板满堂架以钢结构支撑平台为基础,以保证上层承载力要求。

2.1　工艺流程图

施工工艺流程图如图 3.2.2.1 所示。

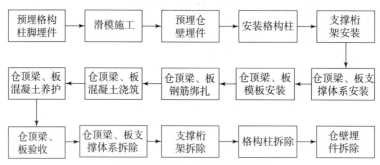

图 3.2.2.1　施工工艺流程图

2.2　仓顶平板满堂架

仓顶平板满堂脚手架支撑体系基本参数见表 3.2.2.1。

表 3.2.2.1　仓顶平板满堂脚手架支撑体系基本参数

基本参数			
主梁布置方向	平行立杆纵向方向	立杆纵向间距/mm	1 000
立杆横向间距/mm	1 000	水平拉杆步距/mm	1 500
小梁间距/mm	250	小梁最大悬挑长度/mm	150
主梁最大悬挑长度/mm	200	结构表面的要求	结构表面隐蔽

2.3　仓顶斜板(锥壳板)满堂架

浅圆仓仓顶板为钢筋混凝土锥壳顶盖,顶盖施工采用钢桁架钢管支撑体系,顶板壳体水平夹角通常为 23°~27°,顶板板厚通常为 150~200 mm。仓顶斜板(锥壳板)满堂架基本参数见表 3.2.2.2。

表 3.2.2.2　仓顶斜板(锥壳板)满堂架基本参数

基本参数			
楼板厚度 h/mm	224(含活荷载、倾斜折算加厚)	楼板边长 L/m	4
楼板边宽 B/m	4	模板支架高度 H/m	6.45
主楞布置方向	平行于楼板长边	立杆纵向间距 l_a/m	0.9

续表

基本参数			
立杆横向间距 l_b/m	0.9（沿钢梁）	水平杆步距 h_1/m	1.5
立杆自由端高度 h_0/mm	200	架体底部布置类型	垫板
次楞间距 a/mm	250	次楞悬挑长度 a_1/mm	200
主楞悬挑长度 b_1/mm	200	主楞合并根数	2

2.4　钢结构平台体系简述

仓顶现浇钢筋混凝土锥壳施工采用型钢制作的钢结构框架平台及满堂脚手架作为锥壳模板支撑。钢结构格构柱（2 m×2 m，总高：根据仓顶高度而定）支撑仓底板（有仓底板时）或处理过的地面垫板上。以格构柱为中心向筒壁方向辐射若干道 H 型钢梁，钢梁一端与钢平台螺栓连接，另一端搁置在钢牛腿上。钢牛腿通过螺栓与预埋在筒壁上套筒连接。在仓内部一定标高处形成一个整体钢平台。在钢平台上搭设满堂脚手架作锥壳模板支撑。

脚手架搭设前，在钢结构支撑平台上立杆布置不落在桁架的地方铺设木枋，立管支撑在木枋上，木枋上铺设脚手板，脚手板两端固定牢固，不能滑动，作为搭设上部钢管脚手架的施工作业面，脚手板空隙的地方，要用模板进行覆盖，防止落物。

在钢结构平台梁下弦杆处满挂水平安全兜网，确保施工期间安全。

格构柱每节标准节高度 3 m，底脚及格构柱顶支座高度 0.52 m。整个构造分若干个对称单元，加上支撑拉杆构成稳定体系。

桁架外端支撑钢牛腿、格构柱作用点混凝土结构强度必须达到设计强度要求，方可进行安装、受力。

当滑模施工滑到既定标高时，停止滑模施工，当混凝土强度达到 2 MPa 时，拆除支座对应处滑升模板，安装支座牛腿；待混凝土强度达到 25 MPa 后，拆除滑模设备，进行仓顶支撑、模板的施工。整个支撑体系由桁架、预埋件、格构柱组成，钢桁架由中心向四周辐射布置，钢桁架支设在格构柱上。顶盖施工阶段不拆除底板下支撑体系。桁架支撑系统示意如图 3.2.2.2 所示。

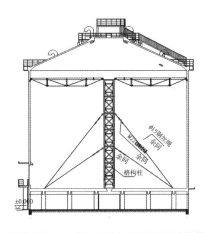

桁架支撑系统立面示意（图示为有仓底板支撑体系）

图 3.2.2.2　桁架支撑系统示意

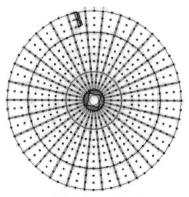

顶板架体平面布置示意

桁架及承重架体系三维立体示意

图 3.2.2.2　桁架支撑系统示意（续）

支撑架安装使用吊装方式，螺栓连接。在仓底板（有底板时）或基础面预埋 4 根螺栓，中心支撑架底端与仓底板（有底板时）或基础面预埋的螺栓连接。每节支撑架高度 3 m，底脚及格构柱顶支座高度 520 mm，总高根据筒仓高度而定。格构柱安装时，要保证其水平及垂直度。待格构柱安装完成后，最上端格构柱上安装 ϕ2.8 m、厚 30 mm 的钢板圆盘，圆盘内径 1.5 m，与格构柱螺栓连接。

2.5　格构柱底座预埋螺栓安装

格构柱底座预埋螺栓安装示意如图 3.2.2.3 所示。

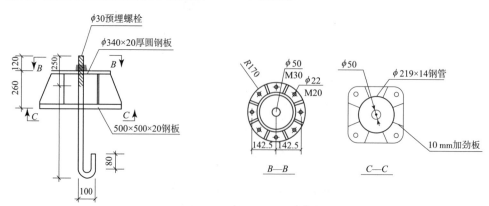

图 3.2.2.3　格构柱底座预埋螺栓安装示意

2.6　格构柱安装

2.6.1　格构柱结构

格构柱结构图及材料表见表 3.2.2.3。

表 3.2.2.3　格构柱结构图及材料表

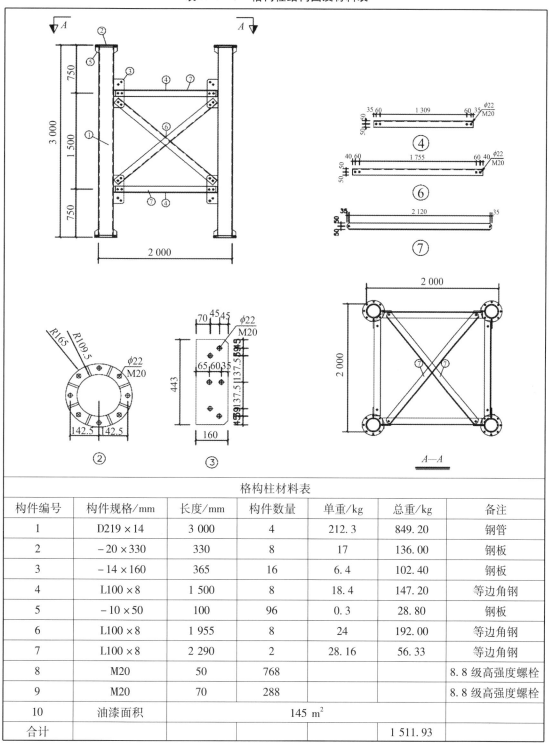

构件编号	构件规格/mm	长度/mm	构件数量	单重/kg	总重/kg	备注
1	D219×14	3 000	4	212.3	849.20	钢管
2	−20×330	330	8	17	136.00	钢板
3	−14×160	365	16	6.4	102.40	钢板
4	L100×8	1 500	8	18.4	147.20	等边角钢
5	−10×50	100	96	0.3	28.80	钢板
6	L100×8	1 955	8	24	192.00	等边角钢
7	L100×8	2 290	2	28.16	56.33	等边角钢
8	M20	50	768			8.8 级高强度螺栓
9	M20	70	288			8.8 级高强度螺栓
10	油漆面积		145 m²			
合计					1 511.93	

格构柱材料表

2.6.2　格构柱吊装

格构柱安装采用吊装安装，每节格构柱之间采用螺栓连接，待螺栓连接完成后，方可进行下一次吊装。吊装示意如图 3.2.2.4 所示。

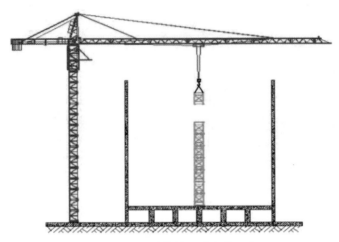

图 3.2.2.4　格构柱吊装安装示意

2.6.3　格构柱的竖向稳定性措施

（1）竖向格构柱每 9 m 高度和 12 m 高度与地面用 φ12 mm 钢丝绳连接，每道布置四根，四角成"十"字形对拉，以保证竖向格构柱的稳定性。

（2）安装时应使各向拉索的拉力一致。

（3）连接节点及格构柱桁架应用实例如图 3.2.2.5 所示。

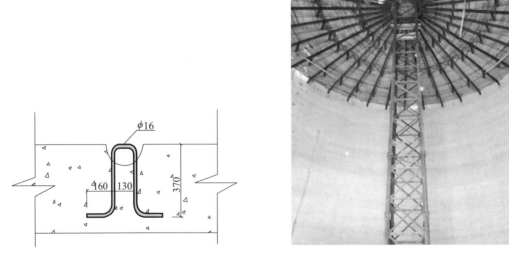

钢丝绳地面拉结节点示意　　　　　　　　格构柱桁架应用实例

图 3.2.2.5　钢丝绳地面拉结节点示意及格构柱桁架应用实例

2.7 桁架安装

2.7.1 钢桁架结构平面布置

整个构造分若干个对称单元，加上支撑拉杆构成稳定体系。本支撑系统以格构柱为中心辐射状布置。桁架之间上部及下部分别用两道钢管环向连接（扣件连接），每相邻两榀桁架采用钢管做两道剪刀撑，以保证侧向稳定。桁架平面布置示意如图3.2.2.6所示。

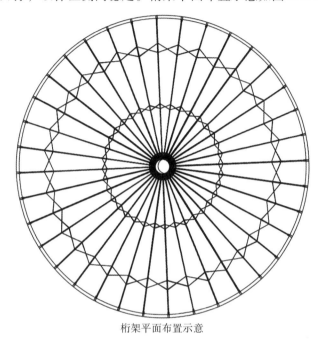

桁架平面布置示意

此处用十字转扣连接

$\phi48\times3.0$

桁架

此处用十字转扣连接

剪刀撑立面示意

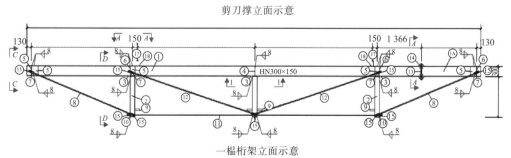

一榀桁架立面示意

图 3.2.2.6 桁架平面布置示意

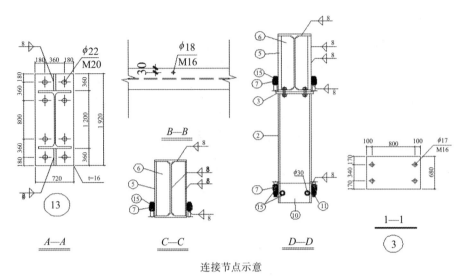

连接节点示意

图 3.2.2.6　桁架平面布置示意（续）

2.7.2　桁架体系安装

（1）滑模设备拆除完成后，即进行桁架系统安装工作。

（2）工艺流程：中心支撑架安装→中心盘安装→桁架安装→桁架加固。

（3）支撑架安装使用吊装方式，螺栓连接。在仓底板（有底板时）或基础面预埋 4 根螺栓，中心支撑架底端与仓底板（有底板时）或基础面预埋的螺栓连接。每节支撑架高度 3 m，底脚及格构柱顶支座高度 520 mm，总高根据筒仓高度而定。格构柱安装时，要保证其水平及垂直度。待格构柱安装完成后，最上端格构柱上安装 ϕ2.8 m 直径，30 mm 厚钢板圆盘，圆盘内径 1.5 m，与格构柱螺栓连接。桁架安装采用吊装方式，每榀桁架在地面组装完成后，使用塔式起重机吊装，一端放在仓壁牛腿件上，一端落在支撑架 2.8 m 直径圆盘上，均采用锚栓固定方式固定。桁架吊装示意如图 3.2.2.7 所示。

2.7.3　预埋件布置

（1）预埋件平面布置如图 3.2.2.8 所示。

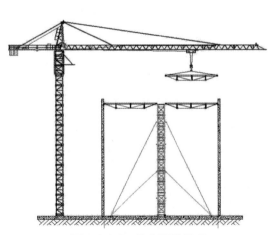

图 3.2.2.7　桁架吊装示意

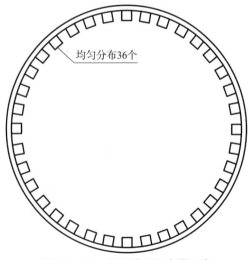

均匀分布36个

图 3.2.2.8　预埋件平面布置示意

（2）预埋件节点设置。

采用 5 mm 厚钢板上焊制 4 个 28 mm 的直螺纹套筒，将直螺纹套筒一端安装 28 mm 的钢筋，然后埋入混凝土仓壁内，预埋件上口标高 23 m，另采用 16 mm 厚钢板焊制成三角牛腿，如图 3.2.2.9 所示。

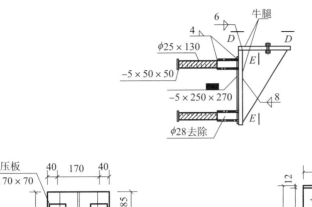

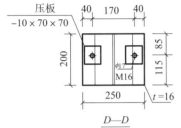

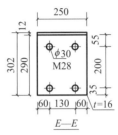

牛腿剖面节点示意

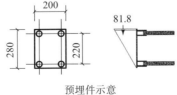

预埋件示意

图 3.2.2.9　牛腿、预埋件示意

2.8 仓顶板梁板支撑体系

2.8.1 仓顶满堂架

1. 仓顶锥壳斜板下满堂架

在仓内既定标高钢平台上，分别沿型钢水平辐射梁方向环向搭设钢管脚手架，搭设之前先在型钢梁上焊 100 mm 长的 ϕ25 mm 钢筋头，沿钢梁纵向间距 0.9 m，根据实际搭设调整间距，不超过 1 m，横向间距同钢梁，以便搭设满堂脚手架。立杆沿型钢梁纵向方向间距 0.9 m。水平纵杆沿型钢梁布置，水平横杆环向每隔 2 根立杆错开搭设，间距同立杆。当支撑脚手架竖向受力杆未撑在型钢梁上时。在型钢梁上部 200 mm 处开始设置扫地杆。

2. 仓顶环梁内圆台平板下满堂架

在该部位桁架平台中部 11 m×11 m 范围满铺木跳板（30 mm 厚）支撑满堂架。满堂架立杆横向间距 1 m，纵向间距为 1 m，步距 1.5 m。距立杆顶 100 m 设纵横向水平杆一道，距地面 200 m 设扫地杆。满堂架水平杆伸入仓顶锥壳斜板下满堂架内不少于两跨；环梁底增加 1 根承重立杆，沿梁跨度方向间距 1 m。

3. 剪刀撑

在架体外侧周边及内部纵、横向每 5~8 m，应由底至顶设置连续竖向剪刀撑，剪刀撑宽度应为 5~8 m。竖向剪刀撑底部与地面顶紧，且与地面的夹角为 45°~60°。顶步水平杆及底部扫地杆、中间段两跨一设一道水平剪刀撑（满布），剪刀撑宽度为五跨。水平剪刀撑至架体底平面距离与水平剪刀撑间距不宜超过 8 m。竖向剪刀撑应紧贴立杆，下端顶紧立杆支撑面，顶端延伸至板下封顶杆以上。

4. 临边防护

（1）仓顶板施工时仓壁已施工至既定设计高低，超出钢桁架平台面 0.4 m，四周有 1.5 m 高的仓壁可以作为防护。仓顶环梁内圆台平板周边搭设外防护栏杆，立杆环向间距 2 000 mm、高度 1 100 mm，水平杆三道均匀布置，外挂安全网。

（2）利用钢桁架、格构柱、钢桁架预埋件在钢桁架下部满挂安全兜网。

2.8.2 仓壁环梁及外挑天沟支撑体系

（1）施工操作平台。仓壁环梁及外挑檐板施工操作平台水平外挑架支架预埋，仓壁滑模至设计标高时，将焊接有高强度螺栓套筒的预埋钢板固定在仓壁钢筋上，确保稳固牢靠，并将套筒封堵妥当。沿仓壁每隔 1 000 mm 设置一道三角支撑架。三角支撑架上满铺脚手板和安全平网，平台顶标高按照既定设计标高。

（2）外防护栏杆。外防护栏杆立杆沿仓壁间距 2 400 mm、高度 1 200 mm，水平杆三道均匀布置，外挂安全网。立杆与平台斜支撑杆件通过旋转扣件连接加固，以防倾覆。仓壁挑檐及三角支撑架施工用操作平台如表 3.2.2.4 所示。

表 3.2.2.4　仓壁挑檐及三角支撑架施工用操作平台

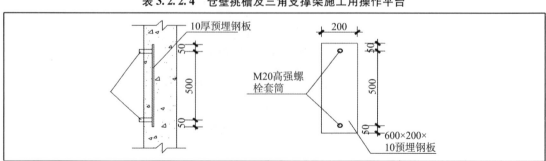

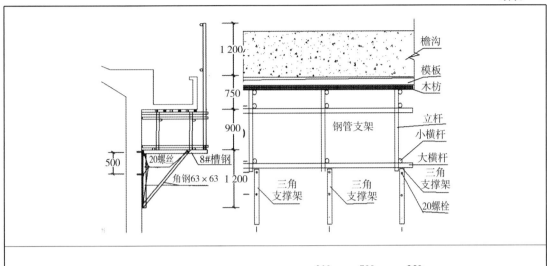

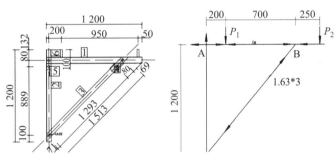

仓壁挑檐及三角支撑架施工用操作平台示意

三角支撑架材料

零件号	类型	规格/(mm×mm)	长度/mm	数量/个	单重/kg	总重/kg
1	槽钢	8#	1 194	1	7.92	
2	角钢	L63×6	1 200	1	6.87	
3	角钢	L63×6	1 513	1	8.66	24.7
4	钢板	PL6×84	211	1	0.83	
5	钢板	PL6×57	89	1	0.24	
6	栓钉	A28×2.5	100	2	0.18	

三角支撑架荷载参数取值

荷载类别	取值	荷载类别	取值
模板自重	板 0.3 kN/m² 梁 0.5 kN/m²	施工可变荷载	0.3 kN/m
混凝土自重	24 kN/m³	钢管栏杆	0.3 kN/m
钢筋自重	板 1.1 kN/m³ 梁 1.5 kN/m³	—	—

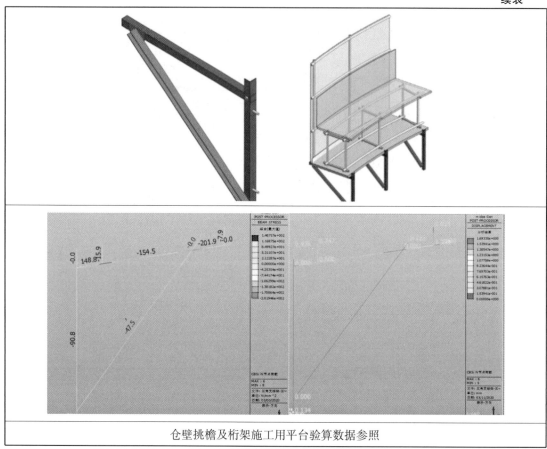

仓壁挑檐及桁架施工用平台验算数据参照

（3）天沟模板支撑架。在操作平台上搭设满堂脚手架，外侧单独设一根立杆作为单排防护架。立杆与钢架位置上下对齐。水平主楞外侧立杆超出操作面 1 m，立杆环形间距 1 200 mm，外挂安全网，作为临边防护。

2.8.3　仓顶环梁下脚手架塔设要求

（1）梁高、宽比大于 2.5 且梁底宽度大于 300 mm，本工程梁底立杆设置为三立杆。

（2）梁底设置支撑，梁底支撑的道数与跨度方向间距详见支撑架设计，并与其他支撑共同连接成整体。其中支撑体系搭设基本参数见架体布置基本数据。

（3）梁底所有支撑均匀采用顶托，顶托上必须放置两根平直钢管，钢管上为 40 mm × 70 mm 木枋，在木枋上铺设梁底模板。

（4）梁两侧沿梁纵向水平钢管作为承载钢管时，水平钢管与立杆钢管的连接必须采用双扣件。

（5）脚手架支撑体系水平横杆步距参见架体布置基本数据；同时，在离地 200 mm 范围内设置扫地杆。

（6）剪刀撑必须贯通连续设置，与地面交角 45°~60°，间距不超过 10 m（纵横两个方向），其宽度宜为 4~6 m。同时在架体两侧外围设置纵向剪刀撑进行封闭。

（7）水平剪刀撑应通过竖向剪刀撑的交点位置；竖向剪刀撑应通过水平剪刀撑的交点位置。

（8）立管底部垫木枋或宽度不小于 150 mm 的木脚手板或钢底座，有利于荷载传递。

（9）在安装模板时，梁底模端部必须在支撑立杆的内侧，不得有悬挑情况出现。

1）梁底模的搁置要利用木枋的窄边，把水平拼缝搁置在木枋上。

2）竖向的梁侧模的拼缝也要用木枋的窄边压住。模边要压在柱的竖向模板上。在主梁梁端与次梁交接部位，要求次梁的底模、侧模压住主梁的侧模，以保证接缝严密及刚度要求。

3）水平杆两端需与仓壁顶紧。

2.8.4　板下脚手架搭设要求

（1）立杆间距纵横均按方案要求设置。

（2）封顶杆顶部设置水平杆。

（3）楼板模板下部立柱采用顶托，其内必须搁置两根平直钢管并列承载。

（4）木枋搁置间距 250 mm，具体根据设计间距布置。

（5）脚手架支撑体系水平横杆步距根据架体构造设置；同时，在离地 200～350 mm 范围内设置扫地杆。

（6）在架体外侧周边及内部纵、横向每 5～8 m，应由底至顶设置连续竖向剪刀撑，剪刀撑宽度应为 5～8 m。竖向剪刀撑底部与地面顶紧，且与地面的夹角为 45°～60°。顶步水平杆及底部扫地杆、中间段两跨一设一道水平剪刀撑（满布），剪刀撑宽度为 5 跨。水平剪刀撑至架体底平面距离与水平剪刀撑间距不宜超过 8 m。竖向剪刀撑应紧贴立杆，下端顶紧立杆支撑面，顶端延伸至板下封顶杆以上。水平剪刀撑应通过竖向剪刀撑的交点位置；竖向剪刀撑应通过水平剪刀撑的交点位置。

（7）安装模板时，底模边端部离支撑立杆的悬挑长度不得大于 100 mm。

（8）平台模底模的搁置要利用木枋的窄边，并把水平拼缝搁置在木枋上。

（9）在桁架上满铺木脚手板，立杆立在木脚手板上。

（10）脚手架和剪刀撑布置如图 3.2.2.10 和图 3.2.2.11 所示，每隔四个桁架，在径向设置一个从底到顶的剪刀撑。

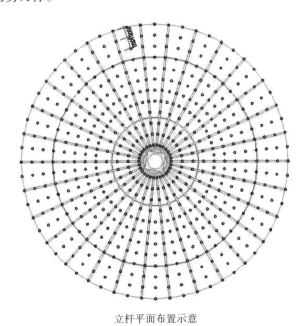

立杆平面布置示意

图 3.2.2.10　脚手架布置示意

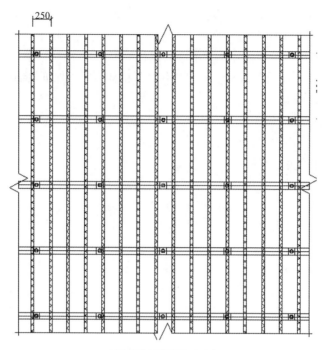

水平板模板设计平面示意

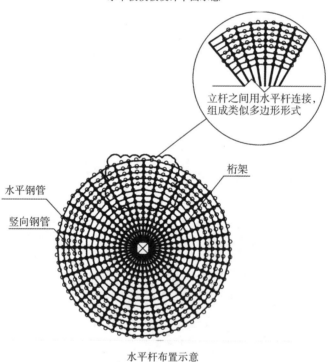

立杆之间用水平杆连接，组成类似多边形形式

桁架

水平钢管

竖向钢管

水平杆布置示意

图 3.2.2.10　脚手架布置示意（续）

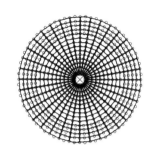
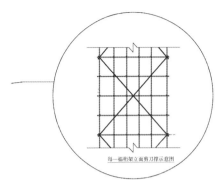

每一榀桁架立面剪刀撑示意图

剪刀撑布置方式示意

满堂架架体搭设示意

图 3.2.2.11 剪刀撑布置示意

2.9 仓顶板、梁模板工程

2.9.1 仓顶板、梁模板工艺概况

脚手架工程施工完成后即进行模板工程施工，本工程仓顶板模板铺设施工工艺如下：梁底模、侧模、板模的配置要考虑压边顺序，一般为梁侧模压梁底模、板模压梁侧模。模板采用散装散拆，模板编号定位。

2.9.2 模板支设前的准备工作

人员进入：施工人员从仓顶洞口进入，进行支模作业。

安装放线：模板安装前先测放控制轴线网和模板控制线。根据平面控制轴线网，在仓顶板上弹出环梁中线和检查控制线，待竖向钢筋绑扎完成后，在每层竖向主筋上部标出标高控制点。

在模板安装前，将表面的施工杂物、混凝土浮浆清理干净，并将模板修整涂刷脱模剂。

在梁端部、梁与梁转角处留置清扫口。顶板浇筑前将模板、钢筋上的杂物用高压气泵清理干净。

2.9.3 梁、仓顶模板安装

1. 梁模板安装

在仓壁上弹出轴线、梁位置和水平线。

梁底模板：调整支架高度，然后安装梁底模板，并拉线找平。

梁侧模板：根据墨线安装梁侧模板、压脚板、斜撑等。

为控制好梁侧模下口规格，支模时按 900 mm 间距安装步步紧卡具，防止梁下口胀模。

2. 仓顶板模板安装

铺模板时可从四周铺起，在中间收口。

仓顶板模板铺完后，应认真检查支架是否牢固，模板梁面、板面应清扫干净。

为避免模板拼装不严，板缝漏浆，在绑扎板筋之前应用油毡将缝隙封闭。

3. 梁、板模板安装

梁模板采用脚手钢管和扣件组成的井架支模。安装时从边跨一侧开始安装，先安装第一排立杆，上好连接横杆，再安装第二排立杆，两者之间用横杆连接好，依次逐排安装。

按设计标高调整支撑头的标高，然后安装梁底模板，并拉线找直，此时，应按前述要求，进行梁底板起拱，注意起拱应在支模开始时进行，而后将侧模和底模连成整体。

模板在梁侧模板上支阴角模板，然后竖立钢管支柱，在支柱上托架钢管横管上找好标高后铺板模板、侧模板。钢管支撑在高度方向应设置双向水平拉杆，并应布置对角拉杆和斜拉杆，用脚手架扣件连接成整体，增加刚度和稳定性，上下层模板支柱，应设置在同一竖向中心线上。

模板要有足够的刚度，施工时必须上满回形销子。

模板接缝不得漏浆，缝隙宽度 < 2.5 mm。

2.10　仓顶板钢筋工程

仓顶板环梁主筋采用绑扎连接及套筒机械连接相结合，板钢筋接头采用绑扎接头。钢筋制作、加工、绑扎工艺具体在施工工艺中阐述。

2.10.1　钢筋原材料

对于钢筋用料，应根据公司质量保证体系中关于《进货检验和试验程序》及《检验和试验状态程序》的要求选择，主要按以下几个方面管理。

（1）进场钢筋应有出厂质量合格证明书或厂方试验报告单。

（2）钢筋表面或每捆（盘）钢筋均应有标识，钢筋表面不得有裂纹、折痕和锈蚀现象，允许有凸块，但不得超过横肋的最大高度。

（3）钢筋进场后，分批进行复试，每批由同一牌号、同一炉罐号、同一规格和同一交货状态的钢筋组成，且按 60 t 为一组进行复试一次，进场不足 60 t 仍按一组计算。允许同一牌号、同一冶炼方法、同一浇筑方法的不同炉罐号的钢筋组成混合批，但各炉罐号钢筋含碳量之差不得大于 0.02%，含锰量之差不得大于 0.15%。

（4）在每组钢筋任选的两根钢筋上各取一套拉伸试件和冷弯试件，复试合格后，方可进行钢筋的下料加工。如有一项试验结果不合格，则从同一批中另取双倍试样重新复试，如仍有一项不合格，则该批钢筋判定为不合格品，立即予以退场。

2.10.2　钢筋制作

（1）钢筋加工制作时，要将钢筋加工表与设计图复核，检查下料表是否有错误和遗漏，对每种钢筋要按下料表检查是否达到要求，经过这两道检查后，再按下料表放出实样，试制合格后方可成批制作，加工好的钢筋要挂牌堆放整齐有序。

（2）钢筋表面应洁净，附着的油污、泥土、浮锈在使用前必须清理干净，可结合冷拉工艺除锈。

（3）钢筋调直，可用机械或人工调直。经调直后的钢筋不得有局部弯曲、死弯、小波浪形，其表面伤痕不应使钢筋截面减小 5%。

（4）钢筋切断应根据钢筋号、直径、长度和数量，长短搭配，先断长料后断短料，尽量减少和缩短钢筋短头，以节约钢材。

（5）钢筋弯钩或弯曲。

1）钢筋弯钩：形式有三种，分别为半圆弯钩、直弯钩及斜弯钩。钢筋弯曲后，弯曲处内皮收缩、外皮延伸、轴线长度不变，弯曲处形成圆弧，弯曲后规格不大于下料规格，应考虑弯曲调整值。

2）钢筋弯心直径为 $2.5d$，平直部分为 $3d$。钢筋弯钩增加长度的理论计算值：对于半圆弯钩为 $6.25d$，对于直弯钩为 $3.5d$，对斜弯钩为 $4.9d$。

3）弯起钢筋：中间部位弯折处的弯曲直径 D，不小于钢筋直径的 5 倍。

4）箍筋：箍筋的末端应作弯钩，弯钩形式应符合设计要求。箍筋调整，即为弯钩增加长度和弯曲调整值两项之差或和，根据箍筋量外包规格或内包规格而定。

5）钢筋下料长度应根据构件规格、混凝土保护层厚度、钢筋弯曲调整值和弯钩增加长度等规定综合考虑。

6）直钢筋下料长度＝构件长度－保护层厚度＋弯钩增加长度。

7）弯起钢筋下料长度＝直段长度＋斜弯长度－弯曲调整值＋弯钩增加长度。

8）箍筋下料长度＝箍筋内周长＋箍筋调整值＋弯钩增加长度。

2.10.3 钢筋绑扎

（1）钢筋绑扎前先认真熟悉图纸，检查配料表与图纸、设计是否有出入。

（2）仔细检查成品规格、心头是否与下料表相符。核对无误后方可进行绑扎。

（3）纵向受力钢筋出现双层或多层排列时，两排钢筋之间应垫以直径 15 mm 的短钢筋，如纵向钢筋直径大于 25 mm，短钢筋直径规格与纵向钢筋规格相同。

（4）箍筋的接头应交错设置，并与两根架立筋绑扎，悬臂挑梁则箍筋接头在下，其余做法与柱相同。梁主筋外角处与箍筋应满扎，其余可梅花点绑扎。

（5）板的钢筋网绑扎与基础相同，双向板钢筋交叉点应满绑。应注意板上部的负筋（面加筋）防止被踩下；特别是挑檐部位，要严格控制负筋位置及高度。

（6）板、次梁与主梁交叉处，板的钢筋在上，次梁的钢筋在中层，主梁的钢筋在下，当有圈梁或垫梁时，主梁钢筋在上。

（7）框架梁节点处钢筋穿插十分稠密时，应注意梁顶面主筋间的净间距为 30 mm，以满足浇筑混凝土的需要。

（8）钢筋的绑扎接头应符合下列规定。

1）搭接长度的末端距钢筋弯折处，不得小于钢筋直径的 10 倍，接头不宜位于构件最大弯矩处。

2）受拉区域内，Ⅰ级钢筋绑扎接头的末端应做弯钩，Ⅱ级钢筋可不做弯钩。

3）钢筋搭接处，应在中心和两端用铁丝扎牢。

4）受拉钢筋绑扎接头的搭接长度，应符合结构设计要求。

5）受力钢筋的混凝土保护层厚度，应符合结构设计要求。

6）板筋绑扎前须先按设计图要求间距弹线，按线绑扎，控制质量。

7）为了保证钢筋位置的正确，根据设计要求，板筋采用焊接骨架钢筋予以支撑。

仓顶板钢筋绑扎如图 3.2.2.12 所示。

图 3.2.2.12　仓顶板钢筋绑扎

2.11　仓顶板、梁混凝土浇筑工程

（1）仓顶板、梁混凝土采用商品混凝土，采用塔式起重机吊斗进行浇筑，浇筑混凝土应从下向上浇筑，均匀浇筑，不产生冷缝。

（2）钢筋绑扎、模板支设完毕并加固牢固，预埋、预留准确，并经监理检查认可后才许浇筑。

2.11.1　混凝土浇筑前的准备

（1）浇筑前，了解天气情况，便于提前做好针对性的防雨、防风等措施，与有关部门建立良好的协作关系，保证道路畅通，水、电供应正常。

（2）在施工现场内设专人负责指挥调度，做到不待料、不压车、工作上有序作业。

（3）混凝土浇筑前，应做好各种机械设备的保养工作。

（4）组织施工班组进行技术交底，班组必须熟悉图纸，明确施工部位的各种技术因素要求（混凝土强度等级、抗渗等级、初凝时间等）。

（5）组织班组对钢筋、模板进行交接检查，如果不具备混凝土施工条件，则不能进行混凝土施工。

（6）组织施工设备、工具用品等，确保良好。

（7）浇筑前应对模板浇水湿润，墙、柱模板的清扫口应在清除杂物及积水后再封闭。

（8）仓壁混凝土达到设计强度后，待仓顶混凝土浇筑后再浇筑。

（9）在混凝土浇筑前做好条件验收工作，经整改后方可进行混凝土浇筑。在混凝土浇筑中任何人员均不得进入架体内。

2.11.2　混凝土浇筑的一般要求

（1）混凝土自下落的高度不得超过 2 m，若超过 2 m，必须采取措施，可采取串筒、导管、溜槽或在模板侧面开门字洞等措施。

（2）浇筑混凝土时应分段分层进行，每层浇筑高度应根据结构特点、钢筋疏密决定。分层高度为振捣棒作用部分长度的 1.25 倍，最大不超过 500 mm。混凝土浇筑时的堆料高度不得超过板厚 100 mm。

（3）混凝土的振捣采用插入式振捣棒进行，开动振捣棒，振捣手握住振捣棒上端的软轴胶管，快速插入混凝土内部，振捣时，振捣棒上下略为抽动，振动棒的操作要做到"快插慢拔，直上直下"。振捣时间为 20～30 s，但以混凝土面不再出现气泡、不再显著下沉、表面泛浆和表面形成水平面为准，且在浇筑过程中要将泌水及时抽排。使用插入式振捣棒应做到快插慢拔，插点要均匀排列，逐点移动，按顺序进行，不得遗漏，做到均匀振实。移动间距不大于振捣棒作用半径的 1.5 倍（一般为 300～400 mm），靠近模板距离不应小于200 mm。振捣上一层时应插入下层混凝土面 50～100 mm，以消除两层间的接缝。确保混凝土无烂根、蜂窝、麻面等不良现象。

（4）浇筑混凝土应连续进行。若必须间歇，其间歇时间应尽量缩短，并应在前层混凝土初凝之前将次层混凝土浇筑完毕。间歇的最长时间应按所有水泥品种及混凝土初凝条件确定，当超过 2 h 时，应按施工缝处理。

（5）浇筑混凝土时应派专人经常观察模板钢筋、预留孔洞、预埋件、插筋等有无位移变形或堵塞情况，发现问题应立即停止浇筑并应在已浇筑的混凝土初凝前修整完毕。

（6）浇筑完毕后，检查钢筋表面是否被混凝土污染，并及时擦洗干净。

2.11.3　梁、板混凝土浇筑

（1）环梁、挑檐、锥壳不留施工缝一次浇筑完成，先从环梁开始，投料点沿仓顶圆周均衡推进，避免施工荷载不平衡对支撑系统、桁架平台的稳定产生不利影响，浇筑方向及顺序：由外到内、由下到上。仓壁顶环梁浇筑时每圈宽度 200 mm 分两次浇满。仓壁梁浇捣完毕后向檐口及锥面板平行推进浇捣。仓顶斜屋面混凝土浇筑时每圈由下向上推进 2 000 mm 左右，①—②—③至锥顶环梁处，如图 3.2.2.13 所示（注：先浇筑外圈，并依次向内圈浇筑，即①→②→③）。

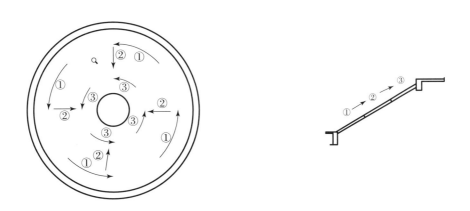

图 3.2.2.13　仓顶板混凝土浇筑顺序示意

混凝土浇筑顺序示意

图 3.2.2.13　仓顶板混凝土浇筑顺序示意（续）

（2）混凝土采用汽车泵泵送运输，下料时沿环梁平行铺开，混凝土自泵管口下落的自由倾落高度不得超过 1 m。不得将料集中堆放振捣，混凝土堆积厚度不大于 200 mm。待锥形屋面下一层混凝土初凝前继续向锥顶浇捣，使得屋面板不产生施工缝。浇筑速度尽量放缓，只要不产生冷缝即可，每圈混凝土浇捣完成时间通常控制在 3 h 内，将施工期间的温度控制在 30 ℃ 以内。

2.11.4　混凝土的养护

混凝土浇筑完毕后，应在 12 h 以内加以覆盖，并洒水养护。

混凝土养护 7 天。在混凝土强度达到 1.2 N/mm^2 之前，不得在其上踩踏或施工振动。拆模后再继续洒水养护。

每日洒水次数应能保持混凝土处于足够的润湿状态。在常温下，每日洒 2～3 次。

2.12　仓顶支撑架拆除及安全技术措施

2.12.1　拆除原则

拆架前，全面检查拟拆脚手架，根据检查结果，拟订出作业计划，报请批准，进行技术交底后才准工作。作业计划一般包括拆架的步骤和方法、安全措施、材料堆放地点、劳动组织安排等。拆架时应划分作业区，周围设绳绑围栏或竖立警戒标志，地面应设专人指挥，禁止非作业人员进入。

拆架的高处作业人员应戴安全帽、系安全带、扎裹腿、穿软底防滑鞋。拆架程序应遵守由上而下、先搭后拆的原则，即先拆拉杆、脚手板、剪刀撑、斜撑，再拆小横杆、大横杆、立杆等，并按一步一清原则依次进行。严禁上下同时进行拆架作业。拆立杆时，要先抱住立杆再拆开最后两个扣，拆除大横杆、斜撑、剪刀撑时，应先拆中间扣件，然后托住中间，再解端头扣。连墙杆（拉结点）应随拆除进度逐层拆除，拆抛撑时，应用临时撑支住，然后才能拆除。

拆除时要统一指挥，上下呼应，动作协调，当解开与另一人有关的结扣时，应先通知对方，以防坠落。拆架时严禁碰撞脚手架附近电源线，以防触电事故。在拆架时，不得中途换人，如必须换人，应将拆除情况交代清楚后方可离开。拆下的材料要徐徐下运，严禁抛掷。运至地面的材料应按指定地点随拆随运，分类堆放，当天拆当天清，拆下的扣件和铁丝要集中回收处理。

2.12.2　支撑结构拆除

脚手架拆除遵循先上后下原则，拆除脚手架从仓顶板预留施工洞口用吊车运出并放到指定位置。

2.12.3　钢结构桁架及格构柱拆除

（1）仓顶板、梁脚手架、模板拆除完成后即进行库顶支撑钢结构的拆除工作。将预埋件（牛腿）螺栓拆除完成后，钢桁架两端用卷扬机钢丝绳吊住，吊点距桁架边缘500 mm，利用卷扬机吊装缓缓降落到仓底板位置后，从仓底门洞口运出。钢平台采取单件依次拆除，拆除顺序：先安装的后拆，后安装的先拆。首先拆除副桁架，其次拆除主桁架。

（2）拆除最重要的是控制钢结构架体的水平度，为此要求所有操作人员必须听从现场负责人的统一指挥，要求所有操作人员必须在听到信号时，同时按下提升机操作按钮，保持降模速度一致。降模速度不应过快，现场负责人必须随时检查机械及钢丝绳情况，当发现运行不正常时要及时解决。

（3）卷扬机固定措施：钢架体拆除时，使用 3 台卷扬机，卷扬机采用压重锚固法，安装时，基座应平稳牢固，设置在仓顶平台上，配重设置牢靠，避免整体滑移。每台提升机的钢铰链均穿过仓顶板预留孔，与钢结构架体连接牢固并保持钢结构架体的平衡。

（4）卷扬机安全保障措施。

1）卷扬机操作手必须熟悉本机械的性能、构造、操作方法。持有操作证。

2）操作前，要检查卷扬机的地锚、上料架是否牢固，还要检查离合器、制动器是否灵敏可靠，以及外露皮带、齿轮等传动装置、防护罩是否齐全。

3）钢丝绳必须与卷筒牢靠固定，当钢丝绳留放到需要的长度时，留在卷筒上的钢丝绳不得少于 3 圈。

4）卷扬机的固定必须牢靠、坚实、稳固，防止在起重物体时倾倒和滑移。

5）卷扬机电器控制要放在操作人员身上，所有电气设备应装有接地线，以防触电，电气开关需要保护等。

6）开车前应检查卷扬机各部分机件转动是否灵活，制动装置是否可靠灵敏。

7）操作人员必须熟悉卷扬机的性能、结构，有实际操作经验。

8）工作时，卷扬机周围 2 m 内不准站人，跑绳的两旁及导向滑车的周围也不准站人。

9）卷扬机运转时，动作应平稳均匀，起吊重物时应先缓慢吊起，当跑绳已拉紧时，严禁猛摇式突然启动加速，并应检查绳扣及物件的捆绑是否结实、牢靠。

10）严禁起负荷使用卷扬机，不得将重物悬于半空，吊物下禁止人员逗留或行走。

11）操作卷扬机要严格做到当信号不明、钢绳跑偏、超负荷、制动不灵时不开车。

12）卷扬机停止工作后，要切断电源，控制器放到零位，用保险闸制动刹紧，跑绳放松。

（5）拆除中使用的垂直运输设备、机具、绳索，必须经检查合格后方可使用。凡参加拆除人员均遵守"一切行动听从指挥"的原则，所有操作人员均应听从现场负责人的指挥，禁止擅自行动；同时，在降模过程中禁止中途换人。所有操作人员必须佩戴安全帽，系好安全带，并保证仓内灯光及通风要求。桁架拆除示意如图 3.2.2.14 所示。

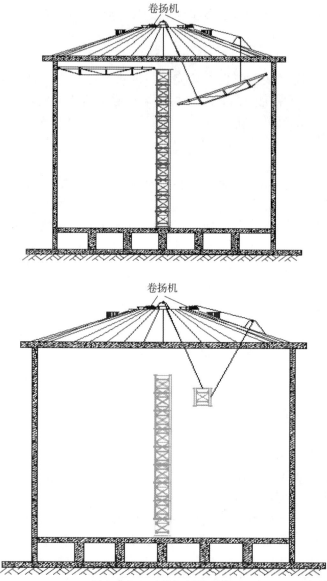

图 3. 2. 2. 14　桁架拆除示意

（6）在降模过程中，所有操作者要坚守岗位，注意力要高度集中，听从现场负责人的信号，在信号不明确的情况下不得乱动设备。在仓顶进行拆除工作时，所有拆下的物件应放置稳妥，并及时运出仓外。卷扬机控制按钮由专人操作，每人负责一台卷扬机，有专业指挥人员统一指挥操作。在仓内有四人负责捯绳索，仓顶板处系有连接紧靠的四根安全绳，另一头则系在负责捯绳索人员的安全带上，以保证捯绳索人员的安全。

2.12.4　安装及拆除安全保障技术措施

其应遵守高处作业安全技术规范中的相关规定。

进行架子作业时，必须戴安全帽，系紧安全带，穿工作鞋，拿工作卡，铺脚手架不准马虎操作，操作工具及零件放在工具袋内，搭设中应统一指挥，思想集中，相互配合，材料工具不能随意乱抛乱扔,吊运材料工具的下方不准站人。

凡遇六级及以上大风、浓雾、雷雨时,均不得进行高空作业,特别是雨后施工时,要注意防滑,经常对脚手架进行检查,凡遇大风或停工一段时间再使用脚手架时,必须对脚手架进行全面检查。若发现连接部分有松动、立杆、大横杆、小横杆、顶撑存在上下左右位移,铁丝解除、脚手板断裂、翘头等现象,应及时加固处理。

立杆应间隔交叉有同长度的钢管,将相邻立杆的对接接头位于不同高度上,使立杆的薄弱截面错开,以免形成薄弱层面,造成支撑体系失稳。

扣件的紧固是否符合要求,可使用扭矩扳手实测,一般测定值为 $40\sim60$ N·m,若过小,则扣件易滑移;若过大,则会引起扣件的铸铁断裂,在安装扣件时,所有扣件的开口必须向外。

所有钢管、扣件等材料必须经检验符合规格,无缺陷方可使用。

模板及其支撑系统在安装过程中必须设置防倾覆的可靠临时措施。

施工现场应搭设工作梯,作业人员不得爬支架上下。

支撑体系上高空临边要有足够的操作平台和安全防护,特别在平台外缘部分应加强防护。

模板安装、钢筋绑扎、混凝土浇筑时,应避免材料、机具、工具过于集中堆放。

不准架设探头板及未固定的杆。

模板支撑不得使用腐朽、扭裂、劈裂的材料。顶撑要垂直、底部平整坚实并加垫木。木楔要顶牢,并用横顺拉杆和剪刀撑。

安装模板应按工序进行,当模板没有固定前,不得进行下一道工序作业。禁止利用拉杆、支撑攀登上下。

支模时,支撑、拉杆不准连接在门窗、脚手架或其他不稳固的物件上。在混凝土浇筑过程中,要有专人检查,发现变形、松动等现象。要及时加固和修理,防止塌模伤人。

在现场安装模板时,所有工具应装入工具袋内,防止高处作业时,工具掉下伤人。

二人抬运模板时,要互相配合,协同工作。传送模板、工具应用运输工具或绳子绑扎牢固后升降,不得乱扔。

安装柱、梁模板应设临时工作台,应作临时封闭,以防误踏和堕物伤人。

2.13 验收要求

材料验收→首步架验收(桁架安装完成验收)→混凝土浇捣前联合验收→各单位签字→进行施工。

2.13.1 材料验收

(1)钢材技术性能必须符合《碳素结构钢》(GB/T 700—2006)的要求。

(2)胶合板技术性能必须符合《混凝土模板用胶合板》(GB/T 17656—2018)要求。

(3)木枋必须符合质量标准要求。

(4)支架钢管应采用现行国家标准《直缝电焊钢管》(GB/T 13793—2016)中规定的3号普通钢管,其质量应符合现行国家标准《碳素结构钢》(GB/T 700—2006)中对 Q235 - A 级钢的规定。

(5)每根钢管的最大重量不应大于 25 kg,钢管表面应保持干燥、无明显锈蚀、无裂纹等表观现象。

（6）钢管、扣件及钢桁架的规格和表面质量应符合下列规定。

1）应有产品质量合格证；

2）应有质量检验报告，钢管材质检验方法应符合现行国家标准《金属材料拉伸试验第 1 部分：室温试验方法》（GB/T 228.1—2011）的有关规定，质量应符合本规范第 3.1.1 条的规定。

3）钢管表面应平直光滑，不应有裂缝、结疤、分层、错位、硬弯、毛刺、压痕和深的划道。

4）钢管外径、壁厚、断面等的偏差，应分别符合规范《建筑施工扣件式钢管脚手架安全技术规范》（JGJ 130—2011）的规定。

5）钢管必须涂有防锈漆。

（7）旧钢管的检查在符合新钢管规定的同时还应符合下列规定。

1）表面锈蚀深度应符合规范《建筑施工扣件式钢管脚手架安全技术规范》（JGJ 130—2011）的规定。锈蚀检查应每年一次。检查时，应在锈蚀严重的钢管中抽取三根，在每根锈蚀严重的部位横向截断取样检查，当锈蚀深度超过规定值时不得使用。

2）钢管弯曲变形应符合规范《建筑施工扣件式钢管脚手架安全技术规范》（JGJ 130—2011）规定。

3）钢管上严禁打孔。

（8）扣件式钢管脚手架应采用锻铸制作的扣件，其材质应符合现行国家标准《钢管脚手架扣件》（GB 15831—2006）的规定；采用其他材料制作的扣件，应经试验证明其质量符合该标准的规定后方可使用。

（9）扣件的验收应符合下列规定：新扣件应有生产许可证、法定检测单位的测试报告和产品质量合格证。

旧扣件使用前应进行质量检查，有裂缝、变形的严禁使用，出现滑丝的螺栓必须更换。

新、旧扣件均应进行防锈处理。

支架采用的扣件在螺栓拧紧扭矩未达 65 N·m 前，不得发生破坏。

2.13.2 首步架验收

（1）专项技术方案是否经施工单位技术负责人、总监理工程师审批（模板支撑架方案是否经专家审查论证）。

（2）材料选用是否符合专项施工方案设计的要求。

（3）脚手架搭设前是否进行技术交底。

（4）脚手架立杆基础、底部垫板等是否符合专项施工方案的要求。

（5）立杆纵、横向间距是否符合专项施工方案设计的要求。

（6）立杆垂直度是否符合相关要求。

（7）纵、横向扫地杆设置是否齐全。

（8）大、小横杆步距是否符合专项施工方案设计的要求。

（9）剪刀撑设置是否符合专项施工方案设计的要求。

（10）架身整体是否稳固。

（11）脚手板是否满铺并固定，有没有探头板。

（12）护身栏杆搭设是否符合专项施工方案设计的要求。

2.13.3　混凝土浇捣前联合验收

2.13.3.1　现场支撑系统的验收

（1）现场支撑系统的验收，项目部和监理单位有关人员应认真进行检查验收。施工项目部、监理部联合验收。

（2）专项技术方案是否经施工单位技术负责人、总监理工程师审批。

（3）材料选用是否符合专项施工方案设计的要求、是否验收。

（4）脚手架搭设前是否进行技术交底。

2.13.3.2　检查实测数据允许偏差

检查实测数据允许偏差如表3.2.2.5所示。

表3.2.2.5　检查实测数据允许偏差

检查内容		允许偏差
立杆间距	梁底	+50 mm
	板底	+50 mm
步距		+20 mm
立杆垂直度		≤0.75% 且≤60 mm
扣件螺栓扭矩		40~65 N·m

（1）螺杆伸出钢管顶部≤200 mm，螺杆外径与立柱钢管内径的间隙≤3 mm。

（2）立杆应采用对接连接，相邻连接位置不得在同步内且竖向错开≥500 mm，距离主节点≤步距的1/3。

（3）纵、横向水平杆设置符合专项施工方案设计的要求。

（4）垂直、纵向、横向、水平（高度>4 m）剪力撑符合专项施工方案设计的要求。

（5）与主体结构（柱）联系符合专项施工方案设计的要求。

2.13.3.3　钢桁架的安装及验收

（1）钢桁架安装就位后，应立即进行验收校正、固定，形成稳定的体系。对不能形成稳定的空间体系的结构，应进行临时加固，当天安装的构件应形成稳定的单元空间体系。

（2）钢桁架的安装偏差检测应在结构空间刚度单元并在连接固定后进行。

（3）钢桁架在安装、校正时，应考虑外界环境（风力、温度等）和焊接变形等因素的影响，由此引起的变形超过允许偏差时，应对其采取调整措施。

（4）钢桁架的组装、安装顺序应保证组装精度，减少累计误差。

（5）钢桁架的焊接应保证其焊接位置准确，保证焊缝不少于6 mm。

（6）钢桁架焊接要保证其表面纵横向垂直度。

（7）其他安装要求及验收标准参照《钢桁架检验及验收标准》（JGJ 74.2—1991）。

3　技术保证措施（表3.2.3.1）

（1）支撑体系中的材料及模板不得使用腐烂、扭裂、暗伤的材料，也不得使用锈蚀严重及弯曲的钢管作支撑。

（2）在混凝土施工前，必须对支撑体系及模板仔细地检查，不准在外临边旁堆放模板、钢管、扣件等材料，严禁随意拆除模板支撑。

（3）安装模板和搭设支撑体系时，木工要保管随身携带的工具，禁止垂直施工，拆模间歇时要将已活动的模板、牵杠、支撑等运走或妥善堆放，防止其由于坠落而伤人。

（4）拆模板必须一次拆清，不得留有无撑模板，拆下的模板要及时清理，堆放整齐，拆模时不许站在正拆除的模板上，避免整块模板落下，严禁站在门窗洞口处拆模，防止掉落伤人。

（5）安装和拆除模板过程中，高度在 2 m 以下时，可使用马凳操作，高度在 2 m 及 2 m以上时，要搭支撑体系或工作平台并设有防护栏杆或安全网。支撑体系或工作平台要由木工搭设，并经检查验收后方可使用。

（6）模板的预留洞口处要加盖或设防护栏杆，必要时还要在洞口处设安全网，防止操作人员及物体坠落。

（7）高空作业人员要通过专用坡道、楼梯上下通行，严禁攀登模板支架上下，也不得在高空的墙顶、独立梁或其模板上行走。

（8）模板支撑系统应为独立的系统，禁止与物料提升机、施工升降机、塔式起重机等起重设备钢结构架体机身及其附着设施相连接；禁止与施工脚手架、物料周转料平台等架体相连接。

（9）脚手架或作业区的外立面应有防护物和架面满铺脚手板。

（10）"四口"应加设盖板或其他覆盖物。

（11）高空作业人员应配挂安全带。

（12）定期检查并及时处理未加可靠保护、破皮损伤的电线和电缆。

（13）电闸箱应设门并上锁。

（14）起重机或其他导电物体应避开架空高压裸线。

（15）严禁人员攀登模板、斜撑杆、拉条或绳索等，也不得在高处的墙顶、独立梁或其模板上行走。

（16）钢管上严禁打孔。

（17）作业时，模板和配件不得随意堆放，模板应放平放稳，严防滑落。脚手架上临时堆放的模板不宜超过 3 层，连接件应放在箱盒或工具袋中，不得散放在脚手板上。

（18）火灾预防措施。

1）严格执行有关消防、保卫方面的法令，配备专职消防保卫人员。

2）现场设置消防管道、消防通道，并有专人负责，定期检查，保证完好。

3）坚持现场用火审批制度，要给电气焊工配备灭火器，对于易燃、易爆品的使用要按规定执行。

4）施工现场除设置的专门吸烟区外不得吸烟。

5）木工加工场地有完善的消防设备。

（19）混凝土浇筑措施。

1）混凝土浇筑前，由项目技术负责人、项目总监确认具备混凝土浇筑的安全生产条件后，签署混凝土浇筑令，方可浇筑混凝土。

2）混凝土浇筑应先浇筑墙柱混凝土，后浇筑梁板混凝土，并由中间向两边或四周延伸的方向浇筑，梁分层浇筑厚度不大于 500 mm，板面混凝土堆积厚度不大于 100 mm。

表 3.2.3.1　技术保证措施

序号	方面	内容
1	搭设条件	1）场地平整、夯实要求； 2）先浇楼盖混凝土龄期或强度要求
2	杆件、材料	1）钢管杆件的直径和壁厚要求； 2）定型杆件的直径和单重要求； 3）扣件的质量和单重要求； 4）可调底、托座丝杆的直径和板厚要求； 5）木枋和垫块的规格要求
3	支架搭设	1）立杆的间距、横杆步距及偏差要求； 2）扫地杆的高度要求； 3）立杆伸出长度（含可调托座）要求； 4）水平剪刀撑的设置层和设置要求； 5）竖向剪刀撑的设置要求； 6）剪刀撑（斜杆）的连接要求； 7）梁下立杆的对中要求； 8）扣件的紧固力矩要求； 9）杆件对接头的位置要求； 10）构架加强部位的杆件设置要求； 11）附着拉结的设置要求； 12）立杆的垂直偏差和横杆的水平偏差要求； 13）架顶支点标高偏差要求； 14）双立杆的设置要求
4	模板、钢筋施工	1）架上材料堆放要求； 2）施工不得任意改动架子要求
5	浇筑作业	1）混凝土坍落度和初凝时间要求； 2）浇筑顺序和层厚要求； 3）浇筑设备配置要求； 4）架面作业人员及集中作业限制； 5）振捣棒集中振动限制； 6）对各种水平作用的控制要求
6	其他	1）施工期间的天气条件控制； 2）检查验收要求； 3）养生期间可进行上层作业的间隔时间； 4）应予及时清除的常见安全隐患； 5）应予警惕的异常情况

3）做好高处作业人员安全教育及相关安全预防工作。

4）所有高处作业人员必须接受高处作业安全知识的教育。

5）特种高处作业人员必须持证上岗；悬挑架搭、拆人员必须持有《特种作业人员操作证》，上岗前，必须进行三级教育与专业技能培训，并按有关规定进行专门的安全技术专项交底，必须签字确认。

6）高处作业人员必须经过体检合格后方可上岗。作业人员必须正确佩戴和使用安全帽、安全带等必备的安全防护用具。

各类安全警示标志悬挂于施工现场各相应部位，在夜间设红灯示警。

高处作业前，必须由项目经理/项目执行经理组织有关部门对安全防护设施进行验收，经验收合格签字后，方可作业。安全防护设施必须做到定型化、工具化，防护栏以红白相间的条纹标示。需要临时拆除或变动安全设施的，必须经项目总工审批签字，并组织有关部门验收，经验收合格签字后方可实施。

支模架搭、拆人员必须佩带工具袋，工具用完后放入袋内，不要放在架子上，工具的尾端用绳索与人体相连接。

拆除下来的杆件和材料必须随拆随传下地面，以免其由于放置不当而坠落。

4　安全保证措施

4.1　组织保障措施

成立以项目经理为组长，项目总工、生产经理、安全员、施工员和材料员为核心的安全生产领导小组，施工前设定安全管理制度，设置模板施工安全管理架构，通过各职能部门分工，进行高支模施工的安全管理。安全管理组织机构如图 3.2.4.1 所示。各部门岗位职责如表 3.2.4.1 所示。

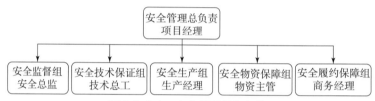

图 3.2.4.1　安全管理组织机构

表 3.2.4.1　各部门岗位职责

职能部门	职能分工
项目经理	项目安全生产第一责任人。其对项目施工全过程的安全生产负全面领导责任。履行承揽合同要求，确定安全管理目标，确保项目工程安全施工。领导编制施工组织设计，建立项目安全生产保证体系，组织编制安全生产保证计划，对安保体系建立、安全管理目标的制订、健全并有效运行的决策负责，对本项目最终管理目标的实现和安全管理工作全面并亲自组织管理评审
安全总监	项目安全责任人之一。全面负责现场安全管理，贯彻和宣传有关的安全生产法律法规，组织落实上级的各项安全施工管理规章制度，并监督检查执行情况。负责各专业工程施工的安全管理工作
技术总工	对工程项目的安全负总的技术责任，严格审核安全技术方案、技术交底等，贯彻落实国家安全生产方针、政策，严格执行安全技术规程、规范、标准及上级安全技术文件
生产经理	施工安全生产第一责任人，对土建范围内的施工全过程负主要领导责任。履行承揽合同要求，确定安全管理目标，确保项目工程安全施工。对分包安保体系建立、安全管理目标的制订、健全并有效运行的决策负责
物资主管	按施工部提交的物资采购计划按时完成物资采购工作，把控物资进场质量验收，确保符合物资采购计划的参数型号，符合物资计划采购量。协调物资材料的周转利用，提高周转材料利用率，节省材料，环保施工
商务经理	组织考察分包单位的安全能力，在合同文件中对分包单位提出安全要求，落实与安全生产相关的资金，协助安全管理部工作。并与分包单位签订安全管理协议书，在合同文件中对相关方提出安全生产方面的要求

4.2　支撑系统防失稳措施

（1）浇筑梁板混凝土前，应组织专门小组检查支撑体系中各种坚固件的固体程度。考虑支模架的稳定性，竖向结构浇筑时分层浇筑，分层振捣，避免一次性浇筑量过大，造成支模体系失稳产生质量、安全风险。

（2）浇筑梁板混凝土时，应专人看护，发现紧固件滑动或杆件变形异常时，应立即报告，由值班施工员组织人员，对滑移部位进行回顶复原，以及加固变形杆件，防止质量事故和连续下沉造成意外坍塌。

（3）支撑体系生根点的混凝土强度应达到设计要求，并下设垫板，防止应力集中，下沉失稳。

（4）高支模区域混凝土浇筑严格按方案中混凝土浇筑要求施工。

4.3　应急逃生通道

为保证施工中工人操作方便以及加固过程中为防止意外，支模区域需设置安全逃生通道。根据规范要求，模板支架体内设置与单肢水平杆同宽的人行通道时，可间隔抽除第一层水平杆和斜杆行程施工人员进出通道，与通道正交的两侧立杆间应设置竖向斜杆。根据项目高支模部位、搭设实际情况考虑设置相关通道，应避免架体整体性破坏。

4.4　支模体系监测

高大模板支撑系统在混凝土浇筑过程中和浇筑后一段时间内，由于受压可能发生一定的沉降和位移，如变化过大可能发生垮塌事故。为及时反映高支模支撑系统的变化情况，预防事故的发生，需要对支撑系统进行沉降和位移监测。

4.4.1　监测内容

班组日常进行安全检查，项目部每周进行安全检查，分公司每月进行安全检查，所有安全检查记录必须形成书面材料。

支架在承受六级大风、大暴雨，以及停工超过 14 天后，必须进行全面检查，高支模日常检查，并巡查重点部位。

（1）杆件的设置和连接、支撑、剪刀撑等构件是否符合要求。

（2）地基是否积水，底座是否松动，立杆是否悬空。

（3）连接扣件是否松动。

（4）架体是否有不均匀的沉降、垂直度。

（5）施工过程中是否存在超载现象。

（6）安全防护措施是否符合规范要求。

（7）支架与杆件是否存在变形的现象。

4.4.2　监测预警值

监测预警值如表 3.2.4.2 所示。

表 3.2.4.2　监测预警值

序号	项目	变形监测预警值	检查工具
1	立杆钢管弯曲	≤10 mm 且≤钢管直径的 1/4	经纬仪
2	支架沉降	7 mm	水准仪
3	支架水平位移	5 mm	经纬仪

4.4.3 监测仪器及精度

工作仪器设备的精度、稳定性直接关系到测量数据的准确性、可靠性，是测量项目能否成功的关键因素之一。

高支模监测使用仪器设备如表3.2.4.3所示。

表3.2.4.3 高支模监测使用仪器设备

序号	监测项目	仪器名称	监测精度
1	高度、标高观测	全站仪	1.0 mm
2	水平位移、垂直度观测	水准仪	1.0 mm

4.4.4 监测频率

在浇筑前观测一次；在浇筑混凝土过程中应实施实时监测，一般每次的监测频率不宜超过30 min。并与初始值相对比，得出沉降、位移量和梁中挠度变形值。待浇筑完成后，每隔3 h观测一次；直到混凝土终凝后约6 h结束。

4.4.5 监测方法

4.4.5.1 监测点的布置

1. 支架垂直度监测点的布设

垂直度的监测利用架体立杆自身设置，一般设置在主次梁交界处以及大梁中部位置。

2. 支架沉降监测点的布设

支架沉降监测点一般选在截面积较大的大梁中部，且为汇交梁受力较大的位置。在排架搭设过程中将坐标纸（1 mm × 1 mm）裁成长条状粘贴在钢管上，粘贴高度宜为1.2～1.5 m。

4.4.5.2 监测方法

1. 支架垂直度监测

首先水平安置经纬仪，使经纬仪十字丝对准立杆最左侧，将该位置利用竖向十字丝传递至地面并做好标记，调整经纬仪使十字丝对准立杆最右侧，按照上述方法在地面上做好标记，然后利用钢卷尺测量两点之间的直线距离即为该立杆的垂直度偏差。

2. 支架沉降监测

坐标纸固定好之后在视线开阔位置架设水准仪，引一点至柱子上，做好参照基准点标记，在混凝土浇筑过程中通过观测对比基准点和坐标纸的偏差确定沉降值。

4.4.5.3 辅助监测方法

将高支模工程的标高控制线 $H + 1.0$ m引测至高支模搭设区域周围竖向构件（框架柱、剪力墙）上，用于观测支撑体系基础沉降的控制高程。

混凝土浇筑前先在梁跨中距支撑立杆一定距离（约200 mm）处设置一个线坠，从梁底一直吊到立杆基础上部，吊锤尖离基础面的高度控制在20 mm以内，并记录好线坠与立杆及地面之间的相对距离，在线坠附近用红蓝笔做好十字标记，在混凝土浇筑过程中派专人跟踪监测线坠与地面及立杆的相对距离的变化情况，每次监测均分别读出10组数据，并记录求其平均值，与原始数据比较求出差值，即可得出架体的水平位移及竖向变形。

浇筑混凝土前，采用水准仪及标高控制线测出线坠附近十字标记点标高，并记录数据作为基础高程对比数据，浇筑过程中测量十字标记点的高程，与原始数据对比求出差值，即为支撑体系基础沉降值。

观测示意如图 3.2.4.2 所示。

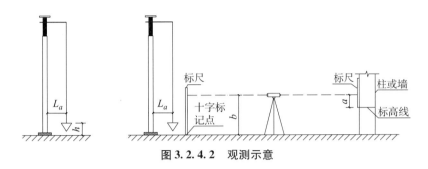

图 3.2.4.2　观测示意

4.4.5.4　数据处理与信息反馈

当次完成的测量内容，及时对数据进行处理，正常情况下第二个工作日提交上一工作日的观测结果。

观测结果异常时，立即口头向监理单位汇报，随后提交书面报告，书面报告加盖公章，做好交接手续。

4.4.5.5　人员及组织

由项目经理部人员组成监测项目组，共 2~3 人，专门负责本监测工程项目的实施。监测项目组人员根据工程进度和需要适时进场。

4.4.5.6　监测计划及措施

监测要贯穿在模板支撑系统搭设、钢筋安装、混凝土浇捣过程中及混凝土终凝前后。混凝土浇筑前，监测人员在架外设置观测点，架内在相应纵横立杆中部用钢筋焊上被观测点，涂上反光且有刻度的标志以利于观测。

在浇筑混凝土时，用两台经纬仪，分别对纵横立杆和支撑体系的水平杆进行变形观测，发现实测挠度值接近，立即向监测组同时向现场施工人员示警。接警后，监测小组立即疏散施工人员，组织相关人员对高大支模架评估是否有坍塌现象，若无坍塌倾向，立即调动相关人员和设备进行加固处理；若有坍塌倾向，可按应急处置措施中的支模坍塌事故处置措施实施。

在浇筑混凝土时，安监员要跟班作业，加强对支撑体系变形的巡视，支撑系统内不得有人施工作业。

高支模监测记录如表 3.2.4.4 所示。

表 3.2.4.4　高支模监测记录

监测部位　监测值/mm　时间							
	$\triangle 1$						
	$\triangle 2$						
	$\triangle 1$						
	$\triangle 2$						

续表

监测部位 \ 监测值/mm \ 时间								
	△1							
	△2							
	△1							
	△2							
	△1							
	△2							
	△1							
	△2							
	△1							
	△2							
	△1							
	△2							
	△1							
	△2							
	△1							
	△2							

说明:

1. 附监测示意图。
2. 测点布设:每个监测剖面布设 1 个竖向位移监测点(△1)、1 个架体挠曲变形监测点(△2)

测量人:　　　　　　　审核人:

5 质量保证措施

5.1 质量保证体系

(1)建立切实可行的质量管理规章制度。制订质量责任追溯及追究制度及实施细则,将责任落实到个人,建立岗位责任制,以加强员工的质量责任心,杜绝人为质量事故的发生。实行质量一票否决权。质量安全保证体系如图 3.2.5.1 所示。

(2)质量管理小组对人员、材料、设备、施工方法、施工环节等各方面进行控制。

(3)保障施工技术服务,对存在的问题,提前处理,并行成技术文件,向下一个施工作业班做好技术交底。

(4)挑选优秀、精干的施工人员,组建施工队伍,并进行上岗前培训。

(5)配备数量充足、状况良好的机械设备,保证施工质量及施工进度。

5.2 质量技术措施

5.2.1 仓顶支撑平台施工质量保证措施

(1)根据各层的技术特点和质量要求,详细向作业班组人员作交底,并组织有关作业

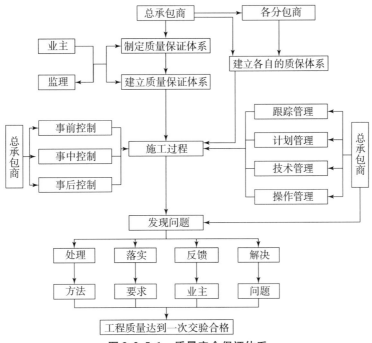

图 3.2.5.1　质量安全保证体系

人员学习有关的作业指导书。施工过程由施工员和质量员对质量进行全面监控。模板安装完成后，项目经理要及时组织监理工程、施工员、质量员和班组中的主要技术人员按照有关的检评标准进行验收，并通知各部门验收，待合格后，方可进行下一道工序的施工。如发现有不合格的，必须返工重做至合格标准为止。

（2）施工过程质量员要对作业人员的安全操作进行监控。确保施工生产安全，并要对支撑系统进行全面稳定性检查。施工前外围脚手架必须先行施工，确保周边的安全环境。施工作业的电锯必须要配有传动带防护罩及安全挡板，指定有经验的作业人员进行操作，杜绝安全事故的发生。作业区内严禁动火，需要动火作业必须向项目部办理动火报批手续。严禁在模板作业区内吸烟，并配置适当的灭火器材，保证施工防火安全。

（3）施工员对班组交代好标高的控制点，实行专人负责、对其进行监控，由施工员复核后才能进行下一道工序。派专人负责模板安装的监控工作，避免爆模和塌模的现象出现。

5.2.2　混凝土施工质量保证措施

（1）结构混凝土的强度等级必须符合设计要求。

（2）用于检查结构构件混凝土强度的试件，应在混凝土的浇筑地点随机抽取。取样与试件留置应符合下列规定：

1）每拌制 $100 \mathrm{~m}^3$ 的同配合比的混凝土，取样不得少于一次；

2）当每工作班拌制的同一配合比的混凝土不足 100 盘时，取样不得少于一次；

3）当一次连续浇筑超过 $1\,000 \mathrm{~m}^3$ 时，对于同一配合比的混凝土每 $200 \mathrm{~m}^3$ 取样不得少于一次；

4）每次取样时应至少留置一组标准养护试件，同条件养护试件的留置组数应根据实际需要确定；

5）混凝土运输、浇筑及间歇的全部时间不应超过混凝土的初凝时间。同一施工段的混凝土应连续浇筑，并应在底层混凝土初凝之前将上一层混凝土浇筑完毕。

（3）混凝土养护。

1）混凝土浇筑完毕后，应按施工技术方案及时采取有效的养护措施，并应符合下列规定：

2）应在浇筑完毕后的 12 h 以内对混凝土加以覆盖并保湿养护；

3）本工程的混凝土养护时间不得少于 7 d；

4）浇水次数应能保持混凝土处于湿润状态；混凝土养护用水应与拌制用水相同；

5）采用塑料布覆盖养护的混凝土，混凝土全部表面应覆盖严密；

6）混凝土强度达到 1.2 MPa 前，不得在其上踩踏或进行其他施工。

5.3 通信与信号设计和管理制度

在专项施工方案中，应根据施工的要求，对滑模操作平台、工地办公室、垂直及水平运输的控制室、供电、供水、供料等部位的通信联络制订相应的技术措施和管理制度，应包括下列主要内容：

（1）应对通信联络方式、通信联络装置的技术要求及联络信号等做明确规定。

（2）应制订相应的通信联络制度。

（3）应确定在施工过程中通信联络设备的使用人。

（4）各类信号应设专人管理、使用和维护，并应制订岗位责任制。

（5）应制订各类通信联络信号装置的应急抢修和正常维修制度。

（6）在施工中所采用的通信联络方式应简便直接、指挥方便。

（7）通信联络装置安装好后，应在施工前进行检验和试用，合格后方可正式使用。

（8）当采用吊笼等作垂直运输装置时，应设置限载、限位报警自动控制系统；各平层停靠处及地面卷扬机室，应设置通信联络装置及声光指示信号。各处信号应统一规定，并应挂牌标明。

（9）垂直运输设备和混凝土布料机的启动信号，应由重物、吊笼停靠处或混凝土出口处发出。司机在接到指令信号后，在启动前应发出动作回铃，提示各处施工人员做好准备。当联络不清、信号不明时，司机不得擅自启动垂直运输设备及装置。

（10）当施工操作平台最高部位的高度超过 50 m 时，应根据航空部门的要求设置航空指示信号。当在机场附近进行滑模施工时，航空指示信号及设置高度应符合当地航空部门的规定。

5.4 质量保证措施

（1）建立岗位责任制及质量监督制度，应明确分工。

（2）严格按工序质量程序进行施工，确保施工质量。

（3）施工过程中建立有效的质量信息反馈及定期质量检查制度。项目经理部对于施工中出现的问题，以质量问题整改单形式下发至班组，同时报项目总工程师、生产经理、工程部、技术部备案，并对质量问题整改单上的问题进行跟踪、复检。

（4）做好工程质量计划的制订和实施工作，确定技术交底中质量标准。

（5）执行好每周的质量例会，及时解决、协调质量问题。

（6）模板支设完后先进行自检，待其允许偏差符合要求后，方可报验。

5.5 成品保护措施

（1）模板在装卸、存放过程中应加强管理，分规格码放整齐，防止损坏和变形，及时涂刷脱模剂。模板安拆时轻起轻放，不准碰撞，防止模板变形。

（2）拆模时不得使用大锤硬砸或撬棍硬撬，以免损伤混凝土表面和棱角。

（3）安装好的模板要防止钢筋、脚手架等碰坏模板表面。钢筋安装时保证模板不发生变形和移位。支完模板后，保持模内清洁。

（4）做好模板的日常保养工作和维修工作。

第三节　仓顶锥形桁架钢胎模整体升降施工技术

1　技术特点、优势及适用范围

仓顶锥形桁架钢胎模整体升降施工技术，是浅圆仓仓顶施工的另一种重点施工技术，其控制的主项为：预埋件埋设、钢胎模架体组装、起吊、拆除、降落、分解、仓内外移。必须保证钢胎模架体安全施工，才能确保仓顶其他子项安全顺利施工。

仓顶钢胎模施工和仓顶其他的工序交叉施工较多，在施工过程中，必须互相合理配合协作施工，并由专人负责施工组织、工序间协调配合是施工管理的重点。仓顶钢胎模施工过程中，稳定起重操作、垂直起吊、隆钢胎模及防撞仓壁是钢胎模起吊过程中重点控制的工艺。仓顶木工模板安装，圆锥面角度是模板质量控制的重点。仓顶结构的混凝土施工，混凝土外观质量及养护是混凝土质量控制管理中的重点控制主工艺。浅圆仓仓体顶部距地面高度较高，木工铺设模板过程均为高处作业，在高处作业及预防火灾和防止坍塌是工程安全管理中的重点。钢胎模提升过程中的平稳性、均速性、安全性、准确性、控制性是最大关键重点，必须保证施工过程中钢胎模不失稳，才能保证钢胎模安全顺利完成这道工序，以及其他工序施工。钢胎模吊装过程中，保持胎模水平、竖直及防扭转是吊装过程重点管控的施工工艺。环梁侧模施工是木工的施工难点控制工艺，防止浇筑混凝土时侧模侧滑。浅圆仓主体结构混凝土施工时，混凝土外观质量及养护是质量管理中的重点控制主工艺。

2　基本组成以及施工工艺

2.1　施工工艺技术

2.1.1　工艺流程

2.1.1.1　浅圆仓仓顶钢胎模组装流程

先上弦中心圈→主梁→支撑梁→上弦次梁→上弦连接次梁→主梁支撑下弦桁架系杆→上弦架系杆→下弦中心圈→拉杆→组装完结→复核→验收。

2.1.1.2　浅圆仓仓顶钢胎模施工前准备

（1）对进场的焊机、匹配相应吨位的电动葫芦（起吊重量及链条长度和转速 960 r/min 是固定的）、电动葫芦控制箱（定制版）、测距仪、防坍报警系统（自研委托生产）等工具设备保养，相关质量证明（合格证）文件，经过相关人员验收合格后，方可进行施工。

（2）检查特殊工种操作证，项目三级教育培训，考试合格后方可进场作业。

（3）施工场地平整，临电引至施工区。

（4）电动葫芦送校验，水准仪送检校正。

（5）根据钢胎模（三级焊缝）组装图复查构件规格、构件数量。

（6）复测预埋件位置轴线、标高。

（7）搭设上弦中心圈临时支撑架。

（8）机械重复接地，电源线架空离地面2.5 m，配电箱、电焊机、相关机械搭避雨棚。

2.1.2 浅圆仓仓顶钢胎模制作

2.1.2.1 钢胎模制作（设备公司生产）

（1）按施工结构图建模，分解加工图。

（2）熟悉胎模图纸，提出图纸疑问，图纸技术交底。

（3）按图放实样，复核图纸。

（4）按图复核进场构件型号、数量、材质。

（5）材料型号、数量、材质复核无误，进行下道放样切料。

（6）核对构件数量、规格。

（7）确认构件数量、规格无误后，进行组装工序，组装完半成品构件，复核半成品规格、材料型号、半成品数量。

（8）构件校直，检查阴角角度是否平直，构件是否弯曲。

（9）第7条检查符合范围内，进行下道焊接工序。

（10）先小件后大件焊接工序，先主后次焊接。

（11）焊接完，检查焊缝外观、焊缝高度、焊缝是否有气孔，构件是否平直、是否弯曲。

（12）检验合格，发至施工现场。

2.1.2.2 预埋件制作安装

预埋件采用Q235钢板（16 mm×200 mm×500 mm），钻ϕ32 mm孔，锚筋用ϕ25 mm螺纹钢，穿孔双面焊。

根据滑模施工进度及时安装在22.38 mm标高（预埋件下标高），每座浅圆仓预埋26块预埋件。在预埋件四边加密钢筋，用ϕ14@100钢筋加强，四边各加强2根1 m钢筋。

预埋件示意如图3.3.2.1所示。

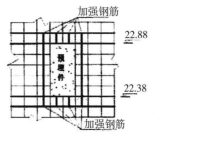

预埋件标高及加强钢筋示意图

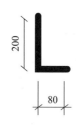

预埋件锚筋示意图

图3.3.2.1 预埋件示意

2.1.3 仓顶钢胎模吊装前准备

（1）施工前，起吊操作控制技术交底，安全技术交底。

（2）调试手持对讲机同步频率。

（3）吊装演练起吊。

（4）电动葫芦卡具制作安装。仓壁混凝土强度达到C20时安装卡具及具备吊装。

（5）电动葫芦检查，安装到卡具吊孔。

（6）控制箱安装到浅圆仓檐沟三角外挑架平台上，检查控制箱接地牢靠。

（7）在28.40 m标高处安装三套电子测距仪，用于测量钢胎模吊装时，钢胎模体平衡控制、监测。

（8）再次检查吊环，确定吊环与电动葫芦连接是否牢固，钢胎模是否水平，检查26套电动葫芦转向是否同步同向。

（9）检查电动葫芦接地是否良好。

（10）电脑控制箱，转换开关至手动控制状态，通过手动控制，将每个电动葫芦的链条调节到适当松紧状态基本一致（通过人工手摇晃检测，链条松紧状态）。

（11）吊装前做好预压堆载试验。

（12）具备吊装。当项目部批准吊装后，再开始吊装施工工序。

2.2　浅圆仓顶钢胎模安装（组装）

浅圆仓顶钢胎模安装示意如图3.3.2.2所示。

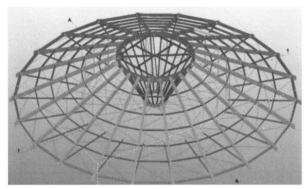

钢胎模建模

葫芦卡具安装案例

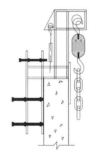

骑马架制作安装示意

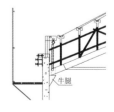

电动葫芦倒链与胎架
架体连接示意

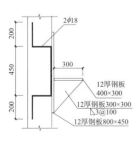

牛腿安装示意

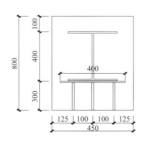

桁架式胎架就位后示意

图3.3.2.2　浅圆仓顶钢胎模安装示意

（1）在接到项目部批准起吊通知指令，按吊装操作程序作业。

（2）起重指挥员、主控员、平衡点监测员、浅圆仓仓壁看护员、项目安全员就位。

（3）钢胎模构件起吊，离地30 cm时，做稳定性观察2 h。观察钢胎模构件、仓壁卡具、仓壁是否变形，观察钢胎模整体性、观察钢胎模构件、仓壁卡具（见壁卡具图）稳定性、浅圆仓壁稳定性。

（4）在浅圆仓壁卡具及仓壁不变形稳定，再次检查各连接螺栓的扭力达标，《钢结构焊接规范》（GB 50661—2011）、《钢结构工程施工质量验收标准》GB 50205—2020）就具备起吊条件。在钢胎模架体下弦构件上安装高空施工水平安全兜网（单层安全网，安网孔80 mm×80 mm，粗绳10 mm），水平安全兜网用粗绳10 mm捆绑在下弦构件上。防坠安全网示意如图3.3.2.3所示。

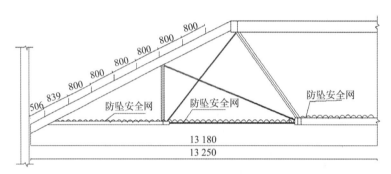

防坠安全网安装示意图

施工现场图

图3.3.2.3　防坠安全网示意

（5）在项目部现场指挥员、技术员、安全员确认具备起吊条件时，开始实施吊装。

（6）钢胎模构件、浅圆仓壁卡具、仓壁、电动葫芦具备吊装条件，电动葫芦箱转换至自动同步控制状态，由电脑自动同步控制加人工监督同步控制。

（7）钢胎模整体26套电动葫芦（提升速度为每分钟11 cm），通过电脑控制箱同步提升，每吊起2.2 m（20 min）便停下检查葫芦、葫芦链条、钢胎模的模体（测量钢胎模平衡，电动葫芦手感温度，电动葫芦链条松紧度，吊装具焊缝）约20 min。以此类推，若吊至22.98 m标高需要7～8 h。电动葫芦自身带断电刹车系统；分为电子刹和机械刹两种双刹车，吊至标高处，控制箱采取断电措施，预防他人误操作。

（8）钢胎模吊至标高时，用现场塔式起重机，把施工安全操作平台吊至仓内，挂在钢胎模上弦次梁上，待清理仓壁预埋件上的混凝土并测量牛腿安装标高后，再焊接牛腿。焊接26条牛腿，相邻牛腿水平高度误差值不得大于20 mm，且不得大于相邻两条牛腿距胎模降至22.88 m标高。钢胎模与牛腿连接方式，采用滑动支座连接方式。构件安装施工完，在构件下弦安装 7 套胎模防变形报警器，用于观察胎模构件在后续施工的变化。

（9）钢胎模安装就位自检合格后，报验，待验收后移交下道工序施工。

（10）胎模班组定人定点每天观察胎模在其他班组施工中的变化，有不按专项安全施工方案施工的，及时报告项目安全员和工长采取应急措施。

（11）在混凝土浇筑前安装防坍报警系统。

在混凝土施工时，胎模班组在混凝土浇筑期间，安排专人观察防坍报警系统，并做好施工中钢胎模变化记录。浇灌完，每天上午 7 点、下午 5 点各观察一次，以检查钢胎模变化，直至拆除桁架。

（12）桁架拆除孔的预留，根据仓内径周长平均分布 26 个 330 mm×330 mm 施工孔洞，空洞留成楔形。在施工孔洞四角埋 4 块 150 mm×150 mm 预埋件，固定拆除架，施工孔洞用孔钢筋加强，每边加 6 根 ϕ14 mm 钢筋，每根长 1 000 mm。

（13）施工孔补孔浇筑，将预留钢筋绑扎到位，用高一级别的微膨胀混凝土浇筑。滑模爬升钢管，用 C25 细石混凝土灌实，以固定吊装卡具。

浅圆仓顶钢胎模施工流程如图 3.3.2.4 所示。

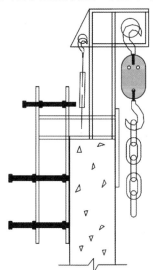 

骑马架+环链式起重机现场

预埋安装三脚架支撑施工

图 3.3.2.4 浅圆仓顶钢胎模施工流程

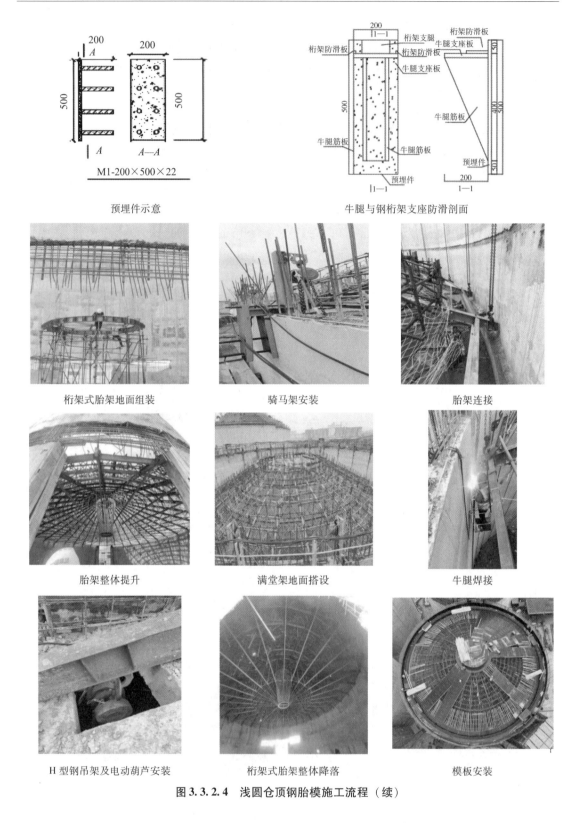

预埋件示意　　　　　　　　　　　　牛腿与钢桁架支座防滑剖面

桁架式胎架地面组装　　　　　　　骑马架安装　　　　　　　　胎架连接

胎架整体提升　　　　　　　　满堂架地面搭设　　　　　　　牛腿焊接

H 型钢吊架及电动葫芦安装　　　桁架式胎架整体降落　　　　　　模板安装

图 3.3.2.4　浅圆仓顶钢胎模施工流程（续）

胎架整体提升中　　　　　　　胎架整体提升到顶　　　　　　　胎架整体提升到顶

图 3.3.2.4　浅圆仓顶钢胎模施工流程（续）

2.3　浅圆仓顶板施工

2.3.1　浅圆仓顶板施工概述

钢胎模车间制作，现场安装，安装完成后即进行浅圆仓顶模板、钢筋、混凝土后序施工。在仓顶支撑钢胎模作为仓顶板支撑体系，进行仓顶板和环梁（施工操作通道用途）施工，再进行模板支护、钢筋绑扎、混凝土浇筑。仓顶下料孔板等仓内将随结构施工完毕后再进行施工，先在上环梁处预留钢筋。

2.3.2　支撑体系

仓顶板支撑调节架体搭设拟采用钢管脚手架进行搭设，支撑架体搭设时梁荷载只考虑仓顶主梁、环梁荷载，仓顶板连梁荷载，不给予考虑下圈梁。

支撑架体支撑体系搭设要求：支撑架体为满堂调节支撑，搭设高度按照 1.25 m 考虑，立杆采用单立管。在钢梁上焊 ϕ25 mm 钢筋，长度为 50 mm，用于临时固定单立钢管。根据以往项目施工经验，本工程仓顶板支撑脚手架实际施工中采用的搭设方法如图 3.3.2.5～图 3.3.2.7 所示。

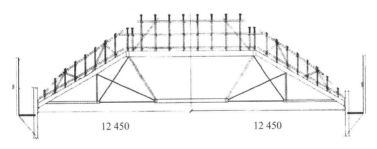

12 450　　　　　　　12 450

图 3.3.2.5　支撑架体搭设剖面示意

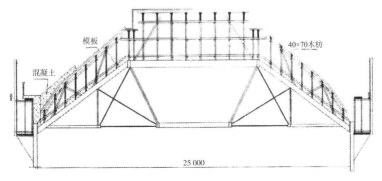

模板

40×70木枋

混凝土

25 000

图 3.3.2.6　模板安装示意

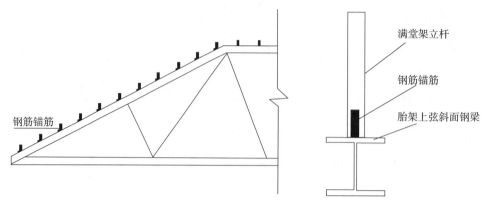

图 3.3.2.7 钢胎模焊 $\phi 25$ 钢筋间距示意

钢管桁架支撑体系搭设第 1～6 圈（浅圆仓仓壁开始计算）钢管架剖面示意如图 3.3.2.8 所示。

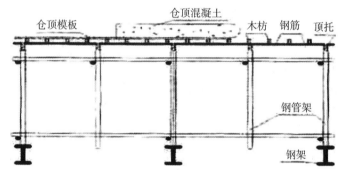

图 3.3.2.8 钢管桁架支撑体系搭设第 1～6 圈
（浅圆仓仓壁开始计算）钢管架剖面示意

钢管桁架支撑体搭设第 6 圈以上（浅圆仓仓壁开始计算）钢管架剖面示意如图 3.3.2.9 所示。

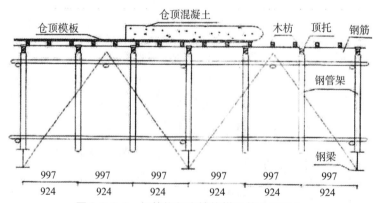

图 3.3.2.9 钢管桁架支撑体搭设第 6 圈以上
（浅圆仓仓壁开始计算）钢管架剖面示意

2.4 支撑搭设施工工艺

2.4.1 水平杆的设置

水平杆设置在立杆内侧，其长度不小于 3 跨；纵向水平杆接长采用对接扣件连接。对接扣件交错布置：两根相邻纵向水平杆的接头不设置在同步或同跨内；不同步或不同跨两个相邻接头在同一水平方向，水平杆的接头错开的距离不小于 500 mm；各接头中心至最近主节点的距离不大于纵距的 1/3。

2.4.2 脚手板的设置

作业层脚手板铺满、铺稳，离开仓壁面 120～150 mm；木跳板设置在三根横向水平杆上。当脚手板长度小于 2 m 时，采用两根横向水平杆支撑，将脚手板两端与其可靠固定，严防倾翻。脚手板的铺设采用对接平铺。脚手板对接平铺时，接头处设两根横向水平杆，脚手板外伸长取 140 mm，两块脚手板外伸长度的和不大于 300 mm。

2.4.3 立杆的设置

每根立杆底部套在钢胎模焊 50 mm 长 $\phi25$ mm 的钢筋上。支撑必须设置纵、横向扫地杆。纵向扫地杆采用直角扣件固定在距底座不大于 150 mm 处的立杆上。横向扫地杆采用直角扣件固定在紧靠纵向扫地杆下方的立杆上。靠边坡（仓体）上方的立杆轴线到边坡（仓体）的距离不小于 500 mm，立杆接长接头必须采用对接扣件连接。

2.5 仓顶板、梁模板工程

待支撑体（钢胎模）工程施工完成后，经项目部、业主、监理验收通过，便可进行模板系统子项施工，本工程仓顶板模板铺设施工工艺如下。

2.5.1 施工前的准备

复核水平控制点。复核浅圆仓标高，复核浅圆仓坐标。通过经纬仪将下圈梁底、上圈梁标至施工位置。十字控制线引至浅圆仓顶。在浅圆仓体内外上部弹出水平线（±0.000），用于控制梁、板顶曲面。清点现场木枋（40 mm×70 mm）、模板（15 mm）型号是否和施工方案一致。

2.5.2 梁模板施工工艺

（1）放出施工控制线，标出梁底板标高，梁中心线、宽控制线。根据图纸配梁底板模，调整调平梁底支撑体。

（2）熟悉本子项关键控制点，本子项有三个控制点：上圈梁控制，上圈梁标高；下圈（仓壁）梁内侧与仓顶面连接处控制，下圈（仓壁）梁内外侧加固；梁立模先后顺序。配模：首先考虑梁压边顺序，将模板修整涂刷脱模剂。梁侧模压底模板，先梁底模后梁侧，在梁底模上用木斗弹出梁宽控制，用于安装侧模板，检查上圈梁梁底模钢管支撑水平标高，上圈梁在确认水平标高无误，上圈梁从一个点向两边同时铺设模板，模板铺完，用尺复核上圈梁内外直径无误，再立内侧模板。

（3）先安装外侧梁底定型模，待校正完定型模，再立上口侧模及里侧模。

（4）待竖向钢筋绑扎完成后，在模板竖向主筋上部标出标高控制点。

（5）为控制好梁侧模下口规格，支模时应按 1 000 mm 间距安装用花篮螺杆加工而成的卡具，防止梁下口胀模。

（6）侧模加固：用对拉螺杆进行加固。

（7）外侧侧模：将对拉螺杆焊接在滑模爬升支撑杆上加固，校验定型模板后，将对拉螺杆用蝴蝶卡与侧模外侧木枋固定紧，与内侧侧模平齐的部分将对拉螺杆焊接在滑模爬升支撑杆上，校验定型模板后将对拉螺杆用蝴蝶卡与侧模外侧木枋固定紧，防止内模跑模，用短钢管与钢胎模上调节钢管用扣件连接固定。

（8）当梁高超过 450 mm 时，梁侧模板用对拉螺杆加固，因仓壁密闭性技术要求严禁穿PVC 套管，用一次性对拉螺杆固定。

（9）待加固、校正完模后，在外侧模顶弹出混凝土控制标高线。

（10）清理垃圾，复核图纸与已施工规格、标高。

（11）自检、自纠报项目部、监理、业主，通过验收进行下一道工序。

梁模板施工工艺案例如图 3.3.2.10 所示。

模板施工案例

钢筋绑扎施工案例

环梁钢筋绑扎施工案例

环梁模板施工案例

混凝土浇筑施工案例

混凝土成型效果案例

图 3.3.2.10　梁模板施工工艺案例

2.5.3　仓顶板模板安装

（1）根据模板的排列图架设支柱和龙骨。支柱与龙骨的间距，应根据浅圆仓顶板的混凝土重量与施工荷载的大小在模板设计中确定。一般支柱间距为 1 000 mm，木枋龙骨间距为 200 mm。

（2）通线调节板顶曲面的高度，用顶托调节板面高度，在顶托内架设 $\phi20$ mm 钢筋 1 根或 2 根，在钢筋上架设木枋龙骨。

（3）铺模板时可从四周（先下圈梁向斜坡面）铺起，在上圈梁收口。若为压旁时，角位模板应通线钉固。

（4）待仓顶板模板铺完后，应认真检查支架（钢管扣件、钢管桁架与钢胎模连接处）是否牢固。

（5）模板梁面、板面应清扫干净。

（6）为避免模板拼装不严，板缝漏浆，在绑扎板筋之前应用橡胶条和透明胶带缝隙封闭。

2.5.4　梁、板模板安装要求

（1）梁模板采用脚手钢管和扣件组成的井架支模。安装时从边跨一侧开始安装，先安第一排立杆，上好连接横杆，再安第二排立杆，两者之间用横杆连接好，依次逐个排装。

（2）按设计标高调整支撑头的标高，然后安装梁底模板，并拉线找直，此时应按图纸标高要求，进行罐顶穹曲面起拱，注意起拱应在支模开始时进行，而后将侧模和底模连成整体。

（3）板模板在梁侧模板上支阴角模板，然后竖立钢管支柱，在支柱上托架钢管横管上找好标高后铺板模板。钢管支撑在高度方向应设置双向水平拉杆，并应布置对角拉杆和斜拉杆，用支撑扣件连接成整体，增加刚度和稳定性。

（4）模板接缝不得漏浆，缝隙宽度小于 2.5 mm，圆锥顶斜坡面中间起拱 6 cm。

2.6　模板安装的检查与验收

2.6.1　仓顶模板安装控制

模板安装质量标准及要求必须符合相关规范要求，即模板及其支架应具有足够的承载能力、刚度和稳定性，能可靠地承受浇筑混凝土的重量、侧压力及施工荷载。

2.6.2　主控项目

（1）安装现浇结构的模板及其支架时，模板的标高、断面规格、支架的立杆、横杆间距，水平杆扣件拧紧等是否符合要求。

（2）模板及其支架、支撑必须有足够的强度、刚度和稳定性。

检查数量：全数检查。

检验方法：对照模板设计文件和施工技术方案观察。

（3）在涂刷模板隔离剂时，不得污染钢筋和混凝土接槎处。

检查数量：全数检查。

检验方法：观察。

2.6.3　一般项目

（1）接缝宽度小于 1.5 mm（用工程检测仪上的楔形塞尺检查）。

（2）板表面必须清理干净，不得漏刷脱模剂（通过观察检查）。

（3）模板的接缝不应漏浆，在浇筑混凝土前，应浇水湿润木模板，但模板内不能有积水；模板与混凝土的接触面应清理干净并涂刷隔离剂，浇筑混凝土前，模板内的杂物应清理干净。

检查数量：全数检查。

检验方法：观察。

（4）对跨度不小于 4 m 的现浇钢筋混凝土梁、板，其模板应按要求起拱。

检查数量：按规范要求的检验批（在同一检验批内，对梁，应抽查构件数量的 10%，但不应少于 3 件；对板，应按有代表性的抽查 10% 且不得少于 3 件）。

检验方法：水准仪或拉线、钢尺检查。

（5）固定在模板上的预埋件、预留孔洞均不得遗漏，且应安装牢固，其偏差应符合相关的规定。

2.6.4　检验方法：钢尺检查

现浇结构模板安装的偏差应符合相关规定。检查数量：按规范要求的检验批（对梁、柱，应抽查构件数量的 10%，且不应少于 3 件；对墙和板，应按有代表性的自然间抽查 10%，且不得小于 3 间）。检查轴线位置时，应沿纵、横两个方向测量，并取其中的较大值。

2.6.5　模板垂直度控制

对模板垂直度严格控制，在模板安装就位前，必须对每一块模板线进行复测，确定无误后，方可模板安装。

模板拼装配合，工长及质检员逐一检查模板垂直度，确保垂直度不超过 3 mm，平整度不超过 2 mm。

2.6.6　模板的变形控制

（1）墙模支设前，竖向梯子筋上，焊接顶模棍（墙厚每边减少 1 mm）。

（2）浇筑混凝土时，先底部后上部，控制好坍落度，浇筑顺序要恰当。

（3）模板支立后，拉水平、竖向通线，保证混凝土浇筑时易观察模板变形，跑位。检查数量：按规范要求的检验批检查。

（4）浇筑前认真检查螺栓、顶撑及斜撑是否松动。

（5）模板的拼缝、接头：模板拼缝、接头不密实时，用塑料密封条堵塞；钢模板如发生变形，及时修整。

（6）跨度小于 4 m 不考虑，4~6 m 的板起拱 10 mm；跨度大于 6 m 的板起拱 15 mm。

（7）与安装配合：合模前与钢筋、水、电安装等工种协调配合，合模通知书发放后方可合模。

（8）为提高模板周转、安装效率，事先按工程轴线位置、规格将模板编号，以便定位使用，拆除后的模板按编号整理、堆放。安装操作人员应采取定段、定编号负责制。

2.6.7　质量控制程序

（1）模板成型后，实行"三检制"（自检、互检、交接检），经监理工程师检查合格并形成文件，方可进入下一道工序，不能将上一道工序存在的质量问题留到下一道工序。

（2）浇筑混凝土前必须检查支撑是否可靠、扣件是否松动。浇筑混凝土时必须由模板支设班组设专人看模，随时检查支撑是否变形、松动，并组织及时恢复。

（3）混凝土吊斗不得冲击模板，造成模板几何规格不准。

（4）所有接缝处加粘海绵条（包括柱墙根部、梁柱交接处等容易漏浆部位）。为保证外墙观感质量，外墙模根部内贴塑料板、紧贴模板上口加焊 100 mm×6 mm（厚）钢板带。

（5）绑扎钢筋前仔细检查脱模剂是否涂刷均匀。

2.6.8　挑檐板支架系统

挑檐板的支撑结构采用在仓外搭设三角支撑架,在三角支撑架上搭设钢调节管桁架(图3.3.2.11),三角架间距为1 m,在主体施工时预埋 ϕ20 mm 螺栓,螺栓预埋间距为上部0.5 m,下部为0.6 m。调节架步距0.3~0.6 m,横距1 m,纵距0.8 m,与主体结构固定,按照设计的两步三跨的点进行布置。以此装置作为檐沟悬挑仓顶板的受力平台。在其上进行仓顶板的钢筋、模板、混凝土的施工作业。在外挑加固桁架上铺设模板,铺模板时可从四周铺起,在中间收口。若为压旁时,角位模板应先固定。仓顶模板铺完后,应认真检查支架是否牢固,模板梁面、板面应清扫干净。为避免模板拼装不严,板缝漏浆,在绑扎板筋之前应用油毡将缝隙封闭。挑檐板模板采用15 mm 竹胶板,采用 ϕ48×3.0 架管作为支撑。

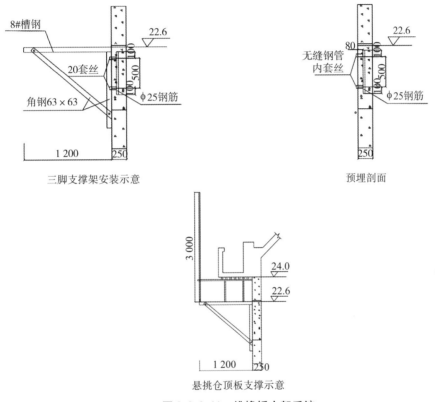

图3.3.2.11　挑檐板支架系统

2.7　浅圆仓顶板钢筋工程

仓顶板环梁主筋采用绑扎连接或焊接连接,板钢筋接头采用绑扎接头。钢筋制备、加工、绑扎工艺具体见钢筋工程专项施工方案。

2.7.1　施工工艺

2.7.1.1　钢筋制作

钢筋加工制作时,要将钢筋加工表与设计图复核,检查下料表是否有错误和遗漏,对每种钢筋要按下料表检查是否达到要求,经过这两道检查后,再按下料表放出实样,试制合格后方可成批制作,加工好的钢筋要挂牌堆放整齐有序。施工中如需要钢筋代换时,必须充分了解设计意图和代换材料性能,严格遵守现行钢筋混凝土设计规范的各种规定,并不得以等面积的高强度钢筋代换低强度的钢筋。凡重要部位的钢筋代换，应征得甲方、设计单位同意，并有书面通知时方可代换。

钢筋表面应洁净，附着的油污、泥土、浮锈使用前必须清理干净，可结合冷拉工艺除锈。

钢筋调直可用机械，经调直后的钢筋不得有局部弯曲、死弯、小波浪形，其表面伤痕不应使钢筋截面减小5%。

钢筋切断应根据钢筋号、直径、长度和数量，长短搭配，先断长料后断短料，尽量减少和缩短钢筋短头，以节约钢材。

2.7.1.2 钢筋弯钩或弯曲

（1）钢筋弯钩：形式有三种，分别为半圆弯钩、直弯钩及斜弯钩。钢筋弯曲后，弯曲处内皮收缩、外皮延伸、轴线长度不变，弯曲处形成圆弧，弯起后规格不大于下料规格，应考虑弯曲调整值。

钢筋弯心直径为2.5d，平直部分为3d，钢筋弯钩增加长度的理论计算值：对半圆弯钩为6.25d，对直弯钩为3.5d，对斜弯钩为4.9d。

（2）弯起钢筋：中间部位弯折处的弯曲直径d，不小于钢筋直径的5倍。

（3）箍筋：箍筋的末端应作弯钩，弯钩形式应符合设计要求。箍筋调整，即为弯钩增加长度和弯曲调整值两项之差或和，根据箍筋量外包规格或内包规格而定。

（4）钢筋下料长度应根据构件规格、混凝土保护层厚度、钢筋弯曲调整值和弯钩增加长度等规定综合考虑。

直钢筋下料长度 = 构件长度 - 保护层厚度 + 弯钩增加长度

弯起钢筋下料长度 = 直段长度 + 斜段长度 - 弯曲调整值 + 弯钩增加长度

箍筋下料长度 = 箍筋内周长 + 箍筋调整值 + 弯钩增加长度

2.7.2 钢筋绑扎与安装

钢筋绑扎前应先认真熟悉图纸，检查配料表与图纸、设计是否有出入，仔细检查成品规格等是否与下料表相符，待核对无误后方可进行绑扎。

采用20#铁丝绑扎直径12 mm以上钢筋，22#铁丝绑扎直径10 mm以下的钢筋，上下环梁主钢筋采取焊接接头。

2.7.2.1 梁与板的钢筋绑扎

（1）纵向受力钢筋出现双层或多层排列时，两排钢筋之间应垫以直径15 mm的短钢筋，如纵向钢筋直径大于25 mm时，短钢筋直径规格与纵向钢筋相同规格。

（2）箍筋的接头应交错设置，并与两根架立筋绑扎，悬臂挑梁则箍筋接头在下，其余做法与柱相同。梁主筋外角处与箍筋应满扎，其余可梅花点绑扎。

（3）板的钢筋网绑扎与基础相同，双向板钢筋交叉点应满绑。应注意板上部的负筋（面加筋）防止被踩下。

（4）板、次梁与主梁交叉处，板的钢筋在上，次梁的钢筋在中层，主梁的钢筋在下，当有圈梁或垫梁时，主梁钢筋上。

（5）楼板钢筋的弯起点，如加工厂（场）在加工没有起弯时，设计图纸又无特殊注明的，可按以下规定弯起钢筋：板的边跨支座按跨度1/10 L为弯起点。板的中跨及连续多跨可按支座中线1/6 L为弯起点。

（6）框架梁节点处钢筋穿插十分稠密时，应注意梁顶面主筋间的净间距要留有 30 mm，以满足灌筑混凝土的需要。

2.7.2.2　钢筋的绑扎接头应符合下列规定

（1）搭接长度的末端距钢筋弯折处，不得小于钢筋直径的 10 倍，接头不宜位于构件最大弯矩处。

（2）受拉区域内，I 级钢筋绑扎接头的末端应做弯钩，II 级以上钢筋可不做弯钩。

（3）钢筋搭接处，应在中心和两端用铁丝扎牢。

（4）受拉钢筋绑扎接头的搭接长度，应符合结构设计要求。

（5）受力钢筋的混凝土保护层厚度，应符合结构设计要求。

（6）板筋绑扎前须先按设计图要求间距弹线，按线绑扎，控制质量。

（7）为了保证钢筋位置的正确，根据设计要求，板筋采用焊接骨架钢筋予以支撑。

2.8　浅圆仓顶板、梁混凝土浇筑工程

2.8.1　混凝土浇筑前的准备

（1）仓顶板、梁混凝土采用商品混凝土，采用两台汽车泵同时对称进行浇筑。

（2）钢筋绑扎、模板支设完毕并加固牢固，预埋件、预留洞准确，并经监理检查认可后才许浇筑。

（3）浇筑前，了解天气情况，便于提前做好针对性的防雨、防风等措施，与有关部门建立良好的协作关系，保证道路畅通，水、电、点供应正常。

（4）在施工现场内设专人负责指挥调度，做到不待料、不压车、工作上有序作业。

（5）混凝土浇筑前，应做好各种机械设备的保养工作。

（6）组织施工班组进行技术交底，班组必须熟悉图纸，明确施工部位的各种技术因素要求（混凝土强度等级、抗渗等级、初凝时间等）。

（7）组织班组对钢筋、模板进行交接检查，如果不具备混凝土施工条件，则不能进行混凝土施工。

（8）组织施工设备、工具用品等，确保良好。

（9）浇筑前应对模板浇水湿润，梁、板模板的清扫口应在清除杂物及积水后再封闭。

2.8.2　浇筑工艺

两个班组同时在一条轴线上，逆时针浇灌一圈混凝土，再顺时针浇灌一圈混凝土，依此重复交叉浇筑完罐顶混凝土。每次浇灌完成工作面 0.5 m 宽（注：浇筑顺序为先浇筑外圈，并依次向内圈浇筑）。每浇灌 0.5 m 宽度加一道钢丝网，分成圈（批次），每圈（批次）沿穹顶板面浇灌一圈，使混凝土不下滑，混凝土面一次成型。

2.8.3　混凝土浇筑的一般要求

混凝土汽车泵口下落的自由倾落高度不得超过 0.6 m，如超过 0.6 m 必须采取措施。

混凝土浇筑时，堆放高度控制在不超过图纸设计板厚度的 100 mm。

浇筑混凝土时应分段分层进行，每层浇筑高度应根据结构特点、钢筋疏密决定。分层高度为振捣棒作用部分长度的 1.25 倍，最大不超过 500 mm。

振捣采用插入式振捣棒进行，开动振捣棒，振捣手握住振捣棒上端的软轴胶管，快速插入混凝土内部，振捣时，振捣棒上下略为抽动，振捣棒的操作要做到"快插慢拔，直上直下"。振捣时间为 20～30 s，但以混凝土面不再出现气泡、不再显著下沉、表面泛浆和表面

形成水平面为准，且在浇灌过程中要将泌水及时抽排。使用插入式振捣棒应做到快插慢拔，插点要均匀排列，逐点移动，按顺序进行，不得遗漏，做到均匀振实。移动间距不大于振捣棒作用半径的 1.5 倍（一般为 300~400 mm），靠近模板距离不应小于 200 mm。振捣上一层时应插入下层混凝土面 50 mm，以消除两层间的接缝。确保混凝土无烂根、蜂窝、麻面等不良现象。

2.8.4 混凝土坍落度

下环梁及檐沟 180 mm±20 mm，圆锥斜坡面 160 mm±20 mm，设备平台 180 mm 左右。

浇筑混凝土应连续进行。若必须间歇，其间歇时间应尽量缩短，并应在前层混凝土初凝之前，将次层混凝土浇筑完毕。间歇的最长时间应按所有水泥品种及混凝土初凝条件确定，超过 2 h 应按施工冷缝处理。混凝土浇筑示意如图 3.3.2.12 所示。

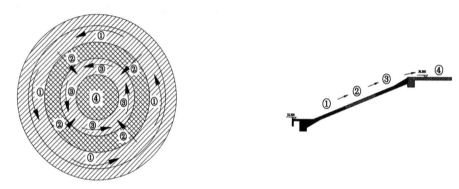

图 3.3.2.12 混凝土浇筑示意

浇筑混凝土时应派专人监视胎模防塌陷报警系统、钢管调节架、模板、钢筋、预留孔洞、预埋件、插筋等有无位移变形或堵塞情况，发现问题应立即处理并应在已浇筑的混凝土初凝前修整完毕。

浇筑完毕后，检查预留钢筋表面是否被混凝土污染，并及时擦洗干净。

在浇筑同时取样混凝土、做试验块，做记录，在试验块上编好号码及日期。

2.8.5 梁、板混凝土浇筑

浇筑顺序为由外到内、由下到上（详见混凝土浇筑顺序示意图）。本次混凝土浇筑最大梁高 1 m，分 3 层浇筑，下层混凝土初凝前浇筑上层混凝土。

2.8.6 混凝土的养护

混凝土浇筑完毕后，应在 12 h 以内加以覆盖（塑料薄膜），并进行养护。

混凝土浇灌完养护前 7 天。在混凝土强度没达到 1.2 N/mm^2 之前，不得在其上踩踏或施工振动。混凝土在拆模后再继续浇水养护。

浇水次数应能保持混凝土处于足够润湿的状态，在常温下，每日浇水应不少于两次。

2.9 梁、板模板的支撑拆除工程

（1）待仓顶板、梁混凝土同条件养护试块经试验强度达到 100% 时方可进行模板拆除。

（2）拆除完成模板、支撑后，进行钢架体拆除。模板放在桁架架体上，用电动葫芦同步将钢胎模架体及模板降落至仓底板后，依次拆除钢架体并从罐底洞口运送至仓外。

（3）模板拆除。模板拆除时不得使用大锤或硬撬乱捣，如果拆除困难，可用撬杠从底

部轻微撬动，保证混凝土表面及棱角不因拆除受损坏。接下来，先拆除罐顶中心，再向四周拆除。待罐顶拆除完，再拆除梁。模板拆除完放在钢管桁架，和钢胎模同时降至罐底地坪上。

（4）拆除支撑时，本着先安装的后拆，后安装的先拆的原则，按层次由上而下进行。拆除顺序：应先拆护身栏杆，然后依次拆横杆、立杆等，拆横杆时要三人配合操作同时拆卸，拆除支撑的过程中，要听从统一指挥，不宜中途换人。桁架式钢胎架整体降落示意如图3.3.2.13所示。

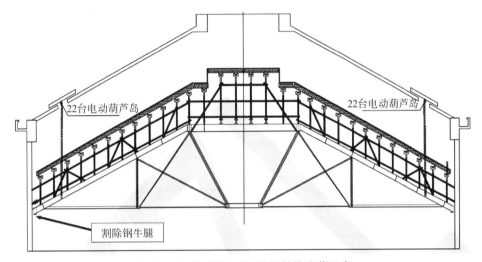

图 3.3.2.13 桁架式钢胎架整体降落示意

2.10 浅圆仓顶钢结构桁架拆除

（1）拆除钢架体需要使用 27 台电动葫芦，每台电动葫芦的链条均穿过仓顶板预留洞，与钢结构架体连接牢固并保持钢结构架体的平衡。

（2）待仓顶板、梁支撑、模板拆除完成后，即进行仓顶支撑钢结构的拆除工作。

（3）使用电动葫芦拆除钢胎模时，要将支架安装在施工预留孔洞上。

（4）使用电动葫芦拆除钢胎时，先将它们安装至钢胎模拆除支架上，待接通接地地线并接通电源再使用。

（5）焊接吊耳，检查吊环。

（6）调试完电动葫芦后，把吊钩挂至钢胎模吊环。

（7）通过人工手摇，调节电动葫芦链条松紧。

（8）调节电动葫芦后，用滑轮把施工安全吊篮挂至钢胎模下次梁上。

（9）用气焊将预埋件（牛腿）切割完成后，采用 28 台电动葫芦吊装缓缓降落到罐底地坪上，使用扳手等工具，将整个钢胎模高强度螺栓拆除、分解、从罐门洞口运出。

（10）其中钢架体最大构件中心圆盘规格为 $R300$ mm，拆除分解后从门洞口移出，可以从此门洞口将中心圆盘运出，其他构件规格均小于中心圆盘规格，故所有构件都可以从该门洞口运出。

（11）钢胎模采取单件依次拆除，拆除顺序：先安装的后拆，后安装的先拆。浅圆仓顶钢结构桁架拆除如表 3.3.2.1 所示。

表 3.3.2.1　浅圆仓顶钢结构桁架拆除

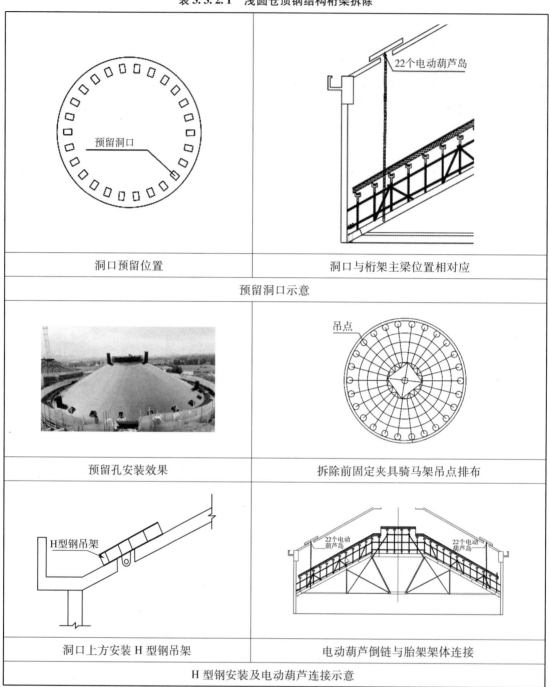

洞口预留位置	洞口与桁架主梁位置相对应
预留洞口示意	
预留孔安装效果	拆除前固定夹具骑马架吊点排布
洞口上方安装 H 型钢吊架	电动葫芦倒链与胎架架体连接
H 型钢安装及电动葫芦连接示意	

2.11　架体验收、使用管理

2.11.1　检查验收

在施工过程中项目部将坚持检查上道工序、保障本道工序、服务下道工序，做好自检、互检、交接检；遵循班组自检、互检、专业质检员检查的三级检查制度；严格工序管理，认真做好隐蔽工程的检测和记录，经检查合格并履行签字手续后，报监理验收，合格后方可投入使用。

2.11.2 桁架和调节钢管桁架使用管理

模板支撑系统在使用过程中，项目经理、技术人员、安全管理人员每周应对重点项目进行检查并签字确认：

（1）各杆件的设置和连接是否符合要求，扣件螺栓是否松动；

（2）梁下立杆的单扣件抗滑承载力的设计计算是否满足要求，若不满足，必须采用双扣件。

（3）立杆的垂直度的偏差是否超过规定标准。

（4）安全防护（兜网、密目网、防护栏杆）是否严密，是否有超载现象，规范标准要求的其他内容等。

2.12 模板拆除规定

（1）拆模时严禁猛撬、硬砸或大面积撬落或拉倒，停工前不得留下松动和悬挂的模板，拆下的模板应及时运送到指定的地点集中堆放或清理归垛。

（2）各施工人员需注意自身和他人安全，钢管、扣件等各构配件禁止抛掷，禁止上下同时作业。

（3）拆除模板一般应采用长撬杠，严禁操作人员在模板正下方操作。

（4）已拆除的模板、拉杆、支撑等应及时运走是妥善堆放，严防操作人员因跌空、踏空而坠落。

（5）仓顶板上有混凝土多预留洞，应在模板拆除后，随时在洞上做好安全护栏并将洞口盖严。

（6）拆模间隙时，应将活动的模板、拉杆、支撑等固定牢固，严防突然掉落、倒塌伤人。

（7）梁侧模需待混凝土强度能保证其表面及棱角不因拆除模板受损坏后方可拆模，梁板大面积拆模时，必须参考现场同养试块的强度，待同养试块达到强度要求时，才可以拆模。

2.13 钢构桁架拆除注意事项

（1）钢构桁架按设计为整体降落到仓地面拆装，桁架降落前应检查桁架整体稳定性是否牢固，切割牛腿前应先检查电动葫芦、钢丝绳等工具的可靠性及应急措施，降落下方应封闭现场。

（2）在桁架降落前，指挥、作业人员是否就位，通信工具应一用一备，且降落必须同步、平稳，并在着落地面铺设缓冲材料。

（3）桁架拆装应严格按照拆装顺序要求。

3 技术保证措施

3.1 仓顶支撑平台施工质量保证措施

根据各层的技术特点和质量要求，详细向作业班组人员作交底，并组织有关作业人员学习有关的作业指导书。施工过程由施工员和质量员对质量进行全面监控。模板安装完成后，项目经理要及时组织监理工程师、施工员、质量员和班组的主要技术人员按照有关的检评标准进行验收，并通知各部门验收，待合格后，方可进行下一道工序的施工。若发现不合格的，必须返工，至合格标准。

施工过程质量员要对作业人员的安全操作过程监控。确保施工生产安全，并要对支撑系统进行全面的稳定性检查。施工前外围脚手架必须先行施工，确保周边的安全环境。施工作业的电锯必须要配有传动带防护罩及安全挡板，指定有经验的作业人员进行操作，杜绝安全事故的发生。作业区内严禁动火，需要动火作业必须向项目部办理动火报批手续。严禁在模板作业区内吸烟，并配置适当的灭火器材，保证施工防火安全。

施工员对班组交代好标高的控制点，实行专人负责、对其进行监控，由施工员复核后才能进行下一道工序。派专人负责模板安装的监控工作，避免爆模和塌模等现象出现。支撑体系质量保证措施流程如图 3.3.3.1 所示。

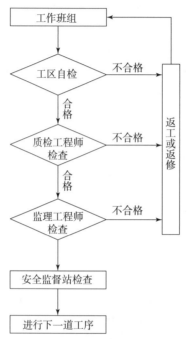

图 3.3.3.1　支撑体系质量保证措施流程

3.2　混凝土施工质量保证措施

3.2.1　结构混凝土的强度等级必须符合设计要求

用于检查结构构件混凝土强度的试件，应在混凝土的浇筑地点随机抽取。取样与试件留置应符合下列规定：

（1）每拌制 100 m^3 的同配合比的混凝土，取样不得少于一次。

（2）每工作班拌制的同一配合比的混凝土不足 100 盘时，取样不得少于一次。

（3）当一次连续浇筑超过 1 000 m^3 时，同一配合比的混凝土每 200 m^3 取样不得少于一次。

（4）每次取样应至少留置一组标准养护试件，同条件养护试件的留置组数应根据实际需要确定。

（5）混凝土运输、浇筑及间歇的全部时间不应超过混凝土的初凝时间。同一施工段的混凝土应连续浇筑，并应在底层混凝土初凝之前将上一层混凝土浇筑完毕。

3.2.2 混凝土养护

混凝土浇筑完毕后，应按施工技术方案及时采取有效的养护措施，并应符合下列规定：

（1）应在浇筑完毕后的 12 h 以内对混凝土加以覆盖并保湿养护。

（2）本工程的混凝土养护时间不得少于 7 d。

（3）浇水次数应能保持混凝土处于湿润状态；混凝土养护用水应与拌制用水相同。

（4）采用塑料布覆盖养护的混凝土，混凝土全部表面应覆盖严密。

（5）混凝土强度达到 1.2 MPa 前，不得在其上踩踏或进行其他施工。

4 安全保证措施

（1）认真贯彻国家政府部门及省有关"安全第一、预防为主、综合治理"的方针及相关政策、法规、制度。

（2）建立安全组织保证体系，编制安全保证计划。逐级建立安全施工责任制，落实到人，形成完整的安全管理体系。

（3）加强安全工作的动态管理，通过安全检查、安全执法，对物的不安全状态、人的不安全行为进行动态控制，消灭事故隐患，减少安全事故的发生。

（4）项目经理部定期召开安全工作会议，并根据项目特点制订安全施工组织设计和安全技术措施。

（5）结合建设单位对安全施工生产的要求，制订相应的管理制度，项目部专职安全员组织有关人员对该工程安全生产进行定期检查。各作业队、班、组每天坚持进行日常检查。建立施工安全生产教育制度，未经施工安全生产教育的人员不得上岗作业；特殊工种施工人员必须持证上岗。

（6）施工单位发生险肇以上事故，严格按照"四不放过"的原则处理。

4.1 安全技术保证措施

4.1.1 一般安全技术措施

（1）对施工人员进行有针对性的安全培训和详细的安全技术交底。

（2）施工人员必须穿戴安全帽、安全鞋、双钩安全带、护目镜、手套等。

（3）对施工分项进行安全评估，建立安全事故应急救援预案。

（4）施工区域设警戒线，在主要路口设专人警戒。

（5）施工好分项，先安全员、技术员、班长进行自检，合格后报监理验收，合格后挂上合格牌才能使用。任何个人，未经技术人员同意，不得任意拆除成品部件。

（6）上架作业人员均走人行梯道，禁止攀爬支撑架。

（7）定期检查，发现问题和隐患，在施工作业前及时整改加固。

（8）每天项目部全员检查，安监部每日巡查。

（9）拆除桁架时应划分作业区，周围设警戒标志，地面设专人指挥。

（10）拆除桁架时要统一指挥，上下呼应，动作协调，当解开与另一人有关的结扣时，应先通知对方，并得到对方的同意，以防有人坠落。

（11）拆除桁架过程中，不得中途换人；如必须换人时，应将拆除情况交代清楚方可离开。

（12）拆除桁架过程中，每天收工前，对桁架进行检查，不留下隐患。

（13）不能将模板支撑、缆风绳、泵送混凝土的输送管固定在支桁架上，严禁任意悬挂起重设备。

（14）使用的工具要放置于工具袋内，防止掉落伤人，登高作业要穿防滑鞋，袖口、裤口要扎紧。

（15）大雾、大雨及六级以上大风天气停止支撑架作业。

（16）材料堆放做到整洁、摆放合理、专人保管。

（17）临时用电系统为三级配电二级保护，现场电气设备必须接保护线或接地线，必须为专职电工进行操作，开关线"一箱，一机，一闸，一漏"，电缆线要架空，电箱不得倒地，过道口电缆必须埋设钢套管，二级配电箱专职电工每天要巡视填写检查记录表。

（18）定期和不定期组织项目员工进行安全教育培训及三级安全教育。

4.2 桁架和模板安装安全技术措施

（1）应遵守高处作业安全技术规范有关规定。架子工在 2 m 以上高处作业时，安全带必须系挂在牢固的构件上或生命绳上，遇到倒钩时先挂一钩，再挂另一钩。

（2）架子作业时，必须戴安全帽，系紧安全带，穿工作鞋，戴工作卡，铺支撑架时不能马虎。操作工具及零件放在工具袋内；搭设中应统一指挥，思想集中，相互配合，严禁在支撑架搭设过程中嬉笑打闹；材料工具不能随意乱意乱抛乱扔，且吊运材料工具的下方不准站人。

（3）凡遇六级以上大风、浓雾、雷雨时，均不得进行高空作业，特别是雨后施工，要注意防滑，对支撑架进行经常检查；凡遇大风或停工一段时间再使用支撑架时，必须对支撑架进行全面检查；如发现连接部分有松动、立杆、大横杆、小横杆、顶撑有左右上下位移，铁丝解除应及时加固处理。

（4）立杆应间隔交叉有同长度的钢管，将相邻立杆的对接接头位于不同高度上，使立杆的薄弱截面错开，以免形成薄弱层面，造成支撑体系失稳。

（5）扣件的紧固是否符合要求，可使用扭矩扳手实测，一般扭矩值为 $45 \sim 60 \text{ N} \cdot \text{m}$；过小则扣件易滑移，过大则会引起扣件的铸铁断裂；在安装扣件时，所有扣件的开口必须向外。

（6）所有钢管、扣件等材料必须经检验符合规格，无缺陷方可使用。

（7）模板及其支撑系统在安装过程中必须设置防倾覆的可靠临时措施。

（8）施工现场应搭设工作梯，作业人员不得爬支架上下。

（9）高支模上高空临边要有足够的操作平台和安全防护，特别在平台外缘部分应加强防护。

（10）进行模板安装、钢筋绑扎、混凝土浇筑操作时，应避免将材料、机具、工具过于集中堆放。

（11）不准架设探头板及未固定的杆。

（12）模板支撑不得使用腐朽、扭裂、劈裂的材料。顶撑要垂直、底部平整坚实并加垫木。木楔要顶牢，并用横顺拉杆和剪刀撑。

（13）安装模板应按工序进行，当模板没有固定前，不得进行下一道工序作业。禁止利用拉杆、支撑攀登上下。

（14）支模时，支撑、拉杆不准连接在支撑架或其他不稳固的物件上。在混凝土浇灌过程中，要有专人检查，发现变形、松动等现象。要及时加固和修理，防止塌模伤人。

（15）在现场安装模板时，所有工具应装入工具袋内，防止在高处作业时，由于工具掉下而伤人。

（16）两人抬运模板时，要互相配合，协同工作。传送模板、工具应用运输工具或绳子绑扎牢固后升降，不得乱扔。

（17）安装柱、梁模板应设临时工作台，应作临时封闭，以防误踏和堕物伤人。

（18）施工通道搭设：采用仓外脚手架已经搭设的之字形斜道，立杆双向间距 1.2 m，步距 1.8 m，脚手板上应每隔 2.5~3 m 设置一根防滑木条，木条厚度应为 20~30 mm。通道两侧及平台外围均应设置栏杆及挡脚板，栏杆高度应为 1.2 m，挡脚板高度不小于 1.8 m。

4.3 模板、支架拆除安全技术措施

（1）拆模板，应经施工技术人员按试块强度检查，确认已达到拆模强度时，方可拆除。

（2）拆模应严格遵守从上而下的原则，先拆除非承重模板，后拆除承重模板，禁止抛掷模板。

（3）高处、复杂结构模板的拆除，应有专人指挥和切实可靠的安装措施，并在下面标出作业区，严禁非操作人员靠近，拆下的模板应集中吊运，并多点捆牢，不准向下乱扔。

（4）工作前，应检查所有的工具是否牢固，扳手等工具必须用绳链系挂在身上，工作时精神集中，防止钉子扎脚和从空中滑落。

（5）拆除模板采用长撬杆，严禁操作人员站在拆除的模板下。在拆除楼板模板时，要注意防止整块模板掉下，尤其是用定型模板作平台模板时更要注意，防止模板突然全部掉下伤人。

（6）拆除间歇时，应将已活动模板、拉杆、支撑等固定牢固，严防突然掉落，倒塌伤人。

（7）已拆除的模板、拉杆、支撑等应及时运走或妥善堆放，严防操作人员因扶空、踏空堕落。

（8）在混凝土墙体、平台上有预留洞时，应在模板拆除后，随即在墙洞上做好安全防护，或将模板上的洞盖严。

（9）输送至地面的所有模板、木楞、扣件、钢管等物体，应按类堆放整理。

（10）拆除工作当日完工后，应仔细检查岗位周围情况，如发现留有隐患的部位，应及时进行修复或继续完成至一个程序，一个部位的结束，方可撤离岗位。

4.4 预防坍塌事故的技术措施

（1）在模板作业前，按设计单位要求，根据施工工艺、作业条件及周边环境编制施工方案，单位负责人审批签字，项目经理组织有关部门验收，经验收合格签字后，方可作业。

（2）在模板作业时，对模板支撑宜采用钢支撑材料作支撑立柱，不得使用严重锈蚀、变形、断裂、脱焊、螺栓松动的钢支撑材料作立柱。支撑立柱基础应牢固，并按设计计算严格控制模板支撑系统的沉降量。支撑立柱基础为泥土地面时，应采取排水措施，并加设满足支撑承载力要求的垫板后，方可用以支撑立柱。斜支撑和立柱应牢固拉结，形成整体。

（3）在模板作业时，指定专人指挥、监护，出现位移时，必须立即停止施工，将作业人员撤离作业现场，待险情排除后，方可作业。

（4）在楼面、屋面堆放模板时，严格控制数量、重量，以防止超载。堆放数量较多时，应进行荷载计算，并对楼面、屋面进行加固。

（5）装钉楼面模板时，对于已铺好而来不及钉牢的定型模板或散板等要稳妥堆放，以防坍塌事故发生。

（6）安装外围柱模板、梁，应先搭设支撑架，并挂好安全网，支撑架搭设高度要高于施工作业面至少1.2 m。

（7）拆模间歇时，应将已活动的模板、拉杆、支撑等固定牢固，严防突然掉落、倒塌伤人。

4.5　预防高空坠落事故安全技术措施

（1）在高支模下部设兜底平网安全防护。

（2）高支模安装完毕后，需经质安部、技术部等有关部门验收，验收合格后，方可绑扎钢筋等下道工序的施工作业。支、拆模板时应保证作业人员有可靠立足点，作业面应按规定设置安全防护设施。模板及其支撑体系的施工荷载应均匀堆置，并不得超过设计计算要求。

（3）所有高处作业人员应学习高处作业安全知识及安全操作规程，工人上岗前应依据有关规定接受专门的安全技术交底，并办好签字手续。特种高处作业人员应持证上岗。采用新工艺、新技术、新材料和新设备的，应按规定对作业人员进行相关安全技术交底。

（4）高处作业人员应经过体检，合格后方可上岗。对身体不适或上岗前喝过酒的工人不准上岗作业。施工现场项目部应为作业人员提供合格的安全帽、安全带等必备的安全防护用具，作业人员应按规定正确佩戴和使用。

（5）安全带使用前必须经过检查合格。安全带的系扣点应就高不就低，扣环应悬挂在腰部的上方，并要注意带子不能与锋利或毛刺的地方接触，以防摩擦割断。

（6）项目部应按类别、有针对性地将各类安全警示标志悬挂于施工现场各相应部位。

（7）已支好模板的楼层四周必须用临时护栏围好，护栏要牢固可靠，护栏高度不低于1.2 m，然后在护栏上再铺一层密目式安全网。

（8）高处作业前，应由项目分管负责人组织有关部门对安全防护设施进行验收，经验收合格签字后，方可作业。安全防护设施应做到定型化、工具化。需要临时拆除或变动安全设施的，应经项目分管负责人审批签字，并组织有关部门验收，经验收合格签字后，方可实施。

4.6　施工现场临时用电安全措施

（1）施工现场的临时用电采用三相五线制，电气设备的金属外壳必须与专用保护零线连接。

（2）电缆干线全部使用5芯专用电缆，采用埋地或架空敷设。

（3）室内配线必须采用绝缘导线，采用瓷瓶、瓷夹时，距地面高度不得小于2.4 m，室外高于3 m。

（4）配电系统设置总配电箱和分配电箱、开关箱，实行分级配电。

（5）每台用电设备有各自专用的配电箱，严格执行"一机一箱一闸"制。

（6）开关箱内必须装设漏电保护器，开关箱内的漏电保护器的额定漏电动作电流应不大于30 mA，额定漏电动作时间应不大于0.1 s。

（7）在潮湿、坑洞内作业时，使用Ⅲ类的手持电动工具，并把漏电保护器的开关箱设在外面，工作时有专人监护。

（8）所有的配电箱、开关箱每月进行检查和维修一次，检查、维修人员必须是专业电工，检查时必须按规定穿戴绝缘鞋、手套，必须使用电工绝缘工具。

（9）所有的配电箱、开关箱在使用中必须按照下述操作顺序送电：总配电箱—分配电箱—开关箱。

4.7　火灾事故安全技术措施

在施工过程中，如果发生火灾事故，现场管理人员应本着组织灭火—抢救伤员—撤离被困人员—向上级报告—保护现场的要求处理事故，具体实施预案如下：

（1）组织灭火。应急组长及组员马上组织现场保卫和职工有组织地进行灭火，应利用施工现场及生活区配备的灭火器和工地水源进行灭火，副组长立即拨打 119 和 120 急救电话，报告火灾及伤员情况、火灾地点、行车线路，同时向上级报告，并派专人到路口接应消防车和救护车。同时，还应指挥人员切断电源，将火场、周围的易燃易爆物品迅速移开，以防止火势的蔓延，在消防人员到达后，应听从消防人员的指挥，进行有组织的灭火。

（2）在组织灭火的同时，要有专人积极地、有组织地抢救伤员和撤离被困人员，将伤员转移出危险区域，同时制止在场人员的惊慌混乱，并疏散现场无关人员，保护现场。在灭火过程中，为进行事故的调查和自理提供物品和分析依据，尽可能保护好现场，要求现场各种物品的位置和状态保持原样，各种清理工作需待调查工作结束后，允许清理时方可清理。

（3）初步调查，当火灾扑灭后，组长应组织人员对火灾事故作初步的调查，主要采取询问和勘察现场的方式进行，并写出初步调查的结果及时上报，参加与上级部门组织的火灾事故调查工作。

4.8　物体打击预防措施

为了防止物体打击造成人员伤亡或财产损失，确保安全生产顺利进行，特定以下预防措施。

（1）加强职工的安全教育，提高职工的安全意识，正确使用安全帽等防护用品。

（2）按规范对脚手架的首层防护严密，首层网封严密。

（3）脚手架上作业时，不得将散乱的工具物料放在脚手架上，防止架体微动掉物伤人。

（4）脚手架搭设时，所需的钢管必须放在平台上或楼层上，扣件必须装入小桶，用绳提到所用位置，严禁手抛。

（5）施工层板及平网要搭设严密，严禁散乱物品掉落。

（6）木工支模时，严禁将木枋、扣件螺栓等物放在脚手架上，确需放置应采取安全措施。

（7）木工拆模时，楼层周边在防护栏杆处围堵竹笆，防止模板落地回弹到楼层下伤人，并且设专人监护。

（8）施工现场的安全通道必须按规范搭设，双层防护，并且离建筑物的距离满足安全要求。

（9）各工种执行安全技术交底。

4.9　监测监控措施

（1）按《建筑施工临时支撑结构技术规范》（JG J 300—2013）的要求执行。

（2）模板支撑系统在搭设、钢筋安装、混凝土浇捣过程中以及混凝土终凝前后，对模板支撑体系位移进行监测监控。在现场采用一台水准仪及一台经纬仪，进行施工过程自我监测。

（3）监测项目：桁架沉降和水平位移，以及牛腿支承稳定性沉降观测。

（4）观测方法：将配重块安装在钢梁下翼对准胎模防变形报警器上。

（5）监测频率：胎模的沉降测量由专人负责。在开始浇筑前记录第一次胎模防变形防混凝土坍塌报警系统实时数据。

（6）以此记录值为初始值；在浇筑时，每隔 10 min 记录一次胎模防变形防混凝土坍塌报警系统实时数据，直到混凝土浇筑施工完成。

（7）与初始值相对比，得出沉降、位移量，监测时长包括混凝土终凝后的 24 h。

（8）变形监测预警值：梁的支架沉降位移预警值取 8 mm，沉降位移允许值取 10 mm，梁的支架水平位移预警值取 5 mm，水平位移允许值取 8 mm。

（9）注意事项：对焊接钢筋、线锤、标示角钢等应做好保护，并挂好警示牌，防止人为破坏。当沉降量超出预警值时，立即通知作业人员进行疏散，并通知相关部门人员进行处理。

（10）监测设备应符合下列规定：

1）应满足观测精度和量程的要求；

2）应具有良好的稳定性和可靠性；

3）应经过校准或规定，且校核记录和标定资料齐全，并应在规定的校准有效期内。

4）应减少现场线路布置布线长度，不得影响现场施工正常进行。

（11）监测点设置：

1）桁架结构应按有关规定编制监测方案，包括测点布置、监测方法、监测人员及主要仪器设备、监测频率和监测报警值。监测的内容应包括桁架结构的整体位移监测。

2）位移监测点的布置可分为基准点。其布设应符合下列规定：

①每个葫芦结构应设基准点。

②在浅圆仓顶的顶层、底层设置位移监测点。

③监测点应设在仓角部和四边的中部位置。

④监测点应稳固、明显，应设监测装置和监测点的保护措施。

3）本工程桁架吊装中的水平位移、倾斜监测监控：造成水平位移的因素主要是电动葫芦转速不均。临时暂停吊装，通过转换至单起，调节整葫，转速慢的葫芦收紧链条，转速快的葫芦松链条，采取这样的调平方法使桁架平衡；加强吊装期间的测量工作，每升高 1 ~ 8 m，专职测量工利用经纬仪、水准仪及铅锤对整体桁架进行测量，发现有平衡不一致的即可进行前述的纠偏工作。

4）本工程仓顶钢胎模变形监测监控：在仓顶钢胎模牛腿距筒壁 200 mm 处，均匀挂 4 个线坠，中心盘中心位置挂 1 个线坠，在仓内壁 ±0.000 标高与线坠位置对应点及筒仓中心点设置观测点；横向变形超过 5 mm，沉降超过 5 mm，即为报警值，立即停止一切作业，施工作业人员撤离作业面。

5）仪器设备配置。仪器设备配置如表 3.3.4.1 所示。监测报警值如表 3.3.4.2 所示。

表 3.3.4.1　仪器设备配置

序号	名称	备注
1	电子经纬仪	—
2	精密水准仪	±2 mm

续表

序号	名称	备注
3	全站仪一台	±2 mm，最大允许误差 ±20 mm
4	对讲机	—
5	检测扳手	—
6	胎模防止变形报警系统	备用一套

表 3.3.4.2　监测报警值

序号	监测指标	限值/mm
1	立杆钢管沉降	≤10
2	水平位移	水平位移量：$H/300$，且≤20 mm
3	竖向位移	近3次读数平均值的 1.5 倍，且≤10 mm

5　质量保证措施

（1）建立切实可行的质量管理规章制度。制订质量责任追溯及追究制度及实施细则，将责任落实到个人，建立岗位责任制，以加强员工的质量责任心，杜绝人为质量事故的发生。实行质量一票否决权。

（2）质量管理小组对人员、材料、设备、施工方法、施工环节等各方面进行控制。

（3）保障施工技术服务，对存在的问题，提前处理，并形成技术文件，向下一个施工作业班做好技术交底。

（4）挑选优秀、精干的施工人员，组建施工队伍，并对相关人员进行上岗前培训。

（5）配备数量充足、状况良好的机械设备，保证施工质量及施工进度。

（6）模板的制备、拼装满足建筑物结构外形，制作允许偏差不超过规范的规定，保证牢固可靠；模板表面涂脱模剂以保证混凝土表面光洁平整。

（7）竖向钢筋的接头应交错布置，在每一水平截面内不应多于垂直钢筋总数的 25%；水平钢筋的接头也应交错分布，在每一垂直截面内，不应多于水平钢筋总数的 25%。

（8）安装移置模板时，内模应支顶牢固，以防止变形，应捆紧外模板，要堵严缝隙。

（9）在每次模板提升后，应立即检查出模混凝土有无塌落、拉裂和麻面，发现问题要及时进行修理及处理；脱模后混凝土应浇水养护，保证经常湿润，其延续时间不应少于 7 d。

第四章 浅圆仓大跨度钢栈桥安装施工技术

第一节 浅圆仓钢栈桥应用背景

钢栈桥是工业建筑中一种常用的结构形式。粮食仓储物流工程中钢结构栈桥的设计对粮食的接收、储存、发放至关重要。钢栈桥由钢桁架、支撑系统、钢格栅和支架系统组成，在设计输粮栈桥时，主梁常采用钢桁架结构。钢桁架是由杆件组成的结构体系，在进行内力分析时，节点一般假定为铰节点。当荷载作用在节点上时，杆件只有轴向力，其材料的强度可得到充分发挥。桁架结构的优点是利用截面较小的杆件组成截面较大的构件，单层厂房的屋架常选用桁架结构。在港口码头、粮食转运过程中，通常采用钢栈桥结构形式。

在储粮项目中，由于各种条件的限制，地面输送粮食几乎不可能实现，而地下输送粮食存在地下防水等难题也不轻易采用，架空钢栈桥就得到了大量运用。设备输送栈桥因其粮食进出仓功能的需要，往往分别搭接在不同的建筑物（构筑物）之间，或者架设于较高的栈桥支架上部，若采用混凝土结构栈桥，则高空支模浇筑困难，即便采用预制混凝土结构，也因混凝土结构自重大而存在吊装困难的问题，而钢结构具有强度大、自重轻、吊装方便等优点，所以在工程建设中钢结构栈桥应用较为广泛。钢栈桥的设计既要满足粮食输送功能又要兼顾人员检修、抗风、防腐以及经济美观等需求。本章就钢栈桥安装施工技术中的几点细节展开论述。

第二节 钢栈桥深化设计

1 浅圆仓钢栈桥分布特点

粮仓工程钢结构主要为提升塔钢栈桥，包括栈桥桁架、仓间栈桥、钢平台、钢梯及扶手、钢爬梯、预埋铁件等。大部分钢结构与土建联系密切，深化时要考虑与土建的结合。

浅圆仓施工中，钢栈桥主要分布在提升塔之间的塔间栈桥、提升塔与浅圆仓之间的塔仓栈桥、浅圆仓之间的仓间栈桥（人行栈桥）以及栈桥桁架、仓上栈桥钢栏杆、钢格栅板等。钢结构分布，如图4.2.1.1和图4.2.1.2所示。

图4.2.1.1 浅圆仓钢结构分布

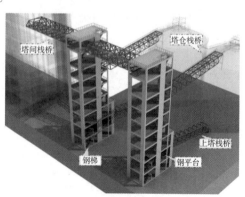

图4.2.1.2 提升塔钢结构分布

1.1　塔仓栈桥

塔仓栈桥用于浅圆仓与提升塔的连接，一般钢栈桥的材质为 Q345B、Q355B 等多种形式，截面型材主要为 H 型钢。

此部分深化的重点为：钢柱、支撑与混凝土的连接节点，钢梁、钢柱连接节点，钢梁之间连接节点，栈桥各杆件之间连接节点。

1.2　栈桥桁架

栈桥桁架位于提升塔和浅圆仓、提升塔和提升塔、提升塔和转接塔、转接塔和浅圆仓、两仓之间的连接部位。材质主要为 Q235B、Q345B、Q355B 等，截面型材主要为 H 型钢。

此部分深化重点为栈桥各杆件之间连接节点、栈桥支座节点。

1.3　钢平台

钢平台主要截面形式为 H 型钢、槽钢、角钢等，材质主要为 Q235B、Q345B、Q355B 等。

此部分深化的重点为：钢柱、支撑与混凝土的连接节点，钢梁、钢柱连接节点，钢梁之间连接节点。

1.4　钢梯及扶手

钢梯及扶手分布各处，零件截面形式各异。

该部分深化的重点为钢梯与支座的连接节点、踏步与梯梁的连接节点、扶手与钢梯的连接节点以及扶手、栏杆之间的连接接点等。

1.5　钢爬梯、预埋铁件

钢爬梯、预埋铁件部分的深化主要为准确地定位各构件的位置，并注意深化与混凝土的连接接点。

2　深化设计综述

2.1　深化设计概述

深化设计，顾名思义就是对设计图纸进行深化，使图纸表达全面、具体，连接节点既要满足设计要求也要满足安装要求，最终目的是使工程顺利实施。深化设计内容不仅包括设计所要表达的内容，还包括施工过程中材料供给、运输、安装方法和顺序等方面的问题。

钢结构深化设计即钢结构详图设计，在钢结构施工图设计之后进行，详图设计人员根据施工图提供的构件布置、构件截面、主要节点构造及各种有关数据和技术要求，严格遵守钢结构相关设计规范和图纸的规定，对构件的构造予以完善。根据工厂制造条件、现场施工条件，并考虑运输要求、吊装能力和安装因素等，确定合理的构件单元。最后再运用专业的钢结构深化设计制图软件，将构件的整体形式、构件中各零件的规格和要求以及零件间的连接方法等，详细地表现到图纸上。

深化设计涉及满足制作工艺、运输、现场安装等要求，还涉及与其他专业的交叉配合。为了保证各项工作的顺利进行，确保工程质量目标，选派具有土建、钢结构等各专业融合的有技术底蕴和经验丰富的技术人员，对各工序之间的衔接配合能做到理解透彻，对各专业之间的交叉能合理协调。

2.2　深化设计主要内容

1. 施工全过程仿真分析

施工全过程仿真分析，在大型的桥梁、水电建筑物建设中较早就有应用；随着大型的民用项目日益增多，施工仿真逐渐成为大型复杂项目不可缺少的内容。

2. 结构设计优化

在仿真建模分析时，原结构设计的计算模型与考虑施工全过程的计算模型，虽然最终状态相同，但在施工过程中因为施工支撑或施工温度等原因产生了应力畸变，这些在施工过程构件和节点中产生的应力并不会随着结构的几何规格恢复到设计状态而消失，通常会部分地保留下来，从而影响到结构在使用期的安全。

3. 节点深化

普通钢结构连接节点主要有柱脚节点、支座节点、梁柱连接、梁梁连接、桁架的弦杆腹杆连接，以及空间结构的螺栓球节点、焊接球节点、钢管空间相贯节点、多构件汇交铸钢节点，还有预应力钢结构中包括拉索连接节点、拉索张拉节点、拉索贯穿节点等。上述各类节点的设计均属施工图的范畴。节点深化的主要内容是指根据施工图的设计原则，对图纸中未指定的节点进行焊接强度验算、螺栓群验算、现场拼接节点连接计算、节点设计的施工可行性复核和复杂节点空间放样等。

4. 构件安装图

安装图用于指导现场安装定位和连接。构件加工完成后，将每个构件安装到正确的位置，并采用正确的方式进行连接，是安装图的主要任务。

5. 构件加工图

构件加工图为工厂的制作图，是工厂加工的依据，也是构件出厂验收的依据。构件加工图可以细分为构件大样图和零件图等部分。

随着数控机床和相关控制软件的发展，零件图逐渐被计算机自动放样所替代。目前相贯线切割基本实现了无纸化生产、普通钢结构的生产。国内先进的加工企业已经逐步向采用计算机自动套材、下料和加工方向发展。

6. 工程量分析

在构件加工图中，材料表容易被忽视，但却是深化详图的重要部分，它包含构件、零件、螺栓编号，以及与之相应的规格、数量、规格、重量和材质的信息，这些信息对正确理解图纸大有帮助，还可以很容易得到精确的采购所需信息。通过对这些材料表格进行归纳分类统计，可以迅速制订材料采购计划和安装计划，为项目管理提供很大的便利。

2.3 深化设计的一般要求

与建筑师、设计单位、总包方、专业工程承包商无条件配合，完善施工图和加工图纸，完成含钢构件吊耳验算以及施工模拟分析等，并在深化图中表达相应内容以便进行加工制作。

深化设计文件及其加工制作承包范围内的工作要符合国家有关法律、法规、规范、合同文件及其补充文件的要求。

确保深化设计的合理性、完整性和可行性，并保证所选用的材料、工艺方法等满足规范、设计要求及合同的要求。

在深化设计过程中并行开展材料订货及样板样品评审，避免因深化设计进度影响生产进度。

3 深化设计组织架构与职责

3.1 深化设计组织架构

深化设计必须成立专门的深化设计组织团队，由深化设计总负责人对设计方案编制、审批、执行等环节进行全过程管控，以确保该工程深化设计的圆满完成。深化设计组织架构如图4.2.3.1所示。

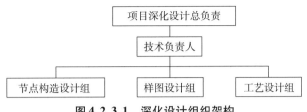

图 4.2.3.1　深化设计组织架构

3.2　深化设计人员的岗位职责

1. 项目深化设计总负责

负责组织节点构造设计组、详图设计组、工艺设计组的项目组成员按照有关深度格式全面完成工作，确保工作的正确、统一和完整，对各小组的水平、进度和质量全面负责。

负责本项目的技术方案审核，对于重大专业问题需进行技术经济论证及多方案比较，做好各组之间的内外技术协调。

2. 技术负责人

在项目深化设计总负责人的统一组织和领导下全面参与项目的技术工作，确保整个项目的技术水平、质量、进度满足要求。

根据项目深化设计总负责人确定的技术原则及统一技术条件、开工报告结论意见对下属各专业组的技术工作进行协调管理。注意技术方案的比较及优选，加强专业组人员内部的相互配合。负责组织各专业组技术问题的交底、讨论会议，形成书面纪要供总负责人参考。

负责对外与建筑、土建、幕墙工程、装修工程、机电工程等各专业的统筹和协调，确保与总包及其他专业分包工作交叉的流畅。

3. 节点构造设计组

在项目深化设计总负责人和技术负责人的统一组织和领导下对本工程钢结构连接节点进行相关计算分析工作，对复杂节点进行有限元分析，并提出相关优化建议。参与图纸会审、方案讨论等，并解决相关技术质量问题。

4. 详图设计组

在项目深化设计总负责人和技术负责人的统一组织和领导下负责本工程钢结构加工详图的深化设计工作，对详图的深化设计进行全面管理。参与图纸会审、方案讨论等工作。

5. 工艺设计组

在项目深化设计总负责人和技术负责人的统一组织和领导下负责工艺技术质量工作，编制审核专项工艺指导书、焊接评定方案等。参与图纸会审、方案讨论等工作。

4　深化设计流程

深化设计具体流程如图4.2.4.1所示。

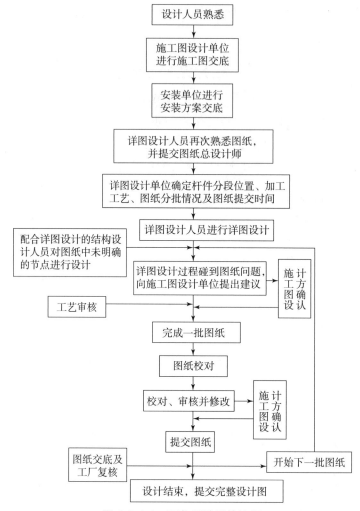

图 4.2.4.1 深化设计具体流程

5 钢栈桥深化建模

5.1 软件选择

对于浅圆仓钢结构中钢栈桥的深化设计，主要可以采用以下软件进行，如表 4.2.5.1 所示。

表 4.2.5.1 深化设计软件功能与应用

软件名称	来源	主要功能	主要应用
Tekla Structures	美国	通过三维智能钢结构建模，迅速得到零件、安装、总体布置图及各构件参数	立体建模、零件数据生成、施工详图绘制、BIM 钢结构模型的生成
AutoCAD	美国	二维平面图绘制、三维实体制作	立体建模、绘图
AutoCAD 深化设计辅助程序	自行开发	三维实体制作、出图	立体建模、出图

软件名称	来源	主要功能	主要应用
MIDAS	韩国	用于结构分析、钢结构设计与优化	结构分析计算节点优化设计
SAP2000	美国	用于结构分析、强度和稳定性计算	结构分析计算
ANSYS	美国	用于节点验算	结构节点分析

Tekla Structures 软件工作环境

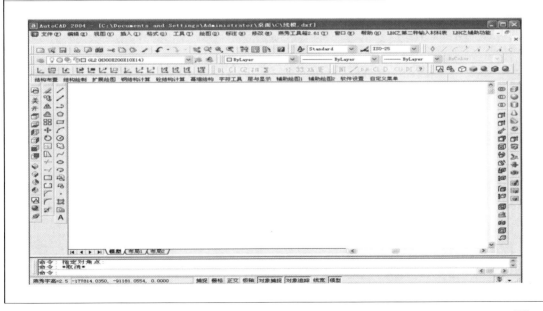

软件名称	来源	主要功能	主要应用

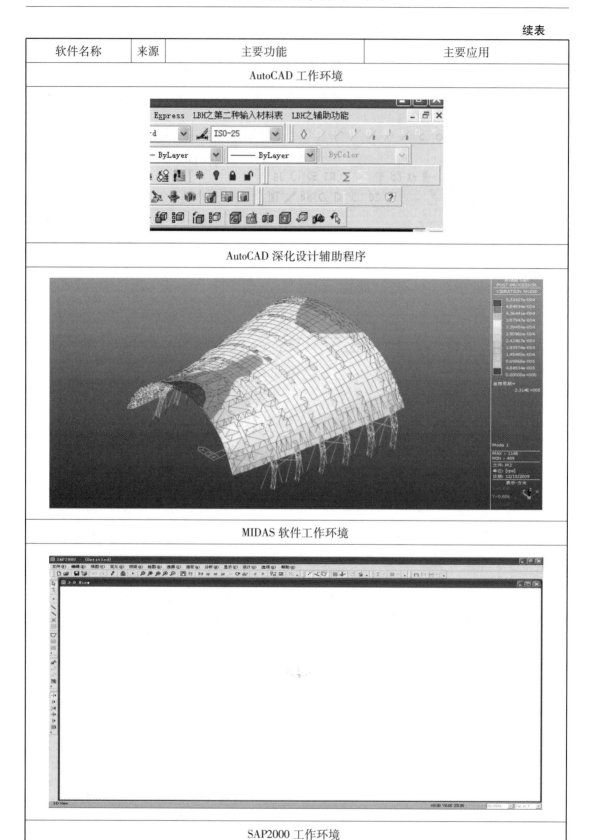

AutoCAD 工作环境

AutoCAD 深化设计辅助程序

MIDAS 软件工作环境

SAP2000 工作环境

软件名称	来源	主要功能	主要应用
ANSYS 工作环境			

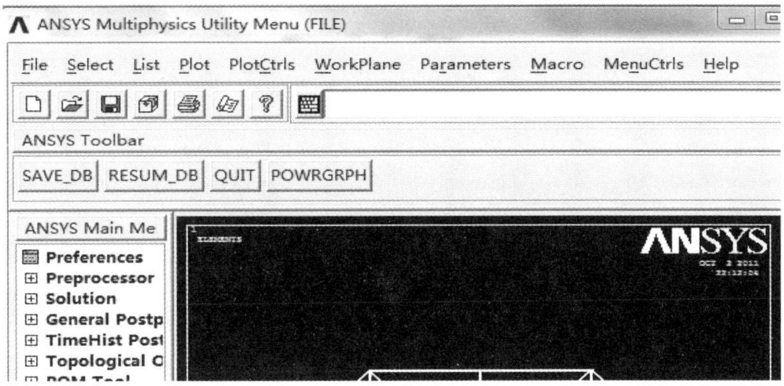

5.2　软件深化设计步骤

5.2.1　采用 Tekla Structures 进行模拟深化设计步骤

运用 Tekla Structures（即 X – steel）软件对钢结构部分建模，一般分为以下六个主要步骤进行：

第一步：结构整体定位轴线及建模，命令"创建轴网"及"修改截面目录"。该命令分别用于创建轴线及创建、设定所要用到的截面类型、几何参数等。

第二步：在整体模型建立后，需要对每个节点进行装配，结合工厂制作条件、运输条件，考虑现场拼装、安装方案及土建条件。

第三步：节点装配完成后，根据深化设计准则中的编号原则对构件及节点进行编号。

第四步：将 AutoCAD 中的单线布置图导入 Tekla Structures 中，并进行相应的校核检查，可以保证两套软件设计出来的构件理论上完全吻合，从而保证了构件拼装的精度。

第五步：编号后生成布置图、构件图、零件图等。根据需求可以修改要绘制的图纸类别、图幅大小、出图比例。

第六步：所有加工详图（包括布置图、构件图、零件图等）利用三视图原理投影、剖切生成。图纸上的所有规格，包括杆件长度、断面规格、杆件相交角度均是在三维实体模型上直接投影产生的。因此，完成的钢结构深化图在理论上是没有误差的，可以保证钢构件精度达到理想状态。本单位前期承担的多个大型钢结构工程中采用上述设计方法后，均能保证构件加工精度，一次安装成功。

5.2.2　采用 Tekla Structures 进行模拟深化设计演示图

（1）创建轴网如图 4.2.5.1 所示。

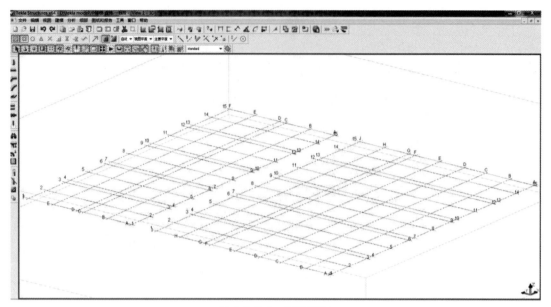

图 4.2.5.1　创建轴网

（2）定义截面对话框如图 4.2.5.2 所示。

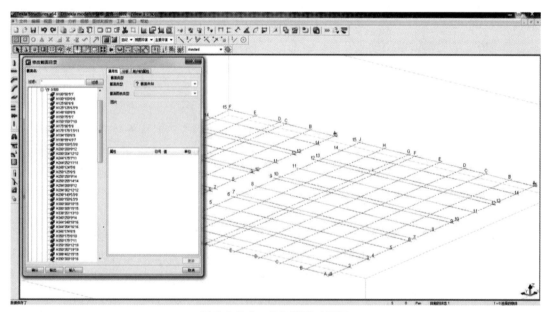

图 4.2.5.2　定义截面对话框

（3）三维实体模型的搭建如图 4.2.5.3 所示。

（4）节点参数对话框（图 4.2.5.4）。

（5）构件零件编号设置对话框（图 4.2.5.5）。

（6）图纸列表对话框（图 4.2.5.6）。

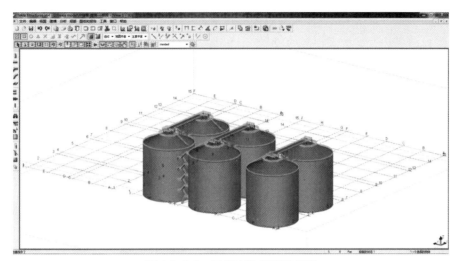

图 4.2.5.3　三维实体模型的搭建

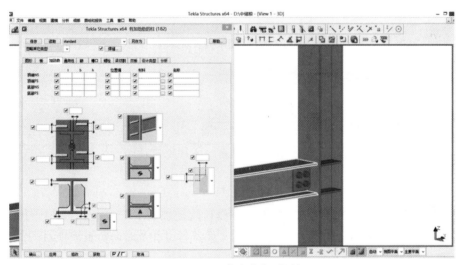

图 4.2.5.4　节点参数对话框

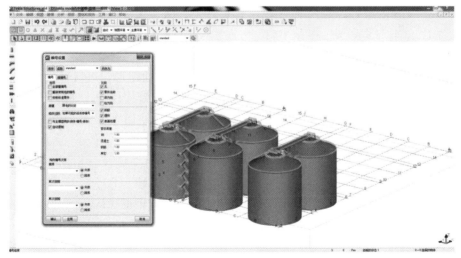

图 4.2.5.5　构件零件编号设置对话框

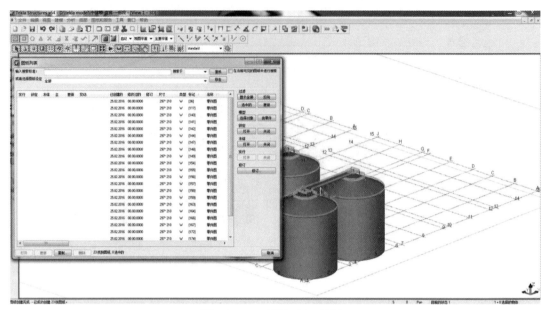

图 4.2.5.6　图纸列表对话框

6　深化设计工作方案

6.1　加工制作深化详图的设计流程

建立结构三维整体模型→现场拼装分段（运输分段）→加工制作分段→分解为构件与节点→结合工艺、材料、焊缝、结构设计说明等→深化设计详图→提交施工图设计方审核→设计方确认修改后出图。

6.2　深化设计内容

（1）整体三维建模：三维实体建模前，对设计院提供的本工程施工图进行仔细的阅读，将图中不明确或有疑点的问题逐一列出，形成文件资料，并及时向负责该项目的深化设计总负责人和技术负责人汇报，随后与设计院就问题进行对接，核实后开始建模工作。整个工程建模在 Tekla Structures 钢结构专业详图设计软件及辅助软件的平台下完成。建模工作可以通过局域网由多人分区进行，建模时应结合安装方案、制作工艺在模型中进行构件的分段处理。

（2）绘制结构平面布置图、立面布置图，并对构件进行编号。

（3）绘制构件图。将构件三维实体模型转换成二维平面图形，进行杆件编号、各部分板件编号、规格标注，并且进行安装、制作工艺的分段，绘制构件图，列出构件材料清单。

（4）绘制零件图：根据构件图、节点图、分段等要素绘制零件图，并进行零件编号，列出零件材料清单。

（5）按照上述步骤完成后，将最后完成的图纸进行"自校—互校—校对—审核—审定"。

（6）经审定批准的图纸，按程序分批提交施工图设计方审批确认。

（7）经施工图设计方确认修改后出图下发。

6.3　深化设计变更

深化设计变更流程如图 4.2.6.1 所示。

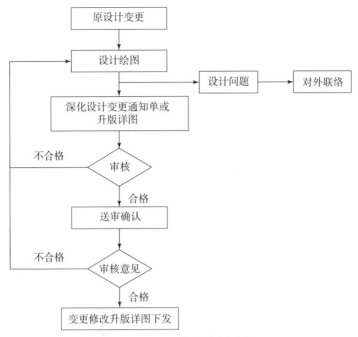

图 4.2.6.1　深化设计变更流程

　　深化图的更改应采用编制设计修改通知单或换版的形式，按深化设计流程进行审核、批准。均需按以下方法进行：更改版本号；云线圈出修改部位；在修改记录栏内写明修改原因、修改时间；所有图纸换版，均须收回旧版，并盖作废章作废处理。

6.4　深化设计审核

　　钢结构深化设计完成后，提交给总包、监理、设计、业主方，应在 7 日内反馈审核意见。

7　深化质量保证措施

7.1　深化设计质量控制流程

　　深化设计质量控制流程如图 4.2.7.1 所示。

7.2　质量控制内容

　　1. 深化设计人员队伍配备

　　深化设计人员应配备齐全，项目总工为高级工程师职称，从事专业工作年限在 8 年以上；结构设计分部、详图设计分部、工艺设计分部负责人均为本科以上学历，从事专业工作年限均在 5 年以上；分部成员 2/3 以上为本科以上学历，深化设计工作年限在 3 年以上。组织机构完整齐全，能力符合要求，为

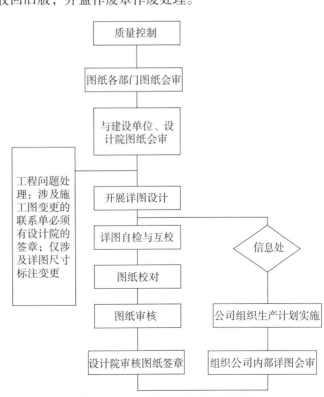

图 4.2.7.1　深化设计质量控制流程

图纸深化设计的质量提供了可靠的人力保证。

2. 深化设计三级审核制度

除了对人员能力有要求外，对深化设计来说严格合理的工作流程、体制和控制程序是保证深化设计质量的关键因素。根据中国钢结构行业的具体情况，需制订符合建设部颁布的各项制图标准和设计规范的深化设计标准，建立完善的三级审核制度。设计制图人员根据设计图纸、国家规范、规程，以及企业的深化设计标准完成自己负责的设计制图工作后，还要经过以下检查和审核过程。

（1）设计制图人自审。设计制图人将完成的图纸打印白图（一次审图单），把对以下内容的检查结果用马克笔做标记，具体标记部位如下：

1）笔误、遗漏、规格、数量。

2）施工的难易性（对钢栈桥型钢之间、钢结构与预埋件之间的连接和焊接施工可实施性的判断）。

3）对于发现的不正确的内容，除在电子文件中修改图纸外，还要在一次审图单上用红笔修改，并做出标记（圈起来）。

（2）审图人员校核。审图人员的检查内容和方法同自审时基本相同，检查完成后将二次审图单交设计制图人员进行修改并打印底图，必要时要向制图人将错误处逐条指出，但对以下内容要进行进一步审核：

1）深化设计制图是否按照公司的深化设计相关标准绘制。

2）特殊的构造处理审图。

3）结构体系中各构件间的总体规格是否冲突。

（3）最终审核。审定时的审图以深化设计图的底图和二次审图单为依据，对图纸的加工适用性和图纸的表达方法进行重点审核；对于不妥处，根据情况决定重复从审图人员开始或制图人员开始的上述工作。

3. 信息反馈处理

当深化设计出现质量问题，在生产放样阶段被发现时，及时通知该工程深化设计项目部。深化设计项目部应立即组织人员对问题进行分析，如果判断属于简单的笔误，就迅速修改错误，出新版图，并立即发放给生产和质量控制等相关部门；同时，还要收回原版图纸。当质量问题判断为对设计的理解错误或工艺上存在问题时，重新认真研究设计图纸或重新分析深化设计涉及的制作工艺，及时得出正确的认识，并迅速修改图纸，出新版图，并立即发放给生产和质控等相关部门，同时收回原版图纸。当在构件制作过程中或安装过程中，根据现场反馈的情况发现深化设计的质量问题时，立即通知现场停止相关部分的作业。同时，组织技术力量会同有关各方研究出处理措施和补救方案，在征得设计和监理同意后，及时实施，尽可能将损失减少到最小，并将整个过程如实向业主汇报。

4. 出错补救措施

根据钢结构工程的情况，公司要设立专门联系人与设计院、业主保持不间断的联系，尽量减少深化设计的错误；在设计中发现深化图出错，此时尚未下料开始制作，立即对错误进行修改，在确认无误后再进行施工；如果深化设计发生错误，且工厂已经下料开始制作，在发现错误后，立即停止制作，并向设计院和业主报告，与设计人员共同商讨所发生的错误的性质，如果所发生的错误对整体结构不造成安全影响，则在设计院、业主的认可、批准后继续施工；否则对已加工的构件实行报废处理。

8　深化设计与各单位、各专业的工作配合

8.1　深化设计与设计单位的工作配合

（1）参加设计交底会，充分理解设计意图和图纸内容，对钢柱分段、施工区块划分等做好记录，向设计院送审报批。

（2）参与施工图会审，提出施工过程中可能出现的各种结构情况，协助设计单位进一步完善图纸设计。定期与设计院召开技术例会，及时解决施工图中存在的问题。

（3）主持施工图审查，协助业主会同建筑师、供应商提出建议，完善设计内容和设备物资选型。

（4）对施工中出现的情况，除按建筑师、监理的要求及时处理外，还应积极修正可能出现的设计失误，并会同发包方、建筑师、监理按照进度与整体效果要求进行隐蔽部位验收，中间质量验收、竣工验收等。

（5）根据发包方的指令，组织设计单位、业主参加设备及材料的选型、选材和订货。

（6）钢结构深化设计过程中，加强与围护结构、幕墙专业、二次装修等相关专业的沟通，使各专业之间可能出现的问题得以及时消化。

（7）对设计院提出的设计变更，应积极配合、认真落实。构件未出厂的，及时制订修改方案更改。

（8）听取设计单位对深化设计的意见，保证深化设计贯彻设计意图，尽量缩短深化设计周期，提高深化设计质量。

（9）深化设计初稿完成后，及时送交设计单位、监理单位、招标单位审核，意见及时反馈，从而保证对深化设计过程中不合理部分及时修正。

8.2　深化设计与工厂加工的工作配合

8.2.1　深化设计与板件焊接坡口、切槽构造形式的配合

根据工程具体的焊接坡口及切槽构造应根据接头的类型、板件的厚度、板件焊缝的类型、质量等级及相关规范、规程，并结合工厂制作工艺的要求，进行设计。

8.2.2　深化设计与焊接应力和焊接变形的控制的配合

（1）由于焊接变形直接影响构件、结构的安装及其使用功能，并因承载时产生附加弯矩、次应力而间接影响其使用性能，变形的控制是很重要的。

（2）金属焊接时在局部加热、熔化过程中，加热区受热膨胀，而周围的母材还处于冷态或加热温度不高，因而对焊接区受热母材的膨胀有约束作用，焊接区因而受压应力，而母材受拉应力。随着电弧前移，已完成的焊缝和热影响区冷却并收缩，而其周围的母材此时却起了约束其收缩的作用。焊缝及近焊缝区因而受拉应力，而周围的母材金属受压应力。构件焊接时产生瞬时内应力，焊接后产生残余应力，并同时产生残余变形，这是不可以避免的客观规律。

8.2.3　深化设计与大跨度钢构件预起拱的控制的配合

对于大跨度钢梁、钢桁架等构件，为抵消自重及载荷作用下的全部或部分挠度，通常规定在构件加工时预先按照设计的要求进行起拱。起拱工艺的好坏直接影响大跨度钢梁、桁架的制作质量。在深化设计时，要严格按照施工图的要求，在总说明和构件详图中注明起拱的位置、要求，用以指导构件的制作。

8.2.4　深化设计与钢构件的预拼装的控制的配合

分段制造的大跨度柱、梁、桁架、支撑等钢构件，特别是采用高强度螺栓连接的大型钢结构，在出厂前进行整体或分段分层临时性预拼装，是控制质量、保证构件在现场顺利安装的有效措施。在深化设计时，应根据需要明确注明需要预拼装的构件部分，并提供整体轴测图为工厂组装人员提供直观的构件特征，便于组装人员理解，给组装带来极大的方便，防止原则性的错误发生，提供预拼装及现场安装时所需的各类数据。同时，图中准确、清晰地标示出部件间组装焊缝形式、剖口大小及剖口方向，给工厂加工及预拼装提供准确的安装信息。

8.3　深化设计与钢结构施工方案的工作配合

8.3.1　深化设计与吊装耳板、连接件的配合

钢结构深化设计前期要与现场钢结构安装单位取得联系，获取现场安装的条件及要求，将现场吊装耳板、连接件按照现场安装单位的要求一一反映在深化设计图纸中，工厂按照深化设计图纸进行制作，并对一些特殊的吊装耳板及连接件进行设计并提交计算书供监理及现场安装单位审核。

8.3.2　深化设计与高空安全操作平台的配合

钢结构施工，高空作业的安全防护至关重要，在确保现场高空施工安全性基础上，我司积极配合总包在钢结构深化设计阶段进行高空作业防护平台的设置以解决总包安装时的后顾之忧。

8.3.3　深化设计与现场焊接工作的配合

为保证现场焊接质量，必须在进行节点深化设计时与现场安装技术人员在构件现场焊接方法、形式及焊接顺序、节点的安装工艺孔设置、坡口形式等方面密切配合，取得一致，并反映到深化设计图纸中，工厂严格按照审核批准的深化图纸加工。

8.4　深化设计与构件制作厂的配合

（1）在深化设计前，对钢结构关键、重点部位与制作厂进行沟通，确定相关控制措施及深化要求。

（2）技术交底：在加工制作前，对制作厂进行技术交底，包括深化设计图纸表达方式、关键节点分析等。

（3）深化过程中充分考虑制作过程中的材料、焊缝、加工工艺等，尽量在不改变设计的情况下降低加工难度；深化结束后与制作厂共同进行技术总结，将本工程中发现的重难点、新措施及不足汇总，不断进行改进和创新。

8.5　深化设计与安装的配合

（1）考虑吊装设备起重吨位、运输车辆规格，合理分段，在最小构件数量的基础上避免超长、超宽、超重构件。

（2）设置吊装耳板、焊接垫板、高强度螺栓连接板、运输时的临时支撑等。

（3）对焊缝的考虑要遵循尽量减少现场焊接量、合理安排焊接位置、避免交叉焊缝等原则。

第三节 钢栈桥加工制作

1 钢结构概况

1.1 总体概况

浅圆仓工程中的钢结构主要包含钢平台、钢梯、钢爬梯、钢柱、钢梁、钢栈桥、钢桁架等。截面型材主要为 H 型钢、槽钢、角钢等，钢材主要材质为 Q235B；栈桥钢材主要材质为 Q355B。其中，钢栈桥及其桁架结构是目前浅圆仓钢结构的主要组成部分。浅圆仓钢结构的主要组成部分如图 4.3.1.1 所示。

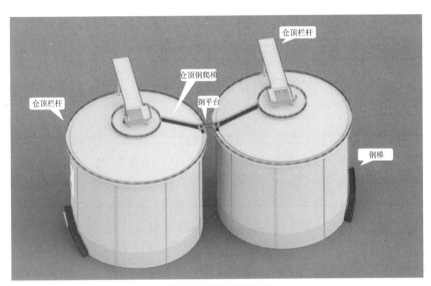

浅圆仓钢结构整体效果

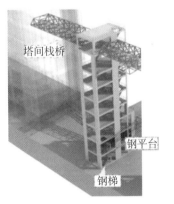

塔间栈桥、塔仓栈桥钢结构效果

图 4.3.1.1 浅圆仓钢结构的主要组成部分

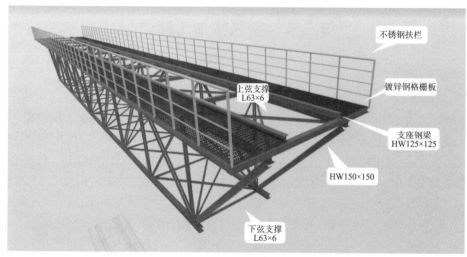

栈桥部分钢结构效果图

图 4.3.1.1 浅圆仓钢结构的主要组成部分（续）

1.2 材料概况

1.2.1 钢材

（1）钢材性能除应符合《碳素结构钢》（GB/T 700—2006）和《低合金高强度结构钢》（GB/T 1591—2018）的规定，尚应保证屈服点、碳、磷、硫的极限含量。

（2）所用钢材的屈服强度实测值与抗拉强度实测值的比值不应大于 0.85；钢材应有明显的屈服台阶，且伸长率不应小于 20%；钢材应有良好的焊接性和合格的冲击韧性。

1.2.2 螺栓

（1）浅圆仓工程高强度螺栓的施工主要集中在钢柱与钢梁之间、钢梁与钢梁之间、桁架和杆件之间的连接等处。采用 10.9 级大六角型高强度螺栓，抗滑移系数不小于 0.450，应符合现行国家标准《钢结构用高强度大六角头螺栓》（GB/T 1228—2006）、《钢结构用高强度大六角螺母》（GB/T 1229—2006）、《钢结构用高强度垫圈》（GB/T 1230—2006）、《钢结构用扭剪型高强度螺栓连接副》（GB/T 3632—2008）和《钢结构用高强度大六角头螺栓、大六角头螺母、垫圈技术条件》（GB/T 1231—2006）的规定。在连接处构件接触面的浮锈或未经处理的干净轧制表面使用钢丝刷进行处理。

（2）普通螺栓采用 C 级螺栓，应符合现行国家标准《六角头螺栓 C 级》（GB/T 5780—2016）和《六角头螺栓》（GB/T 5782—2016）的规定。锚栓采用符合现行国家规范标准《碳素结构钢》（GB/T 700—2006）规定的 Q235B 钢材制成。

1.2.3 焊接材料

（1）对于手工焊接焊条，Q235 钢材用的焊条型号一般为 E4303、E4316，Q355B 焊条型号为 E5015 等，焊条型号应符合现行国家标准《非合金钢及细晶粒钢焊条》（GB/T 5117—2012）的规定，所选用的焊条型号应与主体金属相匹配。不同强度的钢材焊接时，焊接材料的强度应按强度较低的钢材采用。

（2）自动焊或半自动焊接采用的焊丝和焊剂，应与主体金属强度相适应，且其熔敷金属的抗拉强度不应小于相应手工焊条的抗拉强度。Q235 钢采用的焊条、焊丝应分别符合

《建筑钢结构焊接规范》（GB 50661—2011）的要求。焊丝应符合现行标准《熔化焊用钢丝》（GB/T 14957—1994）和《气体保护电弧焊用碳钢、低合金钢焊丝》（GB/T 8110—2008）。

（3）焊剂应符合《埋弧焊用碳钢焊丝和焊剂》（GB/T 5293—1999）《低合金钢埋弧焊用焊剂》（GB 12470—1990）《碳钢药芯焊丝》（GB/T 10045—2001）及《低合金钢药芯焊丝》（GB/T 17493—1998）的规定。

1.1.4　涂料

（1）浅圆仓、提升塔钢结构油漆一般要求：油漆采用铁红环氧脂防锈漆打底不少于两道，环氧硝基磁漆作三道面漆。漆膜总厚度室外钢构件应不小于 150 μm，室内不应小于125 μm。

（2）钢栈桥除锈及涂装部分要求，所有构件在除锈前应进行表面处理，清除毛刺、焊渣、飞溅物、积尘、疏松的氧化铁皮以及涂层物等；所有构件除锈采用喷射（喷砂或抛丸）方法。除锈等级为《涂覆涂料前钢材表面处理　表面清洁度的目视评定　第 1 部分：未涂覆过的钢材表面和全面清除原有涂层后的钢材表面的锈蚀等级和处理等级》《GB/T 8923.1—2011》中的 Sc2.5 级；构件涂装一般要求：钢构件表面应进行防锈处理，聚环氧富锌底漆两遍，干膜总厚度不小于 2 μm×30 μm；环氧云铁中间防锈漆两遍，干膜总厚度不小于2 μm×45 μm；聚氨酯面漆两道，干膜总厚度不小于 2 μm×30 μm；总干膜层厚度必须大于等于 210 μm；面漆颜色按照建设单位要求确定。现场焊缝两侧各 50 mm 范围暂不涂漆，待现场焊接完毕后再按规定补涂。

（3）钢梁及钢平台应涂非膨胀型防火涂料，厚度不应小于 15 mm，防火涂料耐久年限为 30 年；非膨胀型室内防火涂料应采用具有低碳环保性能的石膏基质防火涂料，任何耐火极限下的涂层厚度均不能低于 15 mm。防火涂料等效热传导系数不大于 0.08 W/（m·℃），黏结强度不低于 0.08 MPa，抗压强度不低于 0.4 MPa，干密度应不大于 410 kg/m；非膨胀型室外防火涂料应采用具有低碳环保性能的水泥基质防火涂料，任何耐火极限下的涂层厚度均不能低于 15 mm。防火涂料黏结强度等效热传导系数不大于 0.08 W/（m·℃），不低于0.2 MPa，抗压强度不低于 1.5 MPa，干密度不大于 620 kg/m；防火涂料进场后应按批次对性能指标进行复验，达到设计文件要求后，方可施工、验收。防火涂料应与防腐涂层、找平腻子具有相容性。防火涂料应具有良好的变形能力和黏结性，在任何阶段均不能开裂、空鼓和脱落，也不能有流坠和乳突现象。

（4）钢平台梁及楼板耐火等级二级，钢梁及楼面板应涂防火漆，施涂后钢梁耐火极限应达到 1.5 h，钢平台板耐火极限应达到 0.5 h。

（5）所有外露铁件均应涂刷防锈底漆、面漆。

1.3　制作思路

浅圆仓顶部栈桥及钢平台的钢柱及钢梁整根出厂。栈桥主桁架分三段出厂，上下弦仓顶支撑散件出厂；钢爬梯、钢梯根据运输、安装环境选择整段或分段出厂。

1.4　钢结构制作施工准备

（1）施工现场的准备。

1）施工场地临时设施的准备、钢构制作车间的搭建。

2）场内临时道路准备。

3）施工用电、施工用水准备。

4）施工排水、排污的准备。

（2）资源配置。

1）劳力资源配备。

2）材料、机械设备配备。

3）半成品构件、配件的准备。

4）施工用大型机械设备的配置。

5）详见各种资源计划。

（3）施工技术准备。我们将事先对本工程的原有混凝土结构作全面、准确的了解、核对、测量、记录，以保证及时开工及开工后的顺利施工。对施工中可能会出现的各种问题作充分的预计，并制订出各种相应的预防措施。所有施工管理人员将认真熟悉由业主提供的所有施工图纸及各相关技术资料，以作为本次施工质量控制的重要依据之一。针对本工程的建筑、结构特点，借鉴我公司以往施工的工程技术、管理上的优势，制订详细且有针对性的各阶段施工组织设计，并且在施工前报请甲方和监理批准。随后及时向施工队伍做好书面交底工作。采取跟踪管理，在第一时间内解决施工中的技术问题，经常查阅蓝图、翻样图、修改图、图纸会审纪要，做到按图、按操作规程施工。进入施工现场后，应尽早做好以下几个方面的技术工作。

1）根据由甲方提供的定位轴线及水准高度控制点，由我公司专职测量工程师对定位轴线及标高进行复核，并根据主控轴线位置重新进行定位放线。

2）将本组织设计及时交甲方、监理。

3）在重要分部分项工程施工前由我公司总工程师组织召开技术例会，召集项目部技术管理人员熟悉研究相关的设计图纸及技术资料，发现问题及时做好书面记录，并及时向甲方汇报；由甲方汇总后，请设计院统一处理，并做好设计技术交底工作。

4）确定关键、特殊工序及质量控制点，相应的技术保证措施及质量保证计划，并及时做好施工班组的逐级交底，以确保在施工中得以切实贯彻实施。

（4）钢结构制作生产准备。

1）组织好加工机具、工装、胎具的准备。

2）制造厂收到施工图后尽快提出钢材订货计划。按照质量体系程序文件要求，组织好各种焊材、油漆及其他辅助材料的采购、复验工作。

3）做好加工计划、材料计划、劳动力计划、加工方案、技术交底等工作。

4）材料供货、管理及检验。内容如下：

①对所采购的主材及辅材，必须严把质量关，不合格材料不准备使用，钢材、焊接材料、油漆都必须有出厂合格证、质保书。

②材料入库后物资管理部门、质量管理部门，应组织对材料进行检验，质保书中各项技术指标必须符合设计文件和有关标准，当对材料质量有疑义时应抽样复验。

③钢材入库必须办理入库交验手续，核对材质、规格是否符合要求，认真检查钢材表面质量。未经交验或交验不合格的材料不准入库。

④钢材应按品种、材质、规格分类堆放，堆放成形、底层应垫条石或道木、中间要分层垫木枋，防止进水锈蚀，同时也便于吊运。余料按种类、钢号、规格分别堆放，标明材质，做好标记，建立台账。

⑤焊材库应干燥通风良好。焊材堆放应按种类、牌号、批号、规格、入库时间分类。标志明显、严禁混放。焊剂、焊丝严禁沾染尘土、油污。

⑥严禁使用药皮脱落或焊芯生锈的焊条和受潮结块的焊剂。库房向焊工发放焊条、焊剂前必须按要求烘焙，且由焊工用保温筒领取，并认真记录好项目名称、领用者姓名、发放时间、数量，供项目负责人审查。当天剩余的焊条、焊剂应分别放在保温筒内储存，严禁露天过夜存放。

⑦油漆入库时核对名称、型号、颜色，检查制造日期是否过期，确认合格后方可入库。

⑧油漆、稀释剂库属重点防火区，库房内保持通风良好，库房附近杜绝火源，配备灭火器具并悬挂"严禁烟火"标牌。

（5）施工机械准备。

1）本工程的施工机械除电焊机、吊车、运输车，其他都是相对小型的机械。进场时，除了遵守常规的规定外，须事先与业主通报机械到达现场时间，以免影响周边的正常工作。对于小型机械则根据工程各施工阶段施工进度情况，进行经济合理的配置，有计划地组织进场。

2）所有机械设备进场后均需按事先规划而定的适当位置停放，小型设备不用时应妥善储存备用。

（6）施工物资进场准备。

1）按照工程工期要求，无论结构还是现场补涂施工的准备工作，特别是物资准备工作要做得格外充分，要符合施工进度的要求，做到及时、充足。

2）施工用常规物资，如搭建临时设施的用料、临时办公桌办公椅，各类施工工具，测量定位仪器、消防器材等，均可提前进场，并合理堆放，派专人看护。

3）施工用焊接材料视施工阶段进展情况计划材料进场时间，并均保证提前进场。

4）对于构成工程实体的钢结构件材料将先编制详细的需求计划、加工计划、采购订货计划，这些计划必须附以确切的数量清单，且经过业主及监理工程师的审核、确认。

5）所有进场构件将按预先设定场地分散堆放，并做好标识及产品保护工作。

（7）原材料下料。

1）领取经检验合格的材料，检查钢板的材质、规格、规格是否同加工票资料一致，一致后才能进行切割。正式切割前应试割同类钢板余料，调整切割参数及割嘴的气路的畅通性。

2）吊钢板至气割平台上，将切割区域表面的铁锈、油污等杂质清除干净，将钢板边缘与导轨的平行度控制在 0.5 mm/m 内。

3）调整割枪与板面的垂直度，设定切割参数，并设定好割缝补偿量（一般为割嘴直径的 1/2）。

4）进行点火切割，切割后清除熔渣和飞溅物，批量切割时首件应进行严格检查，检查规格合格后方能继续切割。

5）切割下料可采用半自动切割机、直条切割机、数控切割机等。

（8）坡口加工。坡口的加工采用火焰切割机切割坡口，对切割后的坡口表面应进行清理，如坡口边缘上附有其他氧化物时，也会影响焊接质量，因此应用角向磨光机清除干净；柱与柱之间连接点处，上节柱翼板下端打单面坡口，角度为 45°；腹板打双面坡口，角度为

45°，端头处腹板开 $R = 30$ mm 的 1/4 圆豁，箱形柱两个不通长的翼缘板沿两个长边打单面坡口，参照 4.3.1.2 所示的坡口详图，施焊时加施焊板。

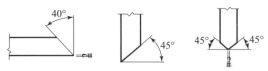

图 4.3.1.2　坡口详图

1.5　钢结构主要加工设备

钢结构主要加工设备详见表 4.3.1.1。

表 4.3.1.1　钢结构主要加工设备

序号	用途	设备简介	图片
1	主材坡口	设备名称：半自动火焰切割机 功能：钢板下料、开坡口，设备小，便于移动，主要用于切割方形、规则的小构件，钢板开坡口等	
2	下料	设备名称：多头直条切割机 功能：最大加工宽度 4 000 mm，确保在钢板不平和存在误差时，确保切割精度和表面质量	
3	下料	设备名称：数控切割机 功能：自动切割各种几何形状的钢板及坡口，最大加工宽度 5 000 mm	

1.6　H 型钢加工设备

H 型钢加工设备详见表 4.3.1.2。

表 4.3.1.2　H 型钢加工设备

序号	用途	设备简介	图片
1	H 型钢组立	设备名称：H 型组立机 功能：主要用于 H 型钢组立	
2	焊接	设备名称：门形自动埋弧焊机 功能：用于 H 型钢组合焊接，两台焊机交流电源每台最大电流 1 250 A，两台焊机直流电源每台最大电流 1 000 A	
3	校正	设备名称：H 型钢矫正机 功能：用于校正工字钢或 H 型钢翼缘板在焊接过程中的变形，精度 <3 mm/10 m。H 型钢翼缘光洁，无压痕，翼板宽度 200 ~ 650 mm，翼板厚度 6 ~ 55 mm，腹板高度 ≥250 mm	

序号	用途	设备简介	图片
4	钻孔	设备名称：三维钻床 功能：主要对 H 型钢的翼板、腹板进行高速度的自动钻孔，拥有精密度测量系统及软件和 H 型钢标记系统，腹板有效加工宽度 970 mm，翼板厚 5～50 mm，翼板高度 75～500 mm，翼板有效加工宽度 470 mm	
5	锁口	设备名称：数控锁口机 功能：可加工口型、H 型钢材，加工工件板厚度 9～50 mm，高度 100～500 mm，构件最小长度 400 mm，最大锁口宽度 1 040 mm	

1.7 除锈喷涂设备

除锈喷涂设备详见表 4.3.1.3。

表 4.3.1.3 除锈喷涂设备

序号	用途	设备简介	图片
1	构件抛丸	设备名称：八抛头抛丸机 功能：可对 H 型钢及其他型钢和焊接件、钢板进行抛丸除锈工作，最大加工高度 1 218 mm	

序号	用途	设备简介	图片
2	构件喷漆	设备名称：无气喷漆机 功能：主要适用于构件的表面喷漆，压力比 32∶1，空载稳态工作排量 56 L/min，空气消耗量：50～1 200 L/min	

1.8　钢栈桥制作工艺

1.8.1　加工制作工艺要点

栈桥桁架的制作，采用的型钢均为热轧型，现普遍采用 H 型钢。

1.8.2　钢栈桥加工工艺

1. 材料进场验收

钢材的表面质量：钢材的规格、规格、材质、产地、炉批号是否与实物的标识相符；标识是否清晰。钢板的长度、宽度、厚度、不平度等是否在标准规定的允许偏差范围内；钢材表面的质量是否符合施工要求等。

钢材表面锈蚀、麻点或划痕等缺陷，其深度不得大于该钢材厚度负偏差值 1/2。

2. 钢板矫平

为了消除钢板的轧制应力及切割热变形，钢板采用专用的钢板矫平机进行矫平。钢板平整度控制 1 mm/m² 以内。必要时部分可采用火焰矫正。

3. 放样号料

对复杂节点及节点连接件进行 1∶1 放样，放样时应根据设计图确定各构件的实际规格。

放样工作完成后，对所放大样和样板进行检验。

号料时长度和宽度方向必须留焊接、切割收缩量，零件外形规格允许偏差 ±1.0 mm，孔距允许偏差 ±0.5 mm。

放样时必须注意：H 形截面的翼板及腹板焊缝不能设置在同一截面上，应相互错开200 mm 以上；与加劲肋相互错开 200 mm 以上。

号料时必须注明坡口的角度和钝边方向。

对钢梁和其他构件按图中要求起拱。

4. 接料

接料的组装必须在经过测平的平台上进行，平台的水平差≤3 mm。

接料前，先将坡口两侧 30~50 mm 范围内铁锈及污物毛刺等清除干净。

板材接料焊缝要求焊透。采用碳弧气刨清根，接料焊接后对于 Q345 钢，冷却到环境温度进行探伤，探伤合格后方可流入下道工序。

5. 下料

对于板材采用数控火焰切割机进行切割。

零件采用数控切割机进行切割。

6. 制孔

高强度螺栓节点板钻孔，在平面数控钻床上进行，H 型钢端部采用三维数控钻床钻孔，安装螺栓孔采用摇臂钻或磁力钻与节点板套钻钻孔。

对于制孔难度较大的构件，可在预装时套钻制孔，以确保高强度螺栓连接的精度。

7. 组装

在组装平台上放出组装大样并经检验合格，确定组装基准；装配时要认真控制好各零件的安装位置和角度，避免使用大锤敲打和强制装配；经检查合格后方可进行下道工序。

8. 焊接

焊接前将坡口及坡口两侧的疏散物、氧化皮、油锈及其他杂物清理干净。

焊前采用电加热和火焰加热两种方式进行预热。

焊接方法采用 CO_2 气体保护焊打底，埋弧自动焊填充和盖面。

焊后立即采用岩棉进行覆盖保温。

9. 端铣

端铣前进行二次画线并标出端铣线和检查线，对于柱子，每节预留焊接收缩余量；调平端铣平台，保证端铣平面与梁垂直度不大于 1 mm。

10. 除锈涂装

钢构件出厂前进行喷砂除锈，表面喷砂处理至 ISO 8510-1 的 Sa2.5 等级。

构件表面在涂底漆前，应彻底清除毛刺、油污、冰层、积水（即保证表面干燥）、无积雪及泥土杂物等。

涂层厚度满足设计要求，厚度测量用漆膜测厚仪测量涂层的厚度。

11. 产品标识

构件涂装后，所有构件均应按施工图上的构件号，在构件表面打上钢印号。

重量超过 5 t 的构件，应标明重心，以利吊装。

每个构件的标记内容要清晰可辨，且应在合适位置，以免安装后被其他构件所遮盖。

12. 构件验收

钢构件加工制作完成后，由制造厂、质量部和驻厂监造共同进行构件验收。构件按施工图和《钢结构工程施工质量验收标准》（GB 50205—2020）的规定进行验收，验收合格后发往施工现场。

1.8.3 栈桥主桁架制作

栈桥主桁架制作流程及详如图 4.3.1.3 和图 4.3.1.4 所示。

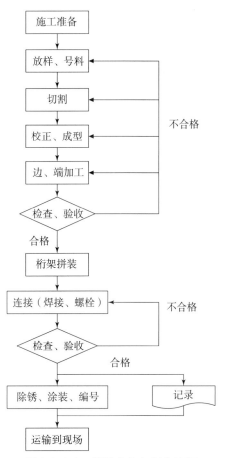

图 4.3.1.3　栈桥主桁架制作流程

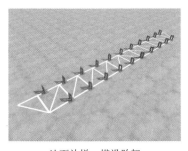

地面放样，搭设胎架

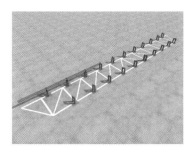

拼装第一段上弦杆

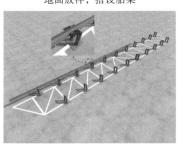

拼装第二根上弦杆，使用马板临时固定

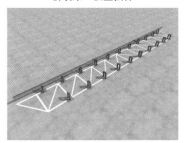

拼装第三根上弦杆，使用马板临时固定

图 4.3.1.4　桁架制作流程

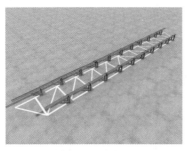

按前序及方法拼装下弦杆

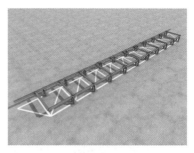

拼装竖向腹杆

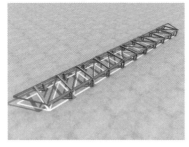

拼装斜向腹杆

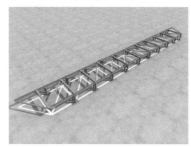

拼装完成

图4.3.1.4　桁架制作流程（续）

1.9　工厂焊接施工技术

1.9.1　工厂焊接总体思路

主要采用实心焊丝气体保护焊打底、填充，采用药芯焊丝气体保护焊进行焊缝盖面。

1.9.2　焊接方法及材料选用

（1）焊接方法。钢结构焊接方法如表4.3.1.4所示。

表4.3.1.4　钢结构焊接方法

序号	焊接方法	焊接部位
1	手工电弧焊	主要用于梁柱上的加劲板
2	二氧化碳气体保护焊	主要用于焊接钢柱、桁架拼接
3	埋弧自动焊	焊接钢梁

（2）焊接材料。Q345钢材的焊接采用E50系列型焊条，焊条应符合国家标准《热强钢焊条》（GB/T 5118—2012）规定。

手工焊时，Q235钢选用43××型焊条。

1.9.3　焊接施工规定要求

1.9.3.1　焊接材料的管理要求

焊接材料储存场所应干燥、通风良好，由专人保管、烘干、发放和回收，并有详细记录；

焊条的保存、烘干应符合下列要求：

（1）焊条使用前应在300~400℃范围内烘焙1~2 h，或按厂家提供的焊条使用说明书进行烘干。焊条放入时烘箱的温度不应超过最终烘焙温度的一半，烘焙时间以烘箱到达最终烘焙温度后开始计算。

（2）烘干后的低氢焊条应放置于温度不低于120℃的保温箱中存放、待用；使用时应置于保温筒中，随用随取。

（3）焊条烘干后在大气中放置时间不应超过 4 h，重新烘干次数不超过 1 次。

（4）焊剂使用前按制造厂家推荐的温度进行烘焙，已受潮的焊剂严禁使用。

（5）焊丝表面和电渣焊的导管以及栓钉焊接端面应无油污、锈蚀。

（6）栓钉焊瓷环保存时应有防潮措施，受潮的焊接瓷环使用前应在 120 ~ 150 ℃烘焙 1 ~ 2 h。

1.9.3.2　定位焊技术要求

必须由持相应合格证的焊工施焊，所用焊接材料应与正式焊缝的焊接材料相当。

定位焊缝厚度不应小于 3 mm，长度不应小于 40 mm，其间距宜为 300 ~ 600 mm。

采用钢衬垫的焊接接头，定位焊宜在接头坡口内进行；定位焊缝与正式焊缝应具有相同的焊接工艺和焊接质量要求；定位焊焊缝存在裂纹、气孔等缺陷时，应完全清除。

焊接环境：焊条电弧焊的焊接作业区最大风速不宜超过 8 m/s，气体保护电弧焊不宜超过 2 m/s，如果超出上述范围，应采取有效措施以保障焊接电弧区域不受影响。

当焊接作业处于下列情况之一时严禁焊接：

（1）焊接作业区的相对湿度大于 90%；

（2）夜间施工照明措施达不到要求；

（3）焊件表面潮湿或暴露于雨、冰、雪中；

（4）焊接环境温度低于 0 ℃但不低于 -10 ℃时，应采取加热或防护措施，应确保接头焊接处各方向大于等于 2 倍板厚且不小于 100 mm 范围内的母材温度不低于 20 ℃或规定的最低预热温度（二者取高值），且在焊接过程中不应低于这一温度；

（5）焊接环境温度低于 -10 ℃时，必须进行相应焊接环境下的工艺评定试验，并应在评定合格后再进行焊接，如果不符合上述规定，严禁焊接。

1.10　钢结构加工制作及连接要求注意事项

（1）所用钢结构及连接材料必须具有材料力学（机械）性能、化学成分合格证明。工地安装焊接焊缝两侧 30 ~ 50 mm 范围暂不涂刷油漆，施缝完毕后应进行质量检查，经合格认可并填写质检证明后，方可进行涂装。

（2）钢构件出厂时，厂方应提交产品合格证明，包含变更施工图的文件，钢材、连接材料及涂装材料质量证明书和试验报告；梁柱制作质量检查记录；预拼装记录；构件及零配件发退单。构件的拼接应与构件截面等强度。

（3）构件的拼接应与构件截面等强度。

（4）坡口及拼接焊缝的质量等级为二级，其余为三级。

（5）焊接钢梁应在工厂采用埋弧自动焊焊接成型，施焊前应进行工艺评定证明。施焊工艺符合国家标准《埋弧焊的推荐坡口》（GB/T 985.2—2008）中的相关规定。梁柱上的加劲板、支撑板等采用手工电弧焊在加工车间完成，施焊工艺及板材上的坡口规格，符合国家标准《气焊、焊条电弧焊、气体保护焊和高能束焊的推荐坡口》（GB/T 985.1—2008）的相关要求施工。不允许在施工现场临时加焊板件，不允许用气焊扩孔。

（6）钢梁横向加劲板与上翼缘板连接处，加劲板上端要求包平顶紧后施焊。

（7）柱脚处工字形截面柱的翼缘板、腹板和加劲板、支座支撑板的下端要求刨平顶紧后施焊。

1.11 钢桁架成品保护及运输方案

1.11.1 运输概况

浅圆仓钢结构运输构件形式有 H 型钢、工字钢、槽钢、角钢、桁架等。根据现场需要的构件运送批次的重量采用相应吨位的运输车辆进行运输。为保证本工程构件可以安全、快速地运输至施工现场，结合工程构件的特点，在运输过程充分考虑到途中所经收费站对车高、车宽的限制，以及运输途中高架桥、道路的限高、限重。

1.11.2 构件运输原则

安全可靠性：安全可靠是运输方案设计的首要原则，为此，运用科学分析和理论计算相结合的方法进行配车装载、捆绑加固、运输实施等方案设计，确保方案设计科学，数据准确真实，操作实施万无一失。

实际可操作性：在运输方案编制和审定过程中，对各种可能出现的风险进行科学评估，确保装载、公路运输等作业能够顺利展开，以此建立本方案的实际可操作性。

高效迅速性：充分考虑运输距离、构件的规格及重量等情况，充分调动企业的设备、人力资源，结合类似项目运输的成功经验，尽量压缩运输时间，高效完成运输任务。

1.11.3 构件包装

1.11.3.1 构件包装的重要性

保护构件，在运输和吊装的过程中不会损坏和破坏外观，确保工地安装顺利进行。

与发货清单一一对应，便于验货和收货时清点构件。

合理装车使构件的运输体积紧凑，减少运输费用，便于卸装构件。

1.11.3.2 构件包装的基本要求

包装的产品必须经产品检验合格，随行文件齐全，漆膜干燥。所有钢构件编号一律敲钢印。

包装是根据钢构件的特点、储运、装卸条件等要求进行作业的，要做到包装紧凑、防护周密、安全可靠。

包装构件的外形规格和重量应符合公路运输方面的有关规定和要求。

依据安装顺序和土建结构的流水分段、分单元配套进行包装；装箱构件在箱内应排列整齐、紧凑、稳妥牢固，不得串动，必要时应将构件固定于箱内，以防在运输和装卸过程中滑动和冲撞，箱的充满度不得小于80%。

包装材料与构件之间应有隔离层，避免摩擦与互溶。

产品包装应具有足够强度，包装产品能经受多次卸装、运输无损失、变形、降低精度、锈蚀、残失，能安全、正确地运送到施工现场。

所有箱上应有方向、重心和起吊标志；装箱清单中，构件号要明显标出；大件制作托架，小件、易丢件采用捆装和箱装。

第四节　大跨度钢栈桥安装施工技术

1　现场安装思路

（1）钢结构施工拟选用合适的施工班组，用以施工浅圆仓仓顶钢结构、栈桥钢结构及钢平台、钢爬梯、钢格栅等零星钢结构。另需配置合适的汽车起重机负责现场栈桥钢结构卸车及拼装，并配以塔式起重机辅助。

（2）浅圆仓仓间人行栈桥一般采用塔式起重机按照"地面拼装，整体吊装"的方法进行安装，浅圆仓仓间零星钢结构一般采用汽车起重机结合塔式起重机的方法进行起吊安装，钢平台按"先柱后梁"的方式安装。

（3）塔间栈桥根据重量大小，一般采用"地面拼装，整体吊装"和"整榀吊装主桁架，高空散装连接杆"两种方法安装。拟配备汽车起重机进行地面拼装和吊装作业，并将栈桥按区域划分为塔间栈桥、塔仓栈桥和仓间栈桥三个作业段依次进行施工，且每部分采用先上后下的顺序逐个安装。

（4）钢梯、钢爬梯、钢格栅等钢结构随土建进度，合理调配已有汽车起重机完成安装。

2　钢结构现场安装准备

钢结构施工准备工作是工程顺利进行的重要保证。管理人员进场后，立即组建钢结构部，组织具有丰富经验的管理人员、技术人员及技术工人派驻现场，在技术精、管理能力强的项目施工团体的带领下，作好工程施工前的一切准备工作。

2.1　钢结构施工技术准备

钢结构施工技术准备如表4.4.2.1所示。

表4.4.2.1　钢结构施工技术准备

序号	钢结构施工技术准备要点	钢结构施工技术准备内容
1	图纸及技术资料准备	由项目钢结构总工程师组织有关人员认真学习图纸，并进行图纸自审、会审工作，以便正确无误地施工
		通过学习，熟悉图纸内容，了解设计要求施工所应达到的技术标准，明确工艺流程
		进行自审，组织各工种的施工管理人员对本工种的有关图纸进行审查，掌握和了解图纸中的细节
		参加图纸会审，由设计方进行交底，理解设计意图及施工质量标准，准确掌握设计图纸中的细节
2	编制施工组织设计与作业方案	由项目总工程师组织有关技术人员认真编制该工程实施性施工组织设计与作业方案，作为工程施工生产的指导性文件。根据施工组织设计的要求，由各专业技术人员进一步编制详细的、有针对性的施工作业方案及作业指导书

2.2　钢结构施工现场准备

钢结构施工现场准备如表4.4.2.2所示。

表4.4.2.2　钢结构施工现场准备

序号	准备要点	钢结构施工现场准备内容
1	施工人员准备和进场	工程开工前，项目领导班子、技术骨干确保到位，组织机构图及管理人员上岗证交监理备案。 进入现场的所有技术工人必须保证是持有上岗证的合格技工，上岗证报监理备案。 进入现场的所有工人必须经三级安全教育和全面的安全交底，定期进行安全强化培训

序号	准备要点	钢结构施工现场准备内容
2	基准点交接与测放	与土建交接轴线控制点和标高基准点。 建立钢结构测量控制网：根据土建建立的测量控制点，在工程施工前引测控制点，布设钢结构测量控制网，将各控制点做成半永久性的坐标桩和水平基准点桩，并采取保护措施，以防破坏。 根据土建提供的基准点，进行钢结构基准线和轴线的放线和测量
3	专业技工的培训	在施工前应对特殊工种（电工、焊工、起重工、测量工等）上岗资格进行审查和考核，并围绕现场施工中所需的新技术、新工艺、新材料进行有针对性的培训
4	安装关键设备准备	根据施工现场的特殊性，机械设备在施工中合理的选用尤为重要。所选用的机具必须能够满足工程的需求，确保机械设备在施工中的使用。及时进场焊机、空压机等小型设备和工具。 制作好爬梯、操作平台。准备好安全所用的一切物品，如安全网、安全绳、安全带等

2.3 构件进场验收

构件进场验收如表 4.4.2.3 所示。

表 4.4.2.3 构件进场验收

序号	技术要点	进场技术要求
1	构件进场计划控制	构件进场计划是依据钢结构施工进度计划编制的，因此钢构件应严格按照构件进场计划进场，以保证钢结构施工的顺利进行。 根据构件计划进场时间，我公司按照进场构件清单提前 3 天组织构件进场。 构件进场后，我公司先对构件进行验收，然后邀请总包、监理共同验收
2	进场构件清单明确	进场构件清单发出后现场管理人员应及时协调落实堆场，保证构件进场前 24 h 有足够的堆场使用。 现场验收将严格按深化图纸要求和《钢结构工程施工质量验收标准》（GB 50205—2020），对构件的质量进行检查验收，并做好记录。 检验用的所有计量检测工具严格按规定统一定期送检 每一批构件都必须有构件合格证明书。每一车构件都必须有随车构件清单。 构件到场后，验收人员按随车构件清单核对所到构件的数量及编号，随车逐件验收，清点无误后方可签字确认。 如果发现问题，及时通知加工车间进行更换或补充构件以保证现场急需
3	进场构件验收与堆放	现场验收时，对所有钢构件的长度规格、孔距、截面规格、外观检查，另外还要检查构件上是否标注有重量、长度、中心线、轴线方向、标高。 若构件出现超过规范允许范围的误差或应有的标注未标出，及时组织对构件进行修整。 钢构件运至现场后，卸到指定的钢构件堆场，整齐堆放在稳定的枕木或木枋上，防止变形和损坏，并根据构件的编号和安装顺序来分类。堆场应有通畅的排水措施。 装、卸货时应注意安全，防止事故发生。夜间卸车要有充足的照明，并对作业人员进行专项安全交底。 运输拖车司机将卡车停到指定位置后应锁好车门，离开卡车到安全地带，不得随意在施工场地走动以保证安全

3 预埋钢结构安装

3.1 预埋安装概况

粮仓工程钢结构预埋施工量大、分布范围广,包括浅圆仓栈桥柱脚锚栓预埋安装、钢爬梯埋件安装、栈桥桁架埋件安装等,分布在浅圆仓、提升塔等施工区域。预埋件安装如图4.4.3.1所示。

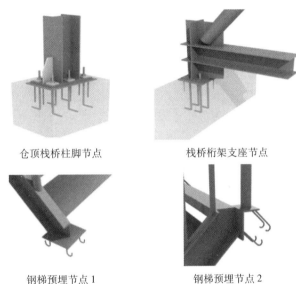

仓顶栈桥柱脚节点　　　　　　　栈桥桁架支座节点

钢梯预埋节点1　　　　　　　　钢梯预埋节点2

图4.4.3.1 预埋件安装

3.2 浅圆仓栈桥柱脚锚栓预埋

(1)安装定位板(带锚栓)。

钢筋绑扎到定位板底部标高时,将定位板放置在钢筋上,根据测放出的轴线和标高,调整定位板精度,采用临时连接措施与钢筋固定。

(2)对混凝土柱剩余钢筋进行绑扎。

(3)混凝土制模:对混凝土柱制模板。

(4)浇筑混凝土:混凝土从灌浆孔灌入,并采用振捣棒振捣,逐层振捣并密实后,重复多次灌浆及振捣,直至密实到顶。

(5)检查预埋件精度:浇筑完毕后,检查预埋件的精度,若超出偏差要求,及时对埋件进行调整。

浅圆仓栈桥柱脚锚栓预埋流程如图4.4.3.2所示。

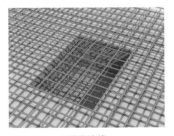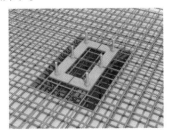

测量放线　　　　　　　　　　安装定位板和锚栓

图4.4.3.2 浅圆仓栈桥柱脚锚栓预埋流程

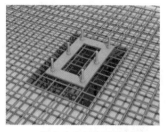
固定定位板和锚栓

混凝土浇筑完成后复核定位线

图 4.4.3.2　浅圆仓栈桥柱脚锚栓预埋流程（续）

3.3　栈桥主桁架锚栓预埋

浅圆仓栈桥主桁架锚栓预埋流程如图 4.4.3.3 所示。

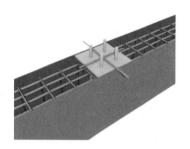
钢筋绑扎且模板支设完毕后，安装预埋件

混凝土浇筑后，复核定位线

图 4.4.3.3　浅圆仓栈桥主桁架锚栓预埋流程

3.4　锚栓安装精度控制

锚栓安装精度控制措施如表 4.4.3.1 所示。

表 4.4.3.1　锚栓安装精度控制措施

预埋阶段	控制措施
锚栓预埋前	熟悉每组预埋锚栓的形状规格、轴线位置、标高等。用经纬仪测放定位轴线，用标准钢尺复核间距，用水准仪测放标高，在模板上做好放线标记
锚栓预埋	按照已测放好的定位轴线和标高将锚栓的上下定位法兰板点焊在主筋上，安好锚栓后，锚栓之间用钢筋点焊牢固
锚栓预埋完毕	复检各组锚栓之间的相对位置，确认无误后报监理验收。同时，对锚栓丝杆抹上黄油并进行包裹处理，防止污染和损坏锚栓螺纹
混凝土浇筑完毕终凝前	对预埋锚栓进行复检，发现不符合设计规范的应及时进行校正；混凝土终凝后，再对预埋锚栓进行复测，并做好测量记录

4　栈桥桁架安装施工技术

4.1　栈桥平面布置

栈桥平面布置如图 4.4.4.1 所示。

基于日照中储粮项目工程，共设计栈桥 21 条，其中输送栈桥 18 条，人行栈桥 3 条。

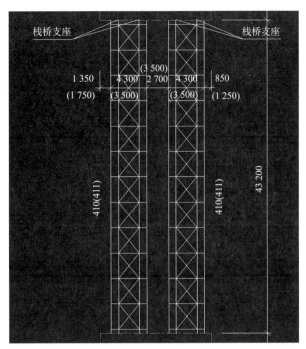

图 4.4.4.1 栈桥平面布置

4.2 现场拼装

4.2.1 栈桥主桁架分段形式

对于超长桁架，受运输条件限制，一般分三段出厂，其余连接杆件散件出厂。栈桥主桁架分段形式如图 4.4.4.2 所示。

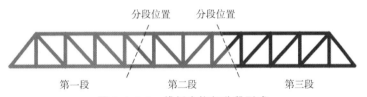

图 4.4.4.2 栈桥主桁架分段形式

4.2.2 塔间栈桥桁架现场拼装

（1）主桁架整体吊装，上下弦支撑高空散装法。主桁架需在地面进行拼装，采用"卧式拼装"，下面以其中单榀主桁架为例。塔间栈桥主桁架卧式拼装流程示意如表 4.4.4.2 所示。

表 4.4.4.2 塔间栈桥主桁架卧式拼装流程示意

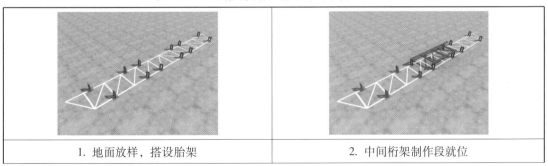

1. 地面放样，搭设胎架	2. 中间桁架制作段就位

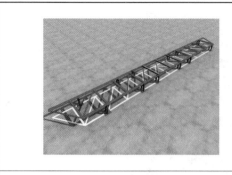	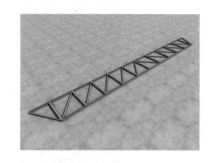
3. 就位与中间相邻的制作段桁架，焊接固定	4. 检查各项规格，合格后，卸除胎架

（2）整体吊装法，其拼装流程示意如表4.4.4.3所示。

表4.4.4.3　整体吊装法拼装流程示意

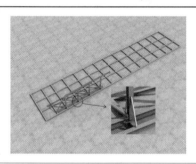	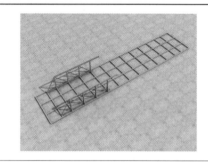
1. 拼装第一段侧立面桁架	2. 拼装第一段另一侧侧立面桁架
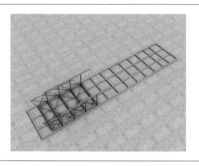	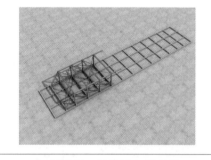
3. 拼装第一段桁架下弦支撑	4. 拼装第一段桁架上弦支撑
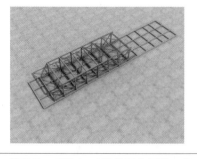	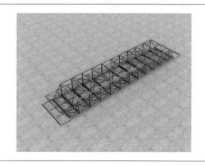
5. 拼装第二段桁架（拼装顺序同第一段）	6. 拼装第三段桁架（拼装顺序同第一段）

4.3　栈桥吊装

4.3.1　吊装方法

栈桥及桁架吊装一般采用塔式起重机和汽车起重机结合吊装。根据栈桥重量、吊装空间及高度采用的主要吊装方法有：

（1）主桁架整体吊装，上下弦支撑高空散装方法。

（2）栈桥整体吊装，采用大跨度免胎架整体吊装方法。

栈桥吊装示意如图 4.4.4.3 所示。

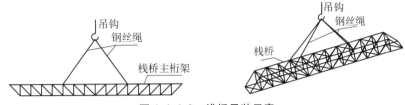

图 4.4.4.3　栈桥吊装示意

4.3.2　吊装工况分析

根据场地布置和拼装场地距离及安装位置水平距离，并考虑汽车起重机与拼装距离，得到塔间栈桥、塔浅圆仓栈桥和塔仓栈桥 3 个施工点的吊车的工作幅度。选择合适吊点后，保证钢丝绳与构件最小角度大于 45°，经计算与分析，得到三施工点在高标处吊车吊装最高和最低高度的位置；综合考虑栈桥质量、安装高度及汽车起重机工作幅度选取吊装方案进行安装。

（1）汽车起重机吊装立面分析流程如图 4.4.4.4 所示。

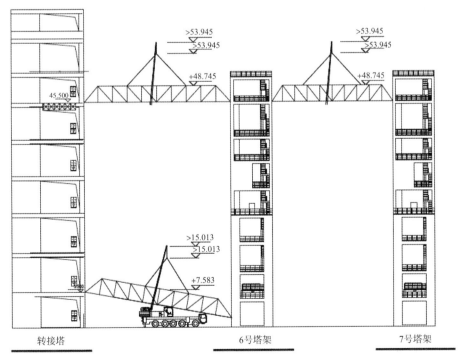

塔间栈桥吊装立面分析

图 4.4.4.4　汽车起重机吊装立面分析流程

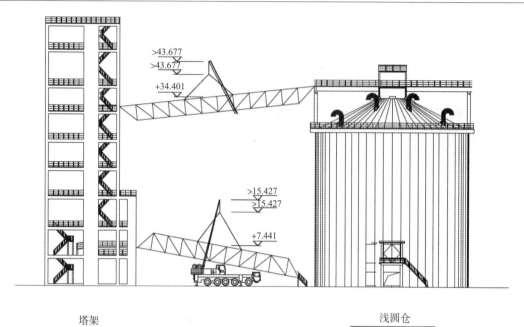

塔架   浅圆仓

塔浅圆仓间栈桥立面分析

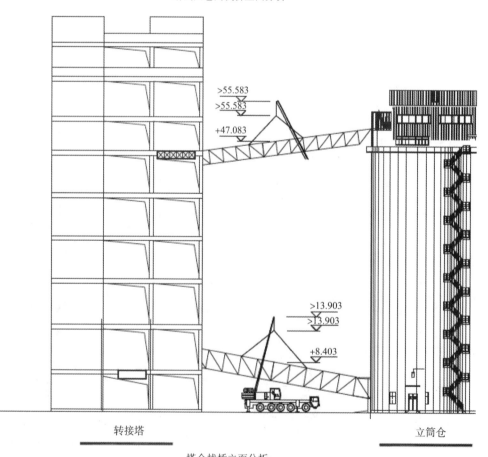

转接塔   立筒仓

塔仓栈桥立面分析

图 4.4.4.4　汽车起重机吊装立面分析流程（续）

（2）汽车起重机吊装位置及工作幅度布置如图4.4.4.5所示。

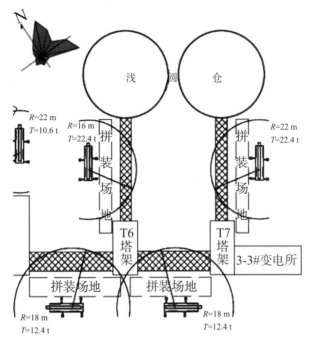

高标高处栈桥吊装工况平面分析

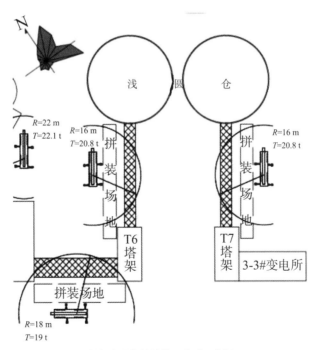

低标高处栈桥吊装工况平面分析

图4.4.4.5　汽车起重机吊装位置及工作幅度布置

说明：吊装前应对现场环境、进场道路进行复核，确保满足施工作业需求，如无法满足，及时与相关单位沟通解决。拼装采用25 t汽车起重机，以就近原则确定拼装场地。

栈桥钢结构吊装分析如表4.4.4.4所示。

表4.4.4.4　栈桥钢结构吊装分析

构件名称	吊装分段	重量/t	吊装机械	回转半径/m	理论吊重/t	配重/t	是否满足
1号栈桥	整榀桁架	4.66	QAY180V633	18	12.4	28	满足
2号栈桥	整体	16.42	QAY180V633	16	22.4	37	满足
3号栈桥	整体	9.36	QY180V633	16	20.8	22	满足
4号栈桥	整榀桁架	6.62	QAY180V633	22	10.6	28	满足
5号栈桥	整体	16.50	QAY180V633	22	22.1	55	满足

4.3.3　栈桥主桁架吊装受力分析

栈桥主桁架吊装示意如图4.4.4.5所示。

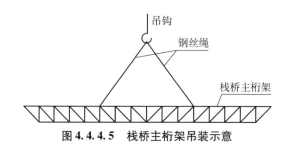

图4.4.4.5　栈桥主桁架吊装示意

通过有限元分析软件midas Gen对桁架吊装进行模拟分析，其结果如图4.4.4.6所示。

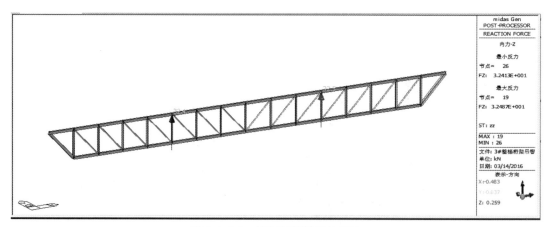

图4.4.4.6　桁架吊装模拟分析1

由图4.4.4.6可知：吊点竖向反力最大为32.5 kN，即每根钢丝绳最小竖向承重，吊装时钢丝绳与水平方向夹角应大于45°，故钢丝绳最小拉断拉力为32.5×1.414＝46 kN。选择型号为6×37＋FC−1870，直径26 mm的钢丝绳承重372 kN，采用吊耳吊装，安全系数取6，则372/6＝62＞46 kN，满足吊装要求。桁架吊装模拟分析2如图4.4.4.7所示。

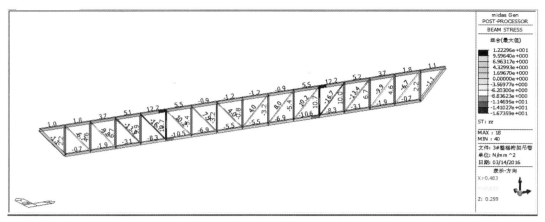

图 4.4.4.7 桁架吊装模拟分析 2

由图 4.4.4.7 可知,桁架吊装过程中各杆件应力值最大为 16.7 N/mm²,远远小于 Q345 钢抗拉、抗压和抗弯强度设计值 310 N/mm²,满足施工要求。桁架吊装模拟分析 3 如图 4.4.4.8 所示。

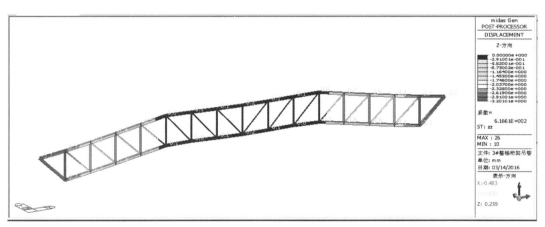

图 4.4.4.8 桁架吊装模拟分析 3

由图 4.4.4.8 可知,桁架吊装过程最大变形值出现在桁架下弦端点,变形值为 3.2 mm,远远小于变形允许值 39 000/400 = 97.5 mm,满足施工要求。

4.3.4 栈桥整体吊装受力分析

栈桥整体吊装受力示意如图 4.4.4.9 所示。

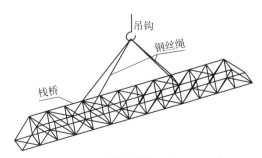

图 4.4.4.9 栈桥整体吊装受力示意

通过有限元分析软件 midas Gen 对栈桥吊装进行模拟分析，其结果如图 2.4.4.10 所示。

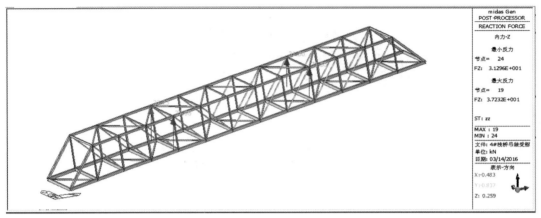

图 2.4.4.10　栈桥吊装模拟分析 1

由图 2.4.4.10 可知：吊点竖向反力最大为 37.3 kN，即每根钢丝绳最小竖向承重，吊装时钢丝绳与水平方向夹角应大于 45°，故钢丝绳最小拉断拉力为 37.3 × 1.414 = 52.7（kN）。选择型号为 6 × 37 + FC - 1870，直径 26 mm 的钢丝绳承重 372 kN，采用吊耳吊装，安全系数取 6，则 372/6 = 62（kN）（小于 52.7 kN），满足吊装要求。栈桥吊装模拟分析 2 如图 2.4.4.11 所示。

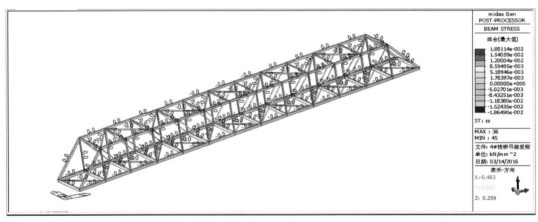

图 2.4.4.11　栈桥吊装模拟分析 2

由图 2.4.4.11 可知，在桁架的吊装过程中，各杆件应力值最大为 18.6 N/mm²，远远小于 Q345 钢抗拉强度设计值 310 N/mm²，满足施工要求。栈桥吊装模拟分析 3 如图 2.4.4.12 所示。

由图 2.4.4.12 可知，桁架吊装过程最大变形值出现在桁架下弦端点，变形值为 2.9 mm，远远小于变形允许值 39 000/400 = 97.5（mm），满足施工要求。

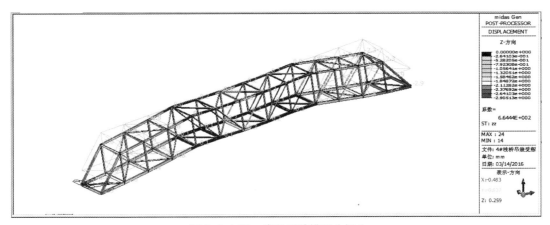

图 2.4.4.12　栈桥吊装模拟分析 3

4.4　吊装措施要求：临时固定措施

单榀栈桥主桁架吊装就位校正无误后，用角钢将桁架两侧支撑固定，做法如图 4.4.4.13 所示。

图 4.4.4.13　角钢固定示意

4.5　桁架安装要点及注意事项

（1）吊装前，对钢丝绳、卡扣等工具进行复检，以便安装时操作。在测量结果出来后，在栈桥主桁架就位位置放出轴线。

（2）起吊时，不得使构件在地面上有拖拉现象，回转时，需要一定的高度；起钩、旋转、移动三个动作交替缓慢进行，就位时缓慢下落，防止擦坏螺栓丝扣。

（3）吊装桁架就位并校正完毕后，在主桁架两端用角钢支撑点焊固定。

（4）桁架安装固定后，用全站仪测量桁架标高，监控挠度变形，保证质量。

（5）施工期间，桁架下方拉设两道安全网，防止人员、物料和工具坠落或飞出造成安全事故。

4.6　塔间栈桥桁架施工流程

塔间栈桥桁架施工流程如表 4.4.4.5 所示。

表 4.4.4.5　塔间栈桥桁架施工流程

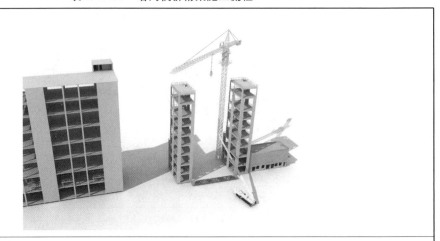

1. 采用汽车起重机吊栈桥第一榀主桁架

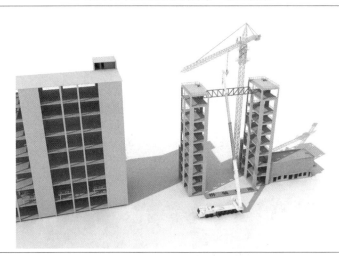

2. 采用塔式起重机吊装栈桥第一榀主桁架

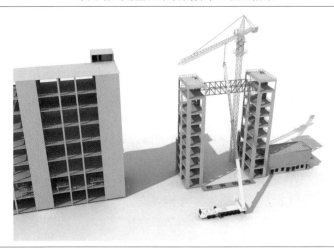

3. 栈桥第一榀主桁架临时固定后，吊装第二榀主桁架

续表

4. 吊装栈桥第一榀主桁架，塔式起重机安装栈桥上下弦杆

5. 吊装栈桥第二榀主桁架，塔式起重机完成栈桥桁架剩余弦杆的安装

6. 采用汽车起重机完成地面拼装栈桥，塔式起重机安装栈桥上下弦杆

7. 采用汽车起重机整体吊装栈桥，塔式起重机完成栈桥桁架剩余弦杆的安装

4.7 塔浅筒仓栈桥桁架施工流程

塔浅筒仓栈桥桁架施工流程如表 4.4.4.6 所示。

表 4.4.4.6 塔浅筒仓栈桥桁架施工流程

1. 采用汽车吊 QAY25 完成地面拼装 TC6－1 栈桥

2. 采用汽车起重机 QAY180 整体吊装 TC6 – 1 栈桥

3. 采用汽车起重机 QAY25 完成地面拼装 TC6 – 2 栈桥

4. 采用汽车起重机 QAY180 整体吊装 TC6 – 2 栈桥

5. 采用汽车起重机 QAY25 完成地面拼装 TC7 – 1 栈桥

6. 采用汽车起重机 QAY180 整体吊装 TC7 – 1 栈桥

7. 采用汽车起重机 QAY25 完成地面拼装 TC7 – 2 栈桥

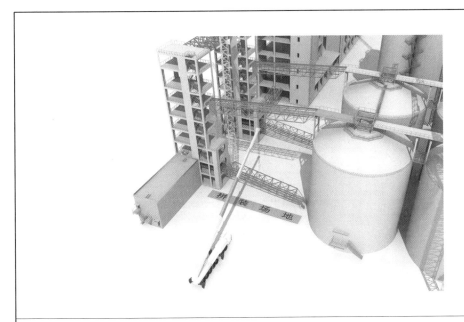

8. 采用汽车起重机 QAY180 整体吊装 TC7－2 栈桥

4.8　栈桥分步安装流程

塔仓栈桥采用主桁架整体吊装，上下弦支撑高空散装的方式，栈桥分步安装流程如表 4.4.4.7 所示。

表 4.4.4.7　栈桥分步安装流程

1. 栈桥桁架支座埋件及加固措施埋件安装

2. 安装第一榀主桁架，用角钢在主桁架两侧临时固定

3. 安装第二榀主桁架，用角钢在主桁架两侧临时固定

4. 上下弦连接杆错位安装

5. 上下弦连接杆安装完成

6. 上下弦角钢斜撑安装完成

7. 上弦结构安装完成

8. 钢丝网、钢格栅铺设完成

5 钢结构安装及运输设计要求

钢结构安装及运输设计要求如表4.4.5.1所示。

表4.4.5.1 钢结构安装及运输设计要求

序号	钢结构安装及运输设计要求
1	钢结构的安装必须按施工组织设计进行，先安装柱和梁，并使之保持稳定，再逐次组装其他构件，最终固定并必须保证结构的稳定，不得强行安装导致结构或构件永久塑性变形
2	钢结构单元及逐次安装过程中，应及时调整消除累计偏差，使总安装偏差最小以符合设计要求。任何安装孔均不得随意割扩，不得更改螺栓直径。钢柱安装前，应对全部柱基位置、标高、轴线、地脚锚栓位置、伸出长度进行检查并验收合格
3	未注明定位的柱、梁均为轴线居中
4	柱子在安装完毕后必须将锚栓垫板与柱底板焊牢，锚栓垫板及螺母必须进行点焊，点焊不得损伤锚栓母材
5	板材对接接头要求等强焊接，焊透全截面，并用引弧板施焊，引弧板割去处应予打磨平整，腹板与翼缘对接接头应错开200 mm以上，并注意避开加劲肋。应避免在梁跨中1/3跨长范围内拼接
6	所有构件及节点零件以工厂放样为准，钢结构安装完成受力后，不得在主要受力构件上施焊。柱脚锚栓采用双螺母
7	构件在运输或安装过程中应防止碰伤、变形或捆绑钢丝绳时勒伤。所有构件在安装时必须严格检查，如有损伤变形者，应及时修补校正
8	栈桥支架在安装过程中应设临时支撑，当上部栈桥全部安装完毕后方可拆除。栈桥支架安装前基础面需清理干净，安装定位找正后将锚拴拧紧
9	钢支架柱脚锚栓埋设误差要求：每一柱脚锚栓之间埋设误差需小于2 mm

6 高强度螺栓安装

6.1 高强度螺栓概况

粮仓钢结构工程高强度螺栓的施工主要集中在钢柱与钢梁之间、钢梁与钢梁之间、桁架与杆件之间的连接等处。一般采用10.9级大六角型高强度螺栓，抗滑移系数不小于0.450，并符合现行国家标准《钢结构用高强度大六角头螺栓》（GB/T 1228—2006）、《钢结构用高强度大六角螺母》（GB/T 1229—2006）、《钢结构用高强度垫圈》（GB/T 1230—2006）和《钢结构用高强度大六角头螺栓、大六角头螺母、垫圈技术条件》（GB/T 1231—2006）的规定。在连接处构件接触面的浮锈或未经处理的干净轧制表面使用钢丝刷进行处理。

工程用普通螺栓采用C级螺栓，符合现行国家标准《六角头螺栓 C级》（GB/T 5780—2016）和《六角头螺栓》（GB/T 5782—2016）的规定。锚栓采用符合现行国家规范标准《碳素结构钢》（GB/T 700—2006）规定的Q235B钢材制成。

6.2 安装准备

所有螺栓均应按照规格、型号分类储放，妥善保管，避免因受潮、生锈、污染而影响其质量，开箱后的螺栓不得混放、串用，做到按计划领用，施工未完的螺栓及时回收。

6.2.1　螺栓的保管

高强度螺栓保管要求如表4.4.6.1所示。

表4.4.6.1　高强度螺栓保管要求

序号	高强度螺栓保管要求
1	高强度螺栓连接副应由制造厂按批配套供应，每个包装箱内都必须配套装有螺栓、螺母及垫圈，包装箱应能满足储运的要求，并具备防水、密封的功能；包装箱内应带有产品合格证和质量保证书；包装箱外表面应注明批号、规格及数量
2	在运输、保管及使用过程中应轻装轻卸，防止损伤螺纹，发现螺纹损伤严重、雨淋过的螺栓不应使用；储存高强度螺栓时，应放在干燥、通风、防雨、防潮的仓库内，并不得损伤丝扣和沾染脏物
3	螺栓连接副应成箱在室内仓库保管，地面应有防潮措施，并按批号、规格分类堆放，保管、使用中不得混放；高强度螺栓连接副包装箱码放底层应架空，距地面高度大于300 mm，码高不超过三层
4	使用前尽可能不要开箱，以免破坏包装的密封性；开箱取出部分螺栓后也应原封再次包装好，以免沾染灰尘和锈蚀
5	高强度螺栓连接副在安装使用时，工地应按当天计划使用的规格和数量领取，安装剩余的螺栓装回干燥、洁净的容器内，妥善保管，不得乱放、乱扔
6	在安装过程中，应注意保护螺栓，不得沾染泥沙等脏物和碰伤螺纹；使用过程中如发现异常情况，应立即停止施工，经检查确认无误后再进行施工
7	高强度螺栓连接副的保管时间不应超过6个月；保管周期超过6个月时，若使用，须按要求进行扭矩系数试验或紧固轴力试验，检验合格后方可使用

6.2.2　摩擦面处理措施

（1）为了确保摩擦面抗滑移系数 $\mu=0.45$，本标段工程中采取如下的施工工艺。

1）摩擦面采用喷砂、砂轮打磨等方法进行处理。

2）若摩擦面生成赤锈面，在现场采用砂轮打磨时，打磨范围不小于螺栓直径的4倍，打磨方向与受力方向垂直，打磨后的摩擦面应无明显不平。

3）摩擦面防止被油或油漆等污染，如存在污染，应彻底清理干净。清理干净后涂无机富锌漆。

6.3　高强度螺栓性能检测

6.3.1　高强度螺栓紧固轴力试验方法

（1）连接副预拉力采用经计量检定、校准合格的轴力计进行测试。

（2）采用轴力计方法复验连接副预拉力时，应将螺栓直接插入轴力计。

（3）紧固螺栓分初拧、终拧两次进行，初拧应采用手动扭矩扳手或专用定扭电动扳手；初拧值应为预拉力标准值50%左右，终拧时，在测出螺栓预拉力 P 的同时，应测定施加于螺母上的施拧扭矩，并计算扭矩系数，其平均值应为0.110～0.150。

注意事项：

（1）试验用的电测轴力计、油压轴力计、电阻应变仪、扭矩扳手等计量器具，应在试验前进行标定，其误差不得超过2%。

（2）每套连接副只应做一次试验，不得重复使用。

（3）在紧固中垫圈发生转动时，应更换连接副，重新试验。

6.3.2　高强度螺栓连接摩擦面的抗滑移系数试验

试件：二栓拼接拉力试件如图4.4.6.1所示。

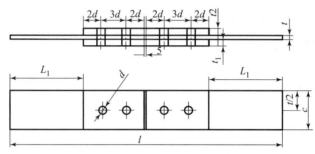

图4.4.6.1　二栓拼接拉力试件

试验方法：

（1）先将冲钉打入试件孔定位，然后逐个装换成同批经预拉力复验的摩擦型高强度螺栓。

（2）紧固高强度螺栓应分初拧、终拧。初拧应达到螺栓预拉力标准值的50%左右。

（3）试件应在其侧面画出观察滑移的直线。

（4）将组装好的试件置于拉力试验机上，试件的轴线与试验机夹具中心严格对中。

（5）加荷，应先加10%的抗滑移设计荷载值；停1 min后，再平稳加荷，加荷速度为3~5 kN/s。拉至滑移破坏，测得滑移荷载。

（6）由紧固轴力平均值和测得的滑移荷载计算抗滑移系数。

注意事项：

（1）制造厂和安装单位应分别以钢结构制造批为单位进行抗滑移系数检验。制造批可按分部（子分部）工程划分规定的工程量每2 000 t为一批，不足2 000 t的可视为一批。

（2）选用两种及两种以上表面处理工艺时，每种处理工艺应单独检验。每批三组试件。

（3）试件板面应平整、无油污，孔和板的边缘无飞边、毛刺。

（4）抗滑移系数检验用的试件应由制造厂加工，试件与所代表的钢结构构件应为同一材质、同批制作、采用同一摩擦面处理工艺和具有相同的表面状态，并应用同批、同一性能等级的高强度螺栓连接副，在同一环境条件下存放。

（5）高强度螺栓和连接副的额定荷载及螺母和垫圈的硬度试验，应在工厂进行；连接副紧固轴力的平均值和变异系数由厂方、施工方参加，在工厂确定。

6.3.3　高强度螺栓连接孔处理

高强度螺栓连接中连接钢板的孔径略大于螺栓直径，并必须采取钻孔成型方法，钻孔后的钢板表面应平整、孔边无飞边和毛刺，连接板表面应无焊接溅物、油污等。

6.4　安装工艺

高强度螺栓安装工艺流程如图4.4.6.2所示。

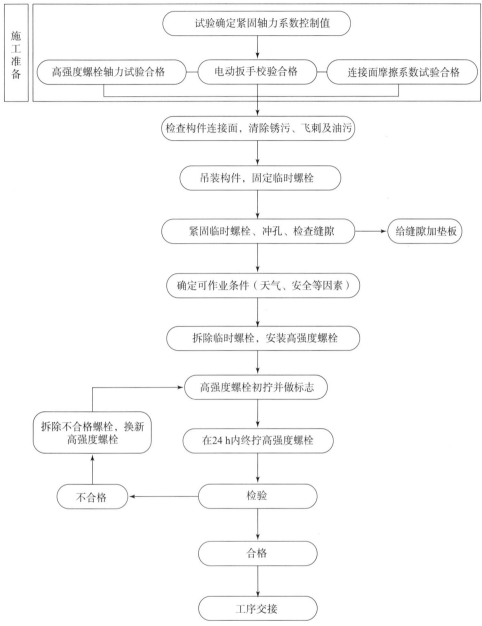

图 4.4.6.2 高强度螺栓安装工艺流程

6.5 安装方法

6.5.1 安装步骤

高强度螺栓的安装步骤见表 4.4.6.2。

表 4.4.6.2　高强度螺栓的安装步骤

临时螺栓固定钢构件	

用高强度螺栓替换临时螺栓，初拧并做好标志	

按对称顺序，由中央向四周终拧高强度螺栓	

6.5.2　安装临时螺栓

临时螺栓安装步骤见表4.4.6.3。

表4.4.6.3　临时螺栓安装步骤

序号	临时螺栓安装方法	示意图
1	当构件吊装就位后，先用橄榄冲对准孔位（橄榄冲穿入数量不宜多于临时螺栓的30%），在适当位置插入临时螺栓，然后用扳手拧紧，使连接面结合紧密	临时螺栓安装
2	临时螺栓安装时，注意不要使杂物进入连接面。临时螺栓的数量不得少于本节点螺栓安装总数的30%且不得少于2个临时螺栓	
3	螺栓紧固时，遵循从中间开始、对称向周围进行的顺序。不允许使用高强度螺栓兼作临时螺栓，以防损伤螺纹引起扭矩系数的变化	
4	一个安装段完成后，经检查确认符合要求方可安装高强度螺栓	

6.5.3　临时螺栓安装注意事项

临时螺栓安装注意事项见表4.4.6.4。

表4.4.6.4　临时螺栓安装注意事项

序号	内容
1	临时螺栓的数量不得少于本节点螺栓安装总数的30%且不得少于2个临时螺栓
2	组装时先用橄榄冲对准孔位，在适当位置插入临时螺栓，用扳手拧紧
3	不允许使用高强度螺栓兼作临时螺栓，以防损伤螺纹引起扭矩系数的变化
4	一个安装段完成后，经检查确认符合要求方可安装高强度螺栓

6.5.4　安装高强度螺栓

高强度螺栓安装方法见表4.4.6.5。

表4.4.6.5　高强度螺栓安装方法

序号	高强度螺栓安装方法
1	待吊装完成一个施工段，钢结构形成稳定框架单元后，开始安装高强度螺栓
2	螺栓穿入方向以方便施工为准，每个节点应整齐一致，临时螺栓待高强度螺栓紧固后再卸下
3	高强度螺栓的紧固，必须分两次进行。第一次为初拧，初拧紧固到螺栓标准轴力的60%~80%；第二次紧固为终拧
4	初拧完毕的螺栓，应做好标记以供确认。为防止漏拧，当天安装的高强度螺栓，当天应终拧完毕
5	初拧、终拧都应从螺栓群中间向四周对称扩散的方式进行紧固

序号	高强度螺栓安装方法
6	因空间狭窄，高强度螺栓扳手不宜操作部位，可采用加高套管或用手动扳手安装
7	终拧结束，不准遗漏

6.5.5 安装高强度螺栓注意事项

高强度螺栓安装注意事项见表4.4.6.6。

表4.4.6.6 高强度螺栓安装注意事项

序号	内容
1	装配和紧固节头时，应从安装好的一端或刚性端向自由端进行；高强度螺栓的初拧和终拧，都要按照紧固顺序进行：从螺栓群中央开始，依次向外侧进行紧固
2	同一高强度螺栓初拧和终拧的时间间隔，要求不得超过一天
3	雨天不得进行高强度螺栓安装，摩擦面上和螺栓上不得有水及其他污物，并要注意气候变化对高强度螺栓的影响
4	制作厂制作时在节点部位不应涂装油漆
5	安装前应对钢构件的摩擦面进行除锈
6	螺栓穿入方向一致，并且品种规格要按照设计要求进行安装
7	终拧检查完毕的高强度螺栓节点应及时进行油漆封闭

6.5.6 安装施工检查

（1）指派专业质检员按照规范要求对整个高强度螺栓安装工作的完成情况进行认真检查，将检验结果记录在检验报告中。

（2）高强度螺栓终拧后要保证有2~3扣的余丝露在螺母外圈。

（3）如果检验时发现螺栓紧固强度未达到要求，则需要检查拧固该螺栓所使用的扳手的拧固扭矩（扭矩的变化幅度在10%以下视为合格）。

（4）扭矩检查应在终拧1 h以后进行，并且在24 h以内检查完毕。

（5）高强度螺栓安装检验应在终拧后1~48 h完成。

（6）高强度螺栓连接副和摩擦面的抗滑移系数检验按《钢结构高强度螺栓连接技术规程》（JGJ 82—2011）进行。

（7）高强度螺栓连接施工质量应有原始检查验收记录：高强度螺栓连接副复验数据、抗滑移系数试验数据、初拧扭矩值、终拧扭矩值。

7 钢结构现场焊接

7.1 焊前检查及清理

构件进场后由项目验收工段根据深化设计图对焊缝坡口形状和规格进行检查。验收工段检查项目：坡口规格、角度、坡口表面平整度、焊缝表面的清洁情况，并填写坡口检查记录表。检查工具：平板尺、焊缝量规、眼观。构件组装完毕，焊缝施焊前由焊接质检员根据《钢结构工程施工质量验收标准》（GB 50205—2020）对焊缝进行检查。施焊前，清理待焊处表面雨水、氧化皮铁锈及油污。根部间隙检查使用钢塞尺、平板尺。检查结果符合

表 4.4.7.1 的规定。

表 4.4.7.1 焊接间隙允许偏差

项目	允许偏差/mm
无垫板间隙	+3.0；0.0
有垫板间隙	+3.0；−2.0

间隙不符合要求的处理措施：坡口组装间隙超过允许偏差规定时，可在坡口单侧或两侧堆焊，修磨平整使其符合要求。但当坡口组装间隙超过较薄板厚度 2 倍或大于 20 mm 时，不应使用堆焊方法，应使用增加构件长度来减小组装间隙。检查结果应符合表 4.4.7.2 规定。

表 4.4.7.2 对口错边允许偏差

项目	允许偏差/mm	图例
对口错边 Δ	$T/10$，且不应大于 3.0	

7.2 高空焊接平台及防风措施

高空焊接作业时，需要搭设操作平台与防风防雨棚。焊接作业区相对湿度不得大于90%，当焊件表面潮湿时，应采取加热除湿措施。下雨时，用不干胶带粘贴防风防雨棚漏水处，不得有雨漏入防风防雨棚内。

7.2.1 引弧板、引出板、垫板

使用要求见表 4.4.7.3。

表 4.4.7.3 使用要求

序号	使用要求
1	严禁在承受动荷载且需经疲劳验算构件焊缝以外的母材上打火、引弧或装焊夹具
2	不应在焊缝以外的母材上打火、引弧
3	对接接头主焊缝两端，必须配置引弧板和引出板，其材质应和被焊母材相同，坡口形式应与被焊焊缝相同，禁止使用其他材质的材料充当引弧板和引出板
4	全熔透焊缝的端部应设置引弧板，引弧板的材质应与焊件相同。手工焊引弧板厚度为 8 mm，焊缝引出长度大于或等于 25 mm
5	焊接完成后，应用火焰切割去除引弧板和引出板，并修磨平整。不得用锤击落引弧板和引出板

7.2.2 定位焊

钢结构安装就位校正完成后，正式焊接施工前，应对焊接接头进行定位焊接，焊接时的注意事项见表 4.4.7.4。

表 4.4.7.4 定位焊注意事项

序号	定位焊注意事项
1	定位焊焊缝所采用焊接材料及焊接工艺要求应与正式焊缝的要求相同
2	定位焊焊缝的焊接应避免在焊缝的起始、结束和拐角处施焊，弧坑应填满，严禁在焊接区以外的母材上引弧和熄弧
3	定位焊规格参见定位焊规格参考表
4	定位焊的焊脚规格不应大于焊缝设计规格的2/3，且不大于8 mm，但不应小于4 mm
5	定位焊焊缝有裂纹、气孔、夹渣等缺陷时，必须清除后重焊，如最后进行埋弧焊，弧坑、气孔可不必清除

定位焊规格见表4.4.7.5。

表 4.4.7.5 定位焊规格   单位：mm

母材厚度	定位焊焊缝长度		焊缝间距
	手工焊	自动、半自动焊	
$t \leqslant 20$	40~50	50~60	300~400

7.3 焊缝质量标准

7.3.1 焊缝外观质量

焊缝外观质量检验项目见表4.4.7.6。

表 4.4.7.6 焊缝外观质量检验项目

检验项目	二级	三级
未焊满	$\leqslant 0.2 + 0.02t$ 且 $\leqslant 1$ mm，每100 mm长度焊缝内未焊满累积长度$\leqslant 25$ mm	$\leqslant 0.2 + 0.04t$ 且 $\leqslant 2$ mm，每100 mm长度焊缝内未焊满累积长度$\leqslant 25$ mm
根部收缩	$\leqslant 0.2 + 0.02t$ 且 $\leqslant 1$ mm，长度不限	$\leqslant 0.2 + 0.04t$ 且 $\leqslant 2$ mm，长度不限
咬边	$\leqslant 0.05t$ 且 $\leqslant 0.5$ mm，连续长度$\leqslant 100$ mm，且焊缝两侧两边总长$\leqslant 10\%$焊缝全长	$\leqslant 0.1t$ 且 $\leqslant 1$ mm，长度不限
裂纹	不允许	允许存在长度$\leqslant 5$ mm的弧坑裂纹
电弧擦伤	不允许	允许存在个别电弧擦伤
接头不良	不允许	缺口深度$\leqslant 0.1t$ 且 $\leqslant 1$ mm，每1 000 mm长度焊缝内不得超过1处
表面气孔	不允许	每50 mm焊缝长度内允许存在直径$< 0.4t$ 且 $\leqslant 3$ mm的气孔2个，孔距应$\geqslant 6$倍孔径
表面夹渣	不允许	深度$\leqslant 0.2t$，长度$\leqslant 0.5t$ 且 $\leqslant 20$ mm

注：t 为板厚。

7.3.2 焊脚规格允许偏差

焊脚规格允许偏差见表4.4.7.7。

表 4.4.7.7 焊脚规格允许偏差

序号	项目	示意图	允许偏差/mm	
1	一般全焊透的角接与对接组合焊缝		≤10	
2	需经疲劳验算的全焊透角接与对接组合焊缝		≤10	
3	角焊缝及部分焊透的角接与对接组合焊缝		h_f≤6 时 0~1.5	h_f>6 时 0~3.0

注：1. h_f >8.0 mm 的角焊缝的局部焊角规格允许低于设计要求值 1.0 mm，但总长度不得超过焊缝长度的 10%；

2. 焊接 H 型梁腹板与翼缘板的焊缝两端在其两倍翼缘板宽度范围内，焊缝的焊脚规格不得低于设计要求值

7.4 原材料焊接

（1）在焊接工作开始之前，用钢丝刷和砂轮机打磨清除焊缝附近至少 20 mm 范围内的氧化物、铁锈、漆皮、油污等其他有害杂质。

（2）定位焊缝不得存在缺陷；定位焊缝长度为 40~50 mm，焊道间距为 150~200 mm，并应填满弧坑。定位焊不得有裂纹、夹渣、焊瘤等缺陷，若发现点焊上有气孔、裂纹等缺陷，必须清除干净后重焊。

（3）对接直缝两端必须加焊引弧板和熄弧板，引弧板和熄弧板是保证两端焊缝质量的重要措施，焊缝通过引弧板、熄弧板的过渡，可以提高正式焊接区的焊接温度，以防焊缝两端有未焊透、未熔合等缺陷，还能消除焊缝两端的弧坑和在弧坑中的裂纹，因此，应在焊缝两端设置引弧板和熄弧板，其材质和厚度及坡口形式应与母材相同，引弧板和熄弧板的长度应大于或等于 80 mm，宽度应大于或等于 60 mm，焊缝引出长度应大于或等于 40 mm，保证引弧及收弧处质量，防止产生弧坑裂纹。

（4）待钢板就位以后，应做好反变形工作。注意，先焊的一侧的变形量通常比后焊的

一侧变形量大，做好反变形后将对接钢板一端固定。焊接过程中，注意观察钢板变形情况，要及时翻身，避免钢板出现较大的角变形。

（5）对于板厚大于等于36 mm的钢板，在对接前，应对焊缝处用烤枪进行预热，预热温度为60～140 ℃（根据板厚决定），预热范围为焊缝两侧各100 mm。

（6）正面打底焊时，注意焊丝对准坡口中心，采用较合适的焊接顺序，避免焊漏。

（7）采用多层焊，注意焊接过程中道间熔渣的清理；每焊完一道应进行检查，对坡口母材边缘形成的深凹槽用砂轮打磨至覆盖焊道能充分熔化焊透为止；若发现咬边、夹渣等缺陷，必须清除和修复。

（8）背面无须采用碳弧气刨清根，直接采用大电流进行焊接以达到全熔透焊接的目的。

（9）埋弧焊焊接完毕后，认真清理焊缝区的熔渣和飞溅物，待冷却后，割去引弧板及熄弧板，并打磨。

（10）埋弧焊厚板焊接操作应连续焊，不允许间断焊，即不允许某一道焊缝焊完后又停留了若干小时之后再进行焊接。

（11）当钢板厚度40 mm＜T≤60 mm时，在焊接完毕后，应进行缓冷，即在焊接完毕后，立即采用保温棉进行缓冷。

7.5 H型钢焊接

（1）H型钢组立合格后吊入龙门式自动埋弧焊接机上进行焊接。焊接前应清除焊缝区域存在的铁锈、毛刺、氧化物、油污等杂质。

（2）焊接H型钢组立时定位焊缝严禁出现裂纹或气孔，定位焊必须由持相应合格证的焊工施焊，所用焊接材料与正式施焊相同。定位焊焊脚高度应不大于设计焊脚高度的2/3，也不应低于设计焊脚高度的1/2。定位焊焊缝长度为50 mm左右，间距小于300 mm，定位焊距H型钢端部距离大于50 mm。

（3）焊接前应在两端加装与构件材质相同的引弧板和熄弧板，焊缝引出长度不应小于50 mm。

（4）焊接前用陶瓷电加热器将焊缝两侧100 mm范围内进行预热，预热温度为80～120 ℃，加热过程中用红外线测温仪进行测量，以防止加热温度过高，待加热至规定温度后即可进行焊接。

（5）焊接方法采用门式埋弧焊进行自动焊接，焊接时严格按照规定焊接顺序进行，先焊1、2道焊缝，焊接至设计焊缝高度的一半时翻身焊第三和第四道焊缝，第三和第四道焊缝焊前应用碳弧气刨进行清根，清根后焊缝内不得有夹渣、裂纹存在。第三和第四道焊缝焊前同样需要预热，第三和第四道焊缝焊至设计焊缝高度的一半时翻身继续焊第一和第二道焊缝，直至第一和第二道焊缝焊满，最后再次翻身焊第三和第四道焊缝，直至焊满。

（6）进行埋弧焊焊接时，焊脚高度应满足设计图纸要求，焊接过程中应观察焊丝的位置，及时调整，避免焊丝跑偏。焊接过程中如发生断弧，接头部位焊缝应打磨出不小于1∶4的过渡坡才能继续施焊。

（7）焊接完成后，除去焊缝表面熔渣及两侧飞溅物，用气割割除引弧板和引出板，将割口修磨平整，严禁用锤击落。

（8）焊后48 h后进行焊缝无损探伤，探伤合格后进行矫正。

7.6 焊接 H 型钢矫正

H 型钢焊接完成后应进行矫正，矫正分机械矫正和火焰矫正两种形式，其中焊接角变形采用火焰烘烤或用 H 型钢翼缘矫正机进行机械矫正，矫正后的钢材表面不应有明显的划痕或损伤，划痕深度不得大于 0.5 mm。弯曲、扭曲变形采用火焰矫正，矫正温度控制在 800~900 ℃，且不得有过烧现象。

7.7 构件焊接要求

（1）焊接施工前，根据工程特点、焊接材料要求，有针对性地对焊接工作进行生产工艺技术交底培训，以保证焊接工艺和技术要求得到有效实施，确保接头的焊缝质量。

（2）焊接施工前，根据工程特点、材料和接头要求，有针对性地对焊接工作进行生产工艺技术交底培训，以保证焊接工艺和技术要求得到有效实施，确保接头的焊缝质量。

（3）对于主要长直且适合平位置施焊的焊缝，采用气体保护焊打底，然后采用埋弧焊填充、盖面的工艺进行焊接。

（4）常用制作规范要求：所有焊缝接头错开 200 mm 以上，且端部接长大于 600 mm。焊件坡口不应太大，具体严格按照规范执行。

（5）为了便于箱形柱隔板焊接，隔板组对坡口尽量朝外，桥墩处顶板和地板箱内是封闭的，因此里面所有腹板、隔板都要焊完，才能封最外边隔板。

7.8 焊接设备使用保证

（1）焊机应处于良好的工作状态。

（2）焊接电缆应绝缘良好以防任何不良电弧瘢痕或短路造成人身伤害。

（3）焊接的焊钳应与插入焊条保持良好的电接触。

（4）回路卡应与工件处于良好紧密接触状态以保证稳定的电传导性。

（5）手工焊接用焊条。

（6）埋弧自动焊接或半自动焊用的钢丝和焊剂。

（7）熔嘴电渣焊及所用的焊丝。

（8）焊接材料储存场所应干燥、通风良好，由专人保管、烘干、发放和回收，并有详细记录。

（9）焊条使用前应为 300~400 ℃，烘焙 1~2 h，或按厂家提供的焊条使用说明书进行烘干。焊条放入烘箱时的温度不应超过最终烘焙温度的一半，烘焙时间以烘箱达到最终烘焙温度后开始计算。

（10）烘干后的低氢焊条应放于温度不低于 120 ℃ 的保温箱中存放、待用；使用时应置于保温筒中，随用随取。

（11）焊条烘干后在大气中放置时间不应超过 4 h，重新烘干次数不超过 1 次。

（12）焊剂使用前按制造厂家推荐的温度进行烘焙，已受潮的焊剂严禁使用。

（13）焊丝表面和电渣焊的导管端面应无油污、锈蚀。

7.9 焊接接头的要求

（1）焊接坡口应按照焊接工艺评定结果进行开设。

（2）接头间隙中严禁填塞焊条头、铁块等杂物。

（3）坡口组装间隙偏差超过规定，但不大于较薄板厚度的 2 倍或 20 mm（取其较小值）时，可在坡口单侧或两侧堆焊。

（4）对接接头的错边量不应超过相关规范的规定。

（5）T形接头的角焊缝连接部件的根部间隙大于 1.5 mm 且小于 5 mm 时，角焊缝的焊脚规格应按根部间隙值而增加。

（6）钢衬垫应与接头母材金属的接触面紧贴，实际装配时控制间隙≤1.5 mm。

（7）定位焊必须由持相应合格证的焊工施焊，所用焊接材料应与正式焊缝的焊接材料相当。

（8）定位焊缝厚度不应小于 3 mm，长度不应小于 40 mm，其间距宜为 300～600 mm。

（9）采用钢衬垫的焊接接头，定位焊宜在接头坡口内进行；定位焊缝与正式焊缝应具有相同的焊接工艺和焊接质量要求；定位焊焊缝存在裂纹、气孔等缺陷时，应完全清除。

7.10 焊缝的检验

（1）焊接完毕，所有焊缝必须在全长范围内进行外观检查，不得有裂纹、未熔合、夹渣、未填满弧坑和焊瘤等缺陷。

（2）焊缝的超声波无损检测。

（3）经外观检验合格的焊缝方能进行无损检测，无损检测应在焊接 24 h 后进行。

（4）超声波探伤时，对接焊缝及熔透角焊缝的探伤范围和检验等级按《公路桥涵施工技术规范》（JTG/T 3650—2020）的规定，其他技术要求可按现行《焊缝无损检测　超声检测　验收等级》（GB/T 26953—2011）的要求执行。

7.11 焊缝检验不合格返修焊

焊缝金属和母材的欠缺超过相应的质量验收标准时，可采用砂轮打磨、碳弧气刨、铲凿或机械等方法彻底清除。对焊缝进行返修，应按下列要求进行。

（1）返修前，应清洁修复区域的表面。

（2）焊瘤、凸起或余高过大，采用砂轮或碳弧气刨清除过量的焊缝金属。

（3）焊缝凹陷或弧坑、咬边、未熔合、焊缝气孔或夹渣等应在完全清除缺陷后进行焊补。

（4）应采用磁粉、渗透或其他无损检测方法确定焊缝或母材裂纹的范围及深度，用砂轮打磨或碳弧气刨清除裂纹及其两端各 50 mm 长的完好焊缝或母材，修整表面或磨除气刨渗碳层后，用渗透或磁粉探伤方法确定裂纹是否彻底清除，再重新进行焊补。对于拘束度较大的焊接接头的裂纹用碳弧气刨清除前，宜在裂纹两端钻止裂孔。

（5）焊接返修的预热温度应比相同条件下正常焊接的预热温度至少提高 30 ℃，不能超过 50 ℃，并采用低氢焊接方法和焊接材料进行焊接。

（6）返修部位应连续焊成。如中断焊接，应采取后热、保温措施，防止产生裂纹。

（7）返修焊的焊缝应按原检测方法和质量标准进行检测验收，填报返修施工记录及返修前后的无损检测报告，作为工程验收及存档资料。

第五节　钢栈桥涂装技术

1　防腐涂装施工

1.1　制作厂防腐涂装

所有钢构件除现场焊接、高强度螺栓连接部位不在制作厂涂装外，其余部位均在制作厂完成表面除锈处理和防腐底漆的涂装。对于现场焊接及高强度螺栓连接部位，待现场构件安装完成后再现场进行补漆处理。

1.1.1　构件表面处理

本标段工程钢构件采用喷砂除锈。钢构件除锈等级不低于 Sa2.5 级。Sa2.5 级为非常彻底的喷射清理。在不放大的情况下进行观察时，表面应无可见油脂和污垢，并且没有氧化皮、铁锈、油漆涂层和异物。任何残留的痕迹应只是点状或条纹状的轻微色斑。

1.1.2　防腐漆料的涂装

1.1.2.1　环境准备

涂装时环境的温度需控制在 15～30 ℃。涂料施工环境的湿度，需控制在相对湿度小于 80%。

另外，为完全控制钢材表面的干湿程度，仍需控制钢构件表面温度与结露点。根据《建筑防腐蚀工程施工规范》（GB 50212—2014）的规定，钢材表面的温度必须高于空气露点温度 3 ℃以上。

1.1.2.2　涂装工艺

为避免表面处理后构件的反锈，构件除锈合格后需及时进行底漆的涂刷，控制好涂装的时间间隔。当环境温度为 15～30 ℃，相对湿度不大于 65% 时，构件需要在除锈后 8 h 内完成底漆的涂装；相对湿度为 65%～80% 时，构件需要在除锈后 4 h 内完成底漆的涂装。

1.1.2.3　构件防腐涂装的具体流程

检查构件表面除锈情况，检查合格后开始防腐涂料的涂装。

涂装环氧富锌底漆或红色氧化锌铬底漆涂料 2 道，保证漆膜厚度不小于 75 μm。

底漆涂装完成检查合格后，使构件为 15～30 ℃，相对湿度不高于 80% 的环境中自然风干。风干过程中，构件不可搬运，注意对漆膜的保护。

1.2　钢结构现场防腐补涂

1.2.1　钢结构现场防腐涂装概述

本标段工程钢结构防腐涂装需在现场对构件进行补涂。钢结构构件因运输过程和现场安装原因，会造成构件涂层破损。所以，在钢构件安装前和安装后需对构件破损涂层进行现场防腐修补。另外，由于安装原因，焊缝、螺栓周围的防腐油漆需安装后补涂。

1.2.2　施工要求及方法

钢结构防腐补涂施工方法见表 4.5.1.1。

表 4.5.1.1　钢结构防腐补涂施工方法

名称	具体方法
材料要求	现场补涂的油漆与制作厂使用的油漆相同，由制作厂统一提供，随钢构件分批进场，进场的涂料品种、规格、性能等要符合国家现行产品标准及设计要求；根据设计图纸及相关现行规范要求，材料应按程序要求进行见证取样送验，复验结果应符合国家现行产品标准及设计要求
表面处理	采用电动、风动工具等将构件表面的毛刺、氧化皮、铁锈、焊渣、焊疤、灰尘、油污及其他附着物彻底清除干净，除锈要求应符合国标《涂覆涂料前钢材表面处理　表面清洁度的目视评定　第 1 部分：未涂覆过的钢材表面和全面清除原有涂层后的钢材表面的锈蚀等级和处理等级》（GB/T 8923.1—2011）及《涂覆涂料前钢材表面处理　喷射清理后的钢材表面粗糙度特性　第 2 部分：磨料喷射清理后钢材表面粗糙度等级的测定方法　比较样块法》（GB/T 13288.2—2011）的规定

名称	具体方法
环境要求	涂装前，除了底材或前道涂层的表面要清洁、干燥外，还要注意底材温度要高于露点温度3 ℃以上；另外，应在相对湿度低于85%的情况下进行施工
涂装要求	经处理的钢结构基层，应及时涂刷底漆，间隔时间不应超过5 h；油漆补刷时，应注意外观整齐，接头线高低一致；螺栓节点补刷时，注意螺栓头油漆均匀，特别是螺栓头下部要涂刷到，不要漏刷

1.2.3 现场补涂工艺流程

钢结构现场防腐补涂流程如图4.5.1.1所示。

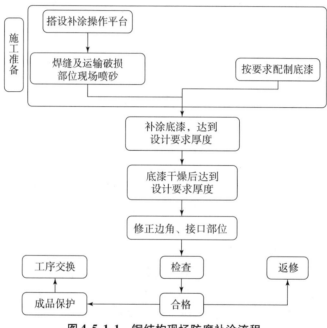

图4.5.1.1 钢结构现场防腐补涂流程

1.2.4 涂层检测及验收

涂层检测见表4.5.1.2。

表4.5.1.2 涂层检测

名称	涂层检测
检测工具	漆膜检测工具采用触点式干漆膜测厚仪
检测方法	每个构件检测5处，每处的3个数值为3个相距50 mm测点涂层干漆膜厚度的平均值
膜厚控制	膜厚的控制应遵守两个90%的规定，即90%的测点应在规定膜厚以上，余下的10%的测点应达到规定膜厚的90%。测点的密度应根据施工面积的大小而定
外观检验	面漆检验：涂刷均匀，涂层颜色一致，色泽鲜明光亮，无皱皮、流坠、龟裂和气泡，附着良好，分色线清楚、整齐。 补刷漆检验：按涂装工艺分层补刷，漆膜完整，附着良好

1.2.5　涂装注意事项

涂刷注意事项见表4.5.1.3。

表 4.5.1.3　涂刷注意事项

序号	注意事项
1	配制油漆时，地面上应垫木板或防火布等，避免污染地面
2	配制油漆时，应严格按照说明书的要求进行，要做到随用随配
3	油漆补刷时，应注意外观整齐，接头线高低一致，螺栓节点补刷时，注意螺栓头油漆均匀，特别是螺栓头下部要涂刷到，不要漏刷
4	由于是露天作业，下雨天、气温低、雾天均不进行油漆补刷工作

1.3　防腐施工质量保证措施

防腐施工质量保证措施见表4.5.1.4。

表 4.5.1.4　防腐施工质量保证措施

序号	防腐施工质量保证措施
1	构件运输及吊装过程中，用橡胶垫对钢丝绳绑扎的部位进行保护，构件运输用枕木进行层间保护，以降低钢构件表面油漆的破坏程度
2	钢构件进场后，在地面对运输过程中碰撞破损的部位进行一道补涂，需在地面拼装的，在拼装完成后对破损及焊接部位进行补涂
3	防腐涂料补涂施工前对需补涂部位进行打磨及除锈处理，除锈等级达到 Sa2.5 要求
4	钢板边缘棱角及焊缝区要研磨圆滑，$R = 2.0$ mm
5	露天进行涂装作业应在晴天进行，湿度不得超过 85%
6	喷涂应均匀，完工的干膜厚度应用干膜测厚仪进行检测

2　防火涂装施工

2.1　底层界面剂的选择

采用全树脂型高性能专用黏粘剂，将其涂装在防锈涂料及钢结构防火涂料之间，大幅提高了黏结强度，有效地防止了空鼓现象，与防火涂料的完美组合为钢结构防火提供稳定持久的保护，防火涂料的黏结强度要求是 0.04 MPa 以上。

2.2　钢结构表面处理

按照质量保证要求，涂装开始前要进行底层涂层表面清理工作，具体清理工作的操作方法和施工要求详见"表面清理方案"，要求被涂装表面保持干燥、清洁。

2.2.1　表面清理方案

钢结构表面处理见表4.5.2.1。

表 4.5.2.1　钢结构表面处理

项目	施工要求	检测方法
水分	用抹布擦干或用干燥压缩空气吹干	目测、干净软纸擦拭检测
油脂	用溶剂或清洗剂洗除	目测、干净软纸擦拭检测
灰尘、杂质	用干燥压缩空气、刷子等工具清除	目测、干净软纸擦拭检测

防火涂料涂抹或刷涂前检查钢结构表面是否干净，钢结构表面防锈涂层是否完整。当钢结构表面上附有浮锈、油、泥土、灰尘等时，要进行清除；采用稀释剂或清洗剂除去油脂、润滑油、溶剂等残余物，以及焊接处或火工矫正处等损伤的油漆涂层；用水清洗泥土、灰尘等附着物，可用压缩空气吹除浮尘、浮锈，焊渣、焊接飞溅物等残余物，用动力砂轮或弹性砂轮片除去焊渣及焊接氧化皮。

2.3　施工准备

钢结构防火涂装施工准备见表 4.5.2.2。

表 4.5.2.2　钢结构防火涂装施工准备

	序号	准备内容
材料准备	1	钢结构防火涂料需使用经主管部门鉴定，并经当地消防部门批准的产品。使用前检查批准文件，并以 100 t 为一批检查出厂合格证
	2	现场堆放地点应干燥、通风、防潮，发现结块变质时不得使用
	3	施工时，对不需作防火保护的部位和其他物件应进行遮蔽保护
机具准备	1	灰浆泵、铁锹、手推车、重力式喷枪、板刷、计量容器、带刻度钢针、钢尺等
	2	 灰浆泵 　　　重力式喷枪 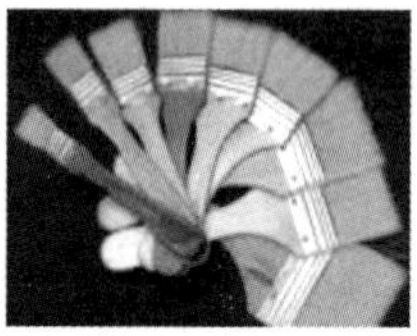　　　板刷
作业条件	1	钢结构防火喷涂应由经过培训合格的专业施工队施工。施工中的安全措施和劳动保护等应到位
	2	施工过程中和涂层干燥固化前，环境温度保持为 5~38 ℃，相对湿度不大于 90%，空气流通。当风速大于 5 m/s，或雨天和构件表面有结露时，不准作业
	3	对钢构件碰损或漏刷部位应补刷防锈漆两遍，经检查验收合格后方准许喷涂
	4	防火涂装施工前彻底清除钢构件表面的灰尘、浮锈、油污

2.4　施工工艺

2.4.1　工艺流程

钢结构防火涂装工艺流程如图 4.5.2.1 所示。

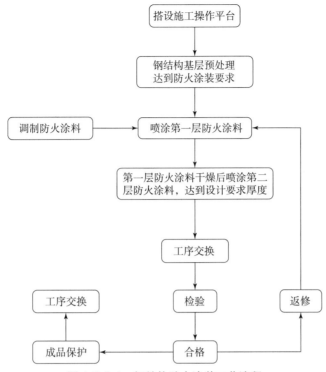

图 4.5.2.1　钢结构防火涂装工艺流程

2.4.2　工艺要求

钢结构防火涂装工艺要求见表 4.5.2.3。

表 4.5.2.3　钢结构防火涂装工艺要求

工序	材料名	混合	涂布量/ $(kg \cdot m^{-1})$	工序内/ h	工序间/ h	备注
基面	用钢刷除去钢骨表面的附着物（浮色污染等），并吹掉表面的灰尘					
底漆	专用底漆#70	混合型	0.1 ~ 0.12	—	4 以上	喷涂 滚涂 刷涂
主材 第一遍	防火涂材（粉体）	20 kg	3.8 （6 mm）	16	—	抹刮
	清水	18 ~ 20 kg				
挂网	钢丝网					
主材 第二遍	防火涂材（粉体）	20 kg	5.6 （9 mm）	16	—	抹刮
	清水	18 ~ 20 kg				
主材 第三遍	防火涂材（粉体）	20 kg	5.6 （9 mm）	16	—	抹刮
	清水	18 ~ 20 kg				
注意事项：混合时，如果加水量不够，会导致干燥后的涂膜干密度上升及干燥收缩率提高，提高涂膜开裂、脱落等危险现象发生的概率。请严守混合材料的混合比例						

2.4.3 工艺方法

钢结构防火涂装工艺方法见表4.5.2.4。

表4.5.2.4 钢结构防火涂装工艺方法

施工项目	施工工艺
前期准备	根据涂料类型、涂层厚度以及钢构件的形状和面积大小选择合适的涂装方法
	必须在防腐工程阶段性验收合格以后，再进行防火工程的施工
	须先将防腐涂层表面的灰尘、油污等清除干净
超薄型防火涂料	采用重力式喷枪进行喷涂，压力为0.4~0.6 MPa
	喷枪垂直于构件，距离为6~10 cm。喷嘴与基面基本保持垂直，喷枪移动方向与基材表面平行，不能是弧形移动
	操作时先移动喷枪后开喷枪送气阀；停止时先关闭喷枪送气阀再停止移动喷枪
	喷涂构件阳角时，先由端部自上而下或自左而右垂直基面喷涂，然后水平喷涂；喷涂阴角时，先分别从角的两边，由上而下垂直喷涂，然后水平方向喷涂
	垂直喷涂时，喷嘴离角的顶部要远一些；喷涂梁底时，喷枪的倾斜角度不宜过大
	第一遍涂覆厚度不应超过0.25 mm，后面每次涂覆厚度不得超过0.4 mm

2.5 防火涂料施工过程控制

钢结构防火涂料施工过程控制见表4.5.2.5。

表4.5.2.5 钢结构防火涂料施工过程控制

工序名称	施工方法及工艺参数	质量要求	检测标准及仪器
表面清理	清理工件表面油脂、灰尘及杂物	清洁、无油、干燥	目测
遮蔽、保护	用薄膜等材料对屋面板、玻璃幕墙等进行遮蔽、保护	遮蔽完整、整洁	目测
抹涂防火涂料	滚涂70号底漆（界面剂），抹涂涂料。 环境温度：≤40 ℃。 环境湿度：≤85%。 钢板表面温度高于露点0 ℃以上	1. 外观：平整、光滑 2. 分1~2次抹涂	检验标准：《钢结构防火涂料》（GB 14907—2018） 测试仪器：温湿度测试仪、卡式测厚仪
交验	测量防火涂料厚度。 检查涂层平整度、裂纹等涂层缺陷。 检查交验资料是否齐备	干膜厚度达到规定要求，涂层各项指标达到规定的要求	检验标准：《钢结构防火涂料应用技术规程》（T/CECS 24—2020）、《建筑内部装修设计防火规范》（GB 50222—2017） 检测仪器：干膜测厚仪、直尺、附着力测量仪
去保护	撤掉保护材料、环境清理	环境干净、整洁	目测

2.6　施工安全保证措施

2.6.1　防火涂料施工中存在的危险因素

防火涂料施工中，主要的危险因素是人员高处坠落及涂料喷涂时飞散污染，其中存在高空坠落隐患的部位为钢柱外侧、钢梁及圈梁外侧等。高处坠落伤害的主要危险源为移动操作架的搭设是否规范，操作架在使用时是否按照规定在荷载范围内，是否做好固定措施后才作业，人员在操作架上作业是否按照规定系好安全带等。

由于绝大部分的涂料具有易挥发、有毒、易燃、易爆等特点，所以做好涂装的安全防护是非常必要的。

2.6.2　安全措施

（1）涂装的油漆应与制作厂使用的油漆相同，由制作厂统一提供，并符合相关性能要求，取样送检的结果须符合相关的产品标准和设计要求。

（2）涂装作业人员要进行安全技术教育培训且持有特殊工种作业操作证。

（3）涂装作业前，须对涂装位置进行除锈处理，确保涂装位置清洁、干燥。为了防止在除锈过程中铁屑等溅入眼内，须佩戴防护眼镜。

（4）进行涂装作业须佩戴口罩、手套等。施工场所禁止饮食，以免吸入易挥发、有毒物质。

（5）施工现场严禁烟火，并设置明显的禁止烟火的宣传标志，现场要有通风措施。施工现场配备消防水源和消防器材。

（6）擦过溶剂和新涂料的棉纱、破布等存放在带盖的铁桶内，并定期处理掉。

（7）严禁向下水道倾倒涂料和溶剂。

（8）在高空涂装作业时，须搭设操作平台，还应佩戴双钩安全带等。

（9）使用喷枪时，禁止将枪口对人喷射。

（10）在涂装过程中，对可能造成污染的地方用彩布和塑料薄膜进行遮挡保护。

第六节　钢栈桥关键技术措施

1　安全技术要点

1.1　高空作业技术要点

（1）施工人员要坚持每天下班前清扫制度，做到工完料净场地清。

（2）吊装施工危险区域，应设围栏和警告标志，禁止行人通过和在起吊物件下逗留。

（3）夜间高处作业必须配备充足的照明。

（4）必须认真执行国电公司有关安全设施标准化的规定，并要与施工进度保持同步。如果不能与进度同步，再好的安全设施也无济于事。

（5）尽量避免立体交叉作业，立体交叉作业要有相应的安全防护隔离措施，无措施严禁同时进行施工。

（6）作业前应进行安全技术交底，作业中发现安全设施有缺陷和隐患必须及时解决，危及人身安全时必须停止作业。

（7）在高处吊装施工时，密切注意、掌握季节气候变化，遇有暴雨、6级及以上大风、大雾等恶劣气候，应停止露天作业，并做好吊装构件、机械等稳固工作。

（8）盛夏做好防暑降温，冬季做好防冻、防寒、防滑工作。

（9）高处作业必须有可靠的防护措施。如悬空高处作业所用的索具、吊笼、吊篮、平台等设备设施均需经过技术鉴定或检验后方可使用。无可靠的防护措施绝不能施工。特别在特定的、较难采取防护措施的施工项目，更要创造条件保证安全防护措施的可靠性。在特殊施工环境安全带没有地方挂，这时更需要想办法使防护用品有处挂，并要安全可靠。

（10）高处作业中所用的物料必须堆放平稳，不可放置在临边或洞口附近，对作业中的走道、通道板和登高用具等，必须随时清扫干净。拆卸下的物料、剩余材料和废料等都要加以清理并及时运走，不得任意乱置或向下丢弃。各施工作业场所内凡有可能坠落的任何物料，都要一律先行撤除或加以固定，以防跌落伤人。

（11）实现现场交接班制度，前班工作人员要向后班工作人员交代清楚有关事项，防止盲目作业发生事故。

（12）认真克服管理性违章。

（13）"三宝"防护。

1）进入施工现场的任何人员必须按标准佩戴好安全帽。

2）凡在高处作业或悬空作业，必须系挂好符合标准和作业要求的安全带。

3）高处作业点的下方必须设挂安全网，凡无外脚手架作为防护的施工，必须在第一层或离地高度 4 m 处设一道固定安全网。

（14）不同层次进行的高处作业，称为交叉作业，上下立体式交叉作业极易造成坠物伤人，因此，上下不同层次之间，首先在前后、左右方向必须有一段横向的安全隔离距离，此距离应该大于可能的坠落半径。如果不能达到此安全隔离距离，就应该设置能防止坠落物伤害下方人员的防护层，即主要张拉安全网，要根据负载高度来选择安全网的宽度，安全网上所有的绳节或节点，必须固定。

（15）在高处作业范围以及高处落物的伤害范围处须设置安全警示标志，并设专人进行安全监护，防止无关人员进入作业范围和落物伤人。

1.2 吊装作业技术要点

（1）加强施工现场安全管理，健全安全管理制度。在吊装期间，吊装现场设置警戒区，并作明显标志，吊装工件时，严禁无关人员进入或通过。派专职保卫人员负责警戒，非作业人员严禁入内；严格遵守《建筑机械使用安全技术规程》（JGJ 33—2012）的相关要求。

（2）起重机进入作业场区前，应按吊装荷载的要求对作业场地进行地耐力强度的复合。发现地耐力不符合施工要求时，应对场地进行加固，加固的方法视具体情况商定。

（3）起重机进场后，向起重机司机详细介绍吊装方案，明确统一指挥信号。

（4）认真、细致地做好吊装的准备工作，按方案要求备齐机具及工索具，严格执行吊装机具的性能检查，起重工索具检查，试吊、监测及吊装程序，确保吊装作业安全、可靠地进行。

（5）吊车站位和行走路线应按方案要求进行铺垫，在吊装过程中密切关注吊车支腿的沉降情况。

（6）现场指挥人员与吊车司机的联系要及时、可靠，指挥信号、旗语、手势要清楚、明了，发现异常情况要及时汇报吊装现场总指挥，以便采取行之有效的措施。

（7）风力在五级及以上时，雨天、雾天等严禁吊装作业，在雨天后进行吊装作业之前和之中，要特别注意检查吊装区域地耐力的变化，如有异常，应立即停止吊装作业。

（8）吊装作业要统一指挥，作业人员各司其职，各工种密切配合，不得擅离工作岗位或各行其是。

（9）在起重作业中，凡参加本工程的所有人员按指挥进入工作岗位，要切实遵守现场秩序，服从命令听指挥，不得擅自离开工作岗位，并有专人做好保安工作。

（10）吊车应严格按照每台设备的吊装施工平面布置图的要求进行站位。

（11）吊车每调整一次，都要在起吊前进行试吊，试吊时必须缓慢进行，待设备即将离地时，有关人员要全面查看吊车状况，确认无异常情况后，方可继续起升，试吊的起升高度不得超过 100 mm，进入正式吊装程序，在起升到预定的高度后，应停机观察，经检查情况后，即可结束吊装作业。

（12）钢桁架在吊装过程中严禁与现场构筑物或其他物体发生碰撞。进行吊装作业时，吊钩的偏角不应大于 3°。

（13）吊车在起钩、回转、变幅操作过程中，均应缓慢进行。吊车及设备四周均应设专人看守。发现问题及时向指挥人员发出报警信号。

（14）指挥人员应站在能看到吊装全过程，并被所有施工人员看到的位置上，以便直接指挥各个工作岗位，当指挥人员不能直接面对时，必须通过其助手及时传递信号。

（15）吊装时，施工人员不得在吊车起重臂或工件的下面、受力索具附近及其他有潜在危险的地方停留。

（16）吊装作业现场应设警戒区，非作业人员不得入内，固体废弃物要放在事先指定的位置，收工后统一处理。

（17）吊装时，任何人不得随同工件或机具升降。特殊情况必须随同升降时，应采取可靠措施，并经总指挥批准。

（18）高空作业要办理登高作业许可证。进行高空作业时，施工人员所携带的工具应拴牢保险绳，以防失手坠落伤人。禁止从高空扔下物体（包括工具、工件等）。

（19）进行高空作业的施工人员的工作面，应有安装牢固的平台，并设有钩挂安全带的装置。施工人员必须按要求佩戴劳动保护用品，安全带挂设要牢固可靠，否则不得上岗作业。

（20）钢桁架吊装前，应事先在吊点处搭设安全可靠的操作平台，从钢桁架下部到上部应设置爬梯（摘钩时上下使用）。待钢桁架吊装就位并安装固定后，起重机应适当松钩，有两名施工人员在吊点处摘除吊装索具，确认索具与吊耳完全分离后，起重机吊钩缓慢将索具提升至安全距离后方可移开作业区。（注意：施工人员在上下时必须正确佩戴安全带等劳保用品，严格按照安全规程进行施工，否则不允许进行施工作业。）

（21）建立现场安装保险措施，现场将派 1 名专职安全员进行安全管理，处理安全隐患；做到安全管理措施到位，安全防护措施到位。

（22）当遇大风、大雨时（5级以上）不得进行吊装，并及时检查已安装的钢桁架，必要时用缆绳固定。高空作业必须系安全带，必要时应在下面铺设安全网。

1.3　台风及雨季应急技术要点

（1）遇有恶劣气候影响安全生产时，应及时停止施工作业，做好施工期间突发事件的防范和救护。

（2）储备棚布、塑料薄膜等防雨用品。汛期和暴风雨期间组织昼夜值班，注意天气预报和台风暴雨警告。

（3）在雷、雨施工期应设专人收集气象资料，以便及时做好安排，在整个工程施工期间，做好防台风措施。随时做好防台风袭击的准备。设专人关注天气预报，做好记录，并与市气象台保持联系，如遇天气变化及时报告，以便采取有效措施。

（4）成立台风期间抢险救灾小组，密切注意现场动态，遇有紧急情况，立即投入现场进行抢险，将损失降到最低。

1.4 防火及保卫技术要点

（1）施工现场配备灭火器并保持有效。气割及电焊区域应严格做好防火工作。油漆、涂料由专人负责，库区严禁烟火。

（2）接受现场治安保卫，遵守地方法律，杜绝刑事治安案件的发生。夜间施工现场必须设立保卫人员，保护材料、设备的安全。

1.5 防止起重机倾翻技术要点

（1）吊装现场道路必须平整坚实，回填土、松软土层要进行处理。如土质松软，应单独铺设道路。起重机不得停置在斜坡上工作，也不允许起重机两边一高一低。

（2）严禁超载吊装。

（3）禁止斜吊。斜吊会造成超负荷及钢丝绳出槽，甚至造成拉断绳索和翻车事故。斜吊还会使重物在脱离地面后发生快速摆动，可能碰伤人或其他物体。

（4）绑扎构件的吊索须经过计算，所有起重工具，应定期进行检查，对损坏者做出鉴定，绑扎方法应正确牢固，以防吊装中吊索破断或从构件上滑脱，使起重机失重而倾翻。

（5）不吊重量不明的重大构件设备。

（6）禁止在五级风的情况下进行吊装作业。

（7）指挥人员应使用统一指挥信号，信号要鲜明、准确。起重机驾驶人员应听从指挥。

1.6 防止高空坠落技术要点

（1）操作人员在进行高空作业时，必须正确使用安全带。安全带一般应高挂低用，即将安全带绳端的钩环挂于高处，而人在低处操作。

（2）在高空使用撬杠时，人要立稳，如附近有脚手架或已装好构件，应一手扶住，一手操作。撬杠插进深度要适宜，如果撬动距离较大，则应逐步撬动，不宜急于求成。

（3）高空作业时，应尽可能搭设临时操作台。操作台为工具式，宽度为 0.8~1.0 m，且临时以角钢夹板固定在柱上部，低于安装位置 1.0~1.2 m，工人在上面可进行钢桁架的校正与焊接工作。

（4）如需在悬至高空的钢桁架上弦上行走时，应在其上设置安全栏杆。

（5）登高用的梯子必须牢固。使用时必须用绳子与已固定的构件绑牢。梯子与地面的夹角一般以 65°~70° 为宜。

（6）操作人员在脚手板上通过时，应思想集中，防止踏上挑头板。操作人员必须穿防滑鞋进行高空作业。

1.7 防止高空落物伤人技术要点

（1）地面操作人员必须佩戴安全帽。

（2）高空操作人员使用的工具、零部件等，应放在随身佩戴的工具袋内，不可随意向下丢掷。

（3）在高空用气割或电焊时，应采取措施，防止火花落下伤人。

（4）地面操作人员，应尽量避免在高空作业面的正下方停留或通过，也不得在起重机的起重臂或正在吊装的构件下停留或通过。

（5）构件安装后，必须检查连接质量，只有连接安全可靠，才能松钩或拆除临时固定工具。

（6）吊装现场周围应设置临时栏杆，禁止非工作人员入内。

1.8　防止触电、气瓶爆炸技术要点

（1）起重机从电线下行驶时，起重机司机要特别注意吊杆最高点与电线的临空高度，必要时设专人指挥。

（2）搬运氧气瓶时，必须采取防震措施，不可向地上猛摔。氧气瓶不应放在阳光下暴晒，更不可接近火源。要防止机械油落到氧气瓶上。

（3）电焊机的电源长度不宜超过 5 m，且必须架高。电焊机手把线的正常电压，在用交流电工作时为 60～80 V，要求手把线质量完好无损，如有破皮情况，必须及时用胶布严密包扎。电焊机的外壳应该接地。

1.9　现场应急预案

（1）明确各级施工人员安全生产责任，各级施工管理人员要确定自己的安全责任目标，实行项目经理责任制。实行安全一票否决制。

（2）起吊工具应牢固可靠，做好试吊工作，经确认无问题后方准吊装。进入工地必须戴安全帽，高处作业必须系安全带。

（3）吊装散状构件时必须捆绑牢固，并保持平衡方可起吊。

（4）非机电人员严禁动用机电设备。

（5）坚持安全消防检查制度，发现隐患，及时消除，防止工伤、火灾事故发生。

（6）成立现场安全应急领导小组，有组织、有分工、有责任。

（7）出现事故时由安全应急领导小组马上组织处理现场，抢救人员，消除不安全因素，并及时上报。

2　施工质量要点

2.1　组织保障

（1）以现行质量体系为基础，对质量进一步进行控制。订立安装质量责任制，对施工及管理人员进行技术、质量交底，对施工中的关键质量问题进行探讨并提出解决办法。

（2）对到工地的构件、零部件进行保护和保管，以防损伤。检验人员应严格把关，施工、质量人员在安装过程中勤指导、多督促。严格按规定要求进行检查、测量。

（3）对编号、堆放进行规划，应做到编号准确、堆放合理、标识明确。堆放整齐，不允许在污泥和低洼积水地堆放。

（4）要对质量员、检验员提出严格要求，并要对队长、施工员、安装工人进行质量教育，共同承担安装质量责任。现场质量员、检测人员应与安装队伍一道工作；随时检验，不离岗，同时对现场钢结构件的堆放进行质量管理。

（5）质量工程师应及时汇集整理有关检验记录资料和有关质量资料，以便及时提供监理人员。

（6）现场出现问题不得擅自处理，应由质量工程师、技术工程师会同有关专家和技术人员处理。

（7）经纬仪、水准仪、钢卷尺等测量手段应配备完善，由质量工程师负责并保管。

（8）各部门施工人员都应对本工程质量负责，对产生的每种质量问题，都应有相应的纠正措施和经济处罚措施。

2.2　原材料保证

（1）评审钢结构材料，抽查范围应包括钢材、钢铸件、焊接材料、连接紧固标准件、压型板和防腐、防火涂装材料等。

（2）钢结构材料抽查的主要内容应有原材料的品种、规格、性能、产品质量合格证明和进场验收检验记录，并应依据有关检验项目的规定，对半成品、成品的质量进行抽查。

（3）建筑结构安全等级为二级和大跨度钢结构的主要受力构件材料或进口钢材，均应依据相关标准的规定，抽查其复验报告，钢材还应具有冷弯试验合格保证。

（4）连接紧固标准件应依据相关标准的有关规定，抽查材料的质量合格证明文件、标志及检验报告。

（5）钢结构焊接的焊条、焊丝、焊剂等材料，应与所焊母材相匹配，并应符合相关规定和设计要求。

（6）防腐、防火涂料除应达到设计要求外，还应达到环保要求，所用产品应符合环保标准，新产品使用前应做相容性试验。

2.3　构件质量控制

构件质量控制措施见表 4.6.2.1。

表 4.6.2.1　构件质量控制措施

序号	控制措施
1	钢结构件制作的评审，应对钢结构工程所用的钢零件、钢部件、钢结构件的制作加工质量进行抽查
2	承包或队伍的加工制作单位，应具备与钢结构工程技术特点、规模相适应的企业资质。应对加工企业进行质量监控，并应对加工全过程进行监制与记录
3	加工企业应对承包钢结构加工项目编制焊接工艺目录。对于首次使用的钢材、焊接材料及焊接方法，应按规范要求进行焊接工艺评定。焊接工艺评定应经监理工程师确认后实施
4	钢结构工程焊工必须经培训、考试合格后方能上岗，上岗工位应与考试工位、焊接条件相一致；持证焊工应熟悉作业指导书，按工艺操作
5	钢结构件的制作工艺程序、加工质量、预拼装组装质量及规格允许偏差，应控制在规范允许偏差值的范围之内
6	焊缝应外形均匀，成型良好，焊道过渡平滑，焊缝的长度、厚度和焊脚应符合规范及设计要求，且不得有裂纹、焊瘤、气孔、夹渣、咬边、弧坑、焊渣和飞溅物等缺陷
7	钢结构件采用高强度螺栓连接的摩擦面，应进行抗滑移系数试验，并有试验和复验报告。各型高强度螺栓连接副的施拧方法和螺栓外露丝扣等应符合要求，所用扭矩扳手应经计量检定
8	钢结构件防腐涂料涂装前，钢材表面应严格除锈，并应清除焊渣、焊疤、焊瘤、飞边、毛刺和灰尘油污。涂料品种、性能、涂装工艺、遍数、涂层厚度，应符合设计要求。涂料不应误涂在结构焊口处，不得有漏涂或返锈。涂层不得有脱皮、皱皮、针眼、气泡、流坠

序号	控制措施
9	钢结构加工企业应编制和组织落实钢结构件预拼装方案，钢结构件预拼装验收应由建设单位、监理单位、总包方的技术负责人共同参加
10	钢结构件涂装后，应分类编号、标志、标记清晰，现场分类堆放，妥善保管。在起吊运输过程中结构件涂装层有损伤时，应进行补涂处理，并应保证原涂层厚度和涂装质量
11	有涂层、镀层的压型金属板成型后，涂层、镀层不得有可视的裂纹、剥落、擦痕，应面层干净，规格应符合相关标准中对于允许偏差值的规定

2.4　构件测量控制网布设

（1）根据现场标高基准控制线，进行校核，然后根据复核结果设立钢结构安装高程控制点，用精密水准仪进行闭合检查，在场区周围布设足够数量水准点，相互校核，测设出钢结构安装高程控制网。

（2）根据业主提供的混凝土结构施工测量成果数据和测量控制桩或基准点，用全站仪和便携式微型激光测距仪进行钢结构安装位置平面和高程的数据复核，并经监理、业主、总包管理部确认后，再引测建筑物主轴线，布设轴线控制网，设置钢结构安装测量控制网，在周围楼面或者柱、梁上做出显著标记。施工过程中定期复核控制网，确保测量精度。

（3）布设轴线控制网前，先仔细校核测量仪器，保证每台仪器都处于正常运行状态，保证测量的精度要求。

2.5　构件加工质量控制

（1）所有钢结构件的制作在工厂进行，严格按钢结构有关规范规程执行。

（2）对焊接接头应进行试验，将焊接工艺全过程详细记录，测量出焊接的收缩量，反馈到钢结构件的制作中，作为施工的依据。

（3）钢结构连接的钢件、预埋件，在深化设计图中准确详细表示，预先进行表面的防锈处理，并在工厂完成焊接连接件的焊接工作。

（4）钢结构件预留洞，按照设计图纸所示规格、位置在工厂制孔，并按设计要求进行补强，在工地不得随意制孔。

（5）焊接坡口加工采用自动切割、半自动切割、坡口机、刨边等方法进行。坡口加工时，应用样板控制角度和各部分规格。

（6）制作厂焊接采用自动或半自动埋弧焊、气体焊保护。根据工艺要求，进行焊接预热及后热，并采取防止层状撕裂（特别是对于T形接头、十字接头、角焊接头焊接）、控制焊接变形的工艺措施。对重要构件、重要节点，应进行焊后消除应力处理。

（7）杆件拼装接头位置，可根据施工操作要求对设计图纸中确定的位置作适当调整。

2.6　柱脚预埋件安装质量

（1）为保证预埋件的安装精度，埋件安装前应先设置固定支架，逐次调整预埋锚栓的安装精度。

（2）根据定位轴线和标高基准点复核和验收设置的制作预埋件或预埋螺栓的平面位置和标高。

2.7　焊接保证措施

（1）焊缝外观质量标准。

（2）对构件的焊接，焊工必须进行复核，取得合格证的焊工方可上岗操作。

（3）焊接前，焊道端面及左右各50 mm均须清除锈、油脂及其他杂物。

（4）多道焊接时，在焊接完成后，须清除焊渣，并以钢刷清除焊道，必要时以砂轮磨除不清洁物方可施焊。

（5）焊接时必须使用干燥的焊条以确保质量。

（6）执行自检、互检、联合检查。对焊缝进行100%超声波探伤，以上检查项目均做好记录。

2.8　构件安装质量控制

构件安装质量控制措施见表4.6.2.2。

表4.6.2.2　构件安装质量控制措施

序号	控制措施
1	安装前，应对构件的外形规格、位置、连接件位置及角度、焊缝等进行全面检查，验收合格后才能进行安装
2	构件安装顺序应认真设计，尽快形成一个刚体以便保持稳定，也利于消除安装误差
3	必须利用已安装好的结构吊装其他构件和设备时，应进行必要的验算
4	结构安装时，应注意日照、温度、焊接等因素变化引起的变形，并采取相应的措施
5	钢结构安装时进行定位测量、焊前、焊后三道测量环节，在钢结构件安装过程中进行垂直度测量、中心偏差测量和标高测量，整个过程实施跟踪测量

2.9　防腐涂料施工质量控制

防腐涂料施工质量控制措施见表4.6.2.3。

表4.6.2.3　防腐涂料施工质量控制措施

序号	控制措施
1	钢结构件出厂前不需要涂漆部位：与混凝土紧贴或埋入的部位，焊接封闭的空心截面内壁，柱脚锚栓和底板
2	除上述所列范围以外的钢结构件表面，钢结构件出厂前需喷涂部位，除锈后喷涂底漆和中间漆，焊接区清锈后涂专用坡口焊保护漆两道
3	使用的涂料应经具有相应资质的检测部门进行第三方检测，并进行涂层附着力、防腐油漆的力学性能（柔韧性能、耐磨性能、耐冲击力性能）、环保性能、锌粉含量测试
4	涂装前钢材表面除锈应符合设计要求和相关标准的规定。处理后的钢材表面不应有焊渣、焊疤、灰尘、油污、水和毛刺等
5	涂料、涂装遍数、涂层厚度均应符合设计要求
6	涂装时的环境温度和相对湿度应符合涂料产品说明书的要求，当产品说明书无要求时，环境温度宜为5~38 ℃，相对湿度不应大于85%，涂装时构件表面不应有结露，涂装后应保护免受雨淋
7	构件表面不应误涂、漏涂，涂层不应脱皮和返锈等，涂层应均匀、无明显皱皮、流坠、针眼和气泡等
8	涂装完成后，构件的标志、标记和编号应清晰完整

序号	控制措施
9	钢结构件应先涂防腐底漆，表面处理后到底漆的时间间隔不超过 6 h
10	为了确保钢结构件防腐的质量，在业主指定位置制作样板一块。样板应经业主、监理确认，所用涂料、干膜厚度、施工方式等均满足设计要求后再开始大面积施工

2.10　防火涂料施工质量控制

（1）所有防火涂料的产品合格证、耐火极限检测报告和理化力学性能检测报告须齐全。

（2）施工前应用铲刀、钢丝刷等工具清除钢结构件表面的返锈、浮浆、泥沙、灰尘和其他黏附物；钢结构件表面不得有水渍、油污，否则必须用干净的毛巾擦拭干净。

（3）钢结构件基层表面处理完毕，并通过相关单位检查合格后，再进行防火涂料的施工。

（4）当风速大于 5 m/s、相对湿度大于 90%、雨天或钢结构件表面有结露时，若无其他特殊处理措施，不宜进行防火涂料的施工。

（5）防火涂料的每一遍施工必须等上一道施工的防火涂料干燥后方可进行。

（6）在施工现场环境通风情况良好、天气晴朗的情况下，防火涂料施工的重涂间隔时间为 8～12 h。

（7）涂层完全闭合，不漏底、不漏涂；表面平整，无流淌、无下坠、无裂痕等现象。

2.11　高强度螺栓安装质量控制

（1）由专职质检员对每批各种规格的高强度螺栓逐个进行外观规格、表面硬度和表面缺陷检验，合格后方可使用。

（2）以同规格每 600 只为 1 批，每批取 3 只为 1 组，进行高强度螺栓承载力检验。

2.12　钢栈桥质量通病预防措施

2.12.1　钢材表面缺陷防治措施

（1）应重视材料的保管工作。钢材堆放应注意防潮，避免雨淋结冰，有条件的应在室内（或棚内）堆放，对长期露放不用的钢材宜作表面防腐处理。

（2）凡在质量控制范围内的缺陷，可以用砂轮打磨等措施进行修补；凡严重锈蚀和麻点的钢材，不得使用。

（3）在制作、安装过程中应加强机械工具的正确使用，对产生的划痕和吊痕可采用补焊后打磨进行修整。

2.12.2　气割质量超标防治措施

（1）严格按照气割工艺规程所规定的要求，选用合适的气体配比和压力、切割速度、预热火焰的能率、割嘴高度、割嘴与工件的倾角等工艺参数，认真切割。

（2）应按被切割件的厚度选用合适的气割嘴，气割嘴在切割前应将风线修整平直，并具有超过被割件厚度的长度。

2.12.3　螺栓孔距超标防治措施

（1）采用划线钻孔时，应在构件上用划针和钢尺划出孔的中心和直径，在孔的圆周上（90°位置）打上 4 个圆冲印，以备钻孔后检查用。孔中心的圆冲印应大而深，以作定心用。

（2）钢板重叠钻孔时，应注意钢板的基准线（面）。

（3）批量大的同类孔群应采用钻模钻孔。

（4）设计不同意用扩孔纠正的孔，应按焊接工艺要求用焊接方法补孔、磨平、重新划线、重新钻孔或用套模钻孔，严禁塞物进行表面焊接。

2.12.4 构件规格偏差防治措施

（1）钢结构件进场安装前应对钢结构件主要安装规格进行复测，以保证安装工作顺利进行。

（2）钢结构件的运输应选用合适的车辆，超长或长细比过大的构件应注意支点的设置和绑扎方法，以防止构件发生永久变形和损失涂层。必要时应设计运输临时支架。

2.12.5 焊缝宽度超标

（1）正确选择和设计焊接坡口的角度，注意装配间隙。碳刨清根时注意清根线的直线度。

（2）注意焊接电流、电压的选择，正确运行焊接速度。

（3）焊缝超宽，可用角向砂轮磨去太宽的焊缝，使此部位同焊缝平顺过渡，并能向母材圆滑过渡。

（4）焊缝太窄可将该焊缝在处于水平位置的前提下，按照未焊满缺陷焊补工艺要求作焊接修补。

2.12.6 超声波探伤检测

超声波探伤检测需要满足表4.6.2.4所示的标准。

表4.6.2.4 超声波探伤检测标准

焊缝质量等级		一级	二级
内部缺陷超声波探伤	评定等级	Ⅱ	Ⅲ
	检验等级	B级	B级
	探伤比例	100%	20%

注：探伤比例的计数方法应按以下原则确定：（1）对工厂制作焊缝，应按每条焊缝计算百分比，且探伤长度应不小于200 mm，当焊缝长度不足200 mm时，应对整条焊缝进行探伤；（2）对现场安装焊缝，应按同一类型、同一施焊条件的焊缝条数计算百分比，探伤长度应不小于200 mm，并应不少于1条焊缝；（3）如果现场二级焊缝业主的第三方检测单位抽检不合格，则需承包商选用品牌清单范围之外的国家级检测单位或业主的第三方检测单位将抽检不合格批次钢结构二级焊缝进行100%检测，检测费用由承包商承担

根据图纸设计总说明，设计中未注明的构件连接方式均为角焊缝焊接，焊缝长度为满焊，焊缝高度有如下要求。

（1）焊接处较薄的板厚大于等于12 mm时，焊缝高度h_f为10 mm。

（2）焊接处较薄的板厚为10 mm时，焊缝高度h_f为8 mm。

（3）焊接处较薄的板厚为8 mm时，焊缝高度h_f为6 mm。

（4）焊接处较薄的板厚为6 mm时，焊缝高度h_f为5 mm。

（5）焊接处较薄的板厚小于6 mm时，焊缝高度h_f为较薄板厚。

2.13 焊缝质量外观要求

焊缝质量外观要求见表4.6.2.5。

表 4.6.2.5　焊缝质量外观要求

焊缝质量等级		一级	二级	三级
外观质量	未焊满		不允许	≤0.1 mm + 0.01t，且≤0.5 mm
				每 100 mm 长度焊缝内未焊满累积长度≤12.5 mm
	根部收缩		不允许	≤0.1 mm + 0.01t，且≤0.5 mm
				长度不限
	咬边	不允许	深度≤0.05t 且≤0.3 mm；连续长度≤100 mm，且焊缝两侧咬边总长≤10% 焊缝全长	深度≤0.05t 且≤0.25 mm，长度不限
	弧坑裂纹		不允许	
	电弧擦伤		不允许	允许存在个别电弧擦伤
	接头不良		不允许	缺口深度≤0.03t，且≤0.3 mm
				每 500 mm 长度焊缝内不得超过 1 处
	表面夹渣		不允许	深度≤0.1t，长度≤0.3t，且≤10 mm
	表面气孔		不允许	直径小于 0.5 mm，每米不多于 2 个，间距不小于 40 mm

3　监控技术要点

（1）吊装现场设立警戒区域，非操作人员严禁入内。

（2）精心计算两台起重机的停靠位置、起吊角度、吊臂长度等数据，确保吊装安全。

（3）吊装过程中，多方位观察吊物运行轨迹，发现异常，应立即停止行动。

第五章 浅圆仓科技储粮施工技术

手中有粮，心中不慌，粮食是国家重要的战略物资。民以食为天，粮食及其储备是否安全，关系经济社会发展全局，关系人民群众切身利益，始终是治国安邦的头等大事。自2000年以来，我国对中央储备粮实行垂直管理，从而诞生了中储粮；垂直管理后，政企分开、自主经营，进入了体制顺、运行稳的新储粮轨道。自此之后，储粮理念正在发生着深刻的变化，粮食仓储设施建设逐渐引起重视，以科技为先导，推广使用新技术，建设新仓型，研发新设备，不断提升粮食仓储设施建设科技含量。

科学技术日新月异，随着物联网、大数据、智能建造、5G信息通信技术的发展，机械化、自动化、信息化、智能化已成为建造技术的新特征。2022年7月22日，国务院国资委召开地方国资委负责人年中工作视频会议，总结2022年上半年工作，研究安排2022年下半年重点任务，就国有企业加快建设世界一流企业和打造原创技术策源地进行专项部署。科技储粮已然肩负起了国家储粮技术重点任务，也为现代储粮的发展趋势指明了发展方向。本章将从建造智能化、仓储智能化、作业智能化、管理智能化等方面介绍当前的科技储粮技术。

第一节 科技储粮现状及应用

纵观国外储粮科学技术发展，主要应用的科技储粮技术有低温储粮技术、气调储粮技术、包装技术、硫酰氟防治储粮害虫技术。当前国外科技储粮，重视多渠道资金投入、重视基础研究，因地制宜推广粮食储藏技术，整体作业自动化程度高。国外在粮库建设时配套了高度机械化、自动化的粮食仓储与物流设备，搭建网络监控系统设备，建立计算机数学模型，实现对仓储、物流、储粮害虫和微生物的自动化、自动扦样、网络监控、智能化管控，实现科技储粮体系。

好粮要好仓，随着现代科技、建造技术发展速度不断加快，特别是在工业化与智能化的当下，结合国家绿色发展理念，我国粮仓建造、粮食储藏理念正在发生着深刻的变化。储粮技术正在由传统储粮技术向绿色储粮、智能储粮、自动储粮技术发展，由简陋仓房向大型、由粗放型仓储管理向精细化仓储管理发展，尤其是低温储粮技术、气调储粮技术、信息技术在粮食仓储行业中的应用，大大提升了我国粮食储藏的技术水平；同时，也为节能减排、环境保护做出了积极的贡献。

随着我国科技储粮技术的不断进步及应用，通过现代化建造技术、智能化设施设备等应用搭建起来的仓储设施基础，使智能化粮库监测系统、低温储粮技术、氮气气调技术、内环流控温技术更好地发挥作用，从而促使粮食储存设施建设取得了极为显著的成效，发展至今科技储粮覆盖率达到98%以上，储粮宜存率达到95%以上，储粮综合损耗率控制达到1%以内。

第二节 科技储粮体系

1 智慧建造体系

智慧建造是以先进信息技术为支撑，如利用 BIM 技术、物联网、数据服务（DM）、移动技术和云计算等，借助先进的技术来提高生产效率，采取科学的管理方法来提升管理，通过建立各类标准化信息服务平台，实现工程项目所涉及的人与人、人与物、人与环境之间的实时互通和有效交流，使各参与方之间能够协同运作，进而实现优质、高效、低碳、安全的工程建造模式。在工程建造过程中采用移动终端、RFID、GPS 等技术手段来实时感知、采集建造过程中的有关工程质量、进度、环境、安全等信息，进而将这些信息数据输入构建好的 BIM 平台，再基于互联网及物联网等云平台，实现了实体与模型之间的信息互联互通，最终形成一个智能化、信息化的建造环境。

要真正实现建筑业的智慧建造，一是建造技术方面应用推广的科技工艺技术；二是建设项目硬件方面的资源配置，搭建人工智能、BIM 技术、移动互联网、物联网、3D 打印、大数据、VR/AR、云计算等前沿科技的信息化平台；三是软件方面制订科学先进的管理制度与管理程序，如质量、进度、成本、安全、运营管理等。这几方面共同构成有机的整体，形成智慧建造体系，其中 BIM 技术是整个体系的核心。运用 BIM 技术可以构建一个三维的、可视化的数字模型，帮助参与建设的各环节人员乃至终端用户等进行直观的模拟分析、调整优化，实现项目设计、建造及运营管理的最优。

2 绿色储粮体系

粮食和人一样，正如人生病了会发烧，粮食发生虫害、结露、生霉等问题也会"发热"。粮食由于在储藏过程中常遭受虫、霉、鼠等侵害，还受熏蒸杀虫剂等化学因素影响，使粮食或多或少带有一定量的药剂残留，造成化学污染，而粮食具有关系国计民生的特殊地位。人们对绿色、无公害、无污染、营养价值高的粮油食品的需求日趋迫切。另外，实施绿色储粮意义非凡，是确保储粮安全、卫生、环保的必然选择。

绿色储粮技术即以可持续发展理论为指导，以储粮生态学为理论基础，在粮食储藏过程中，尽量少用或不用化学药剂，以调控储粮生态因子为主要手段，从而保护环境，避免储粮污染，确保储粮安全，使人们吃到新鲜、营养、可口、无毒的放心粮的技术。绿色储粮技术，是在不断研究和实践中得以更新、发展和完善的，追求以少用或尽量不用化学药剂和提高现有药效为前提，进行害虫的综合治理，探索化学药剂的替代方法和改进其技术应用。

3 粮库智能化体系

粮库智能化是在粮情监测的基础上实现的，因此必须保证粮情检测的准确性和稳定性。仓储智能化的关键是如何将地域、外界环境、仓内环境、时间、品种、主观要求等要素充分融合到智能化云中心大数据库中，从而利用智能化云中心大数据进行分析、研判，为管理者的决策和指令操作提供参考，以此来实现智能化储粮。

粮库智能化是集现代通信与信息技术、计算机网络技术、行业技术和智能控制技术为一体的集成化技术，其针对粮食储备过程中的粮情测控、通风、气调和视频监控等某一个方面的应用，从而实现粮油仓储业务的自动化、互联网化与智能化管理，推动了互联网＋粮食模式的落地。粮库智能化系统的搭建，结合现代化装备、科学化管理、信息化网络、集约化经营、智能化检测，使粮食仓储体系不断网络化、交互化、智控化。计算机网络技术、现代通信信息技术、智能控制技术、行业技术等汇集，搭建起了针对粮库智能化的框架基础。

智能化粮库的建设内容主要包括业务管理系统、智能仓储系统、智能作业系统、安防监控系统、信息管理系统、办公自动化系统。其中，粮食仓储技术的智能化是其核心部分，直接影响着粮食仓储质量的安全，主要包括智能气调系统、粮情监测系统、智能通风温控系统等。粮库信息化、智能化已成为当前行业的一种趋势，是保障我国粮食安全的必然途径。

第三节　科技储粮技术应用

1　智慧建造技术

1.1　无人机测量

无人机技术的快速发展，推动着消费级无人机产业快速爆发以及得到广泛的应用，并且已成为一种新式快捷高效地采集高分辨率影像的平台。消费级无人机航空数字测量技术是建立在消费级无人机的基础上，与航空摄影测量技术体系共同构建的融合性技术方案，形成智能化的测绘技术，针对小区域通过倾斜摄影，快捷高效地采集高分辨率影像，构建三维模型。消费级无人机配合巡航软件即可快速获取高清数码影像，通过内业数据处理能达到专业型无人机的精度效果，对于小规模测绘、建模任务具有重要意义，大量节约了时间和人力、物力，实现模型数据的快速获取、存储和在线浏览。

消费级无人机在小区域测绘地形图、实景建模、土石方计算中发挥很大的优势。消费级无人机的优点，机动灵活、响应时间短；因为其高度集成化，可以快速安装与拆卸；体积小，便于携带，对起飞场地要求很小；在空域申请方面，相对于专业级无人机，消费级无人机空域易于申请；由于飞行高度低，分辨率高，可获取 1~2 cm 分辨率的影像。

消费级无人机自带智能云平台，搭载单镜头高清相机及 GPS 接收机、磁罗盘和红外等多种传感器，具有多个飞行模式，如 GPS 模式、姿态模式和速度模式等。其具备自主飞行/半自主飞行的能力，即能够通过地面控制软件完成自动起降、定点悬停和路线规划等功能，实现测绘功能。消费级无人机航摄系统一般由无人机飞行平台、遥控器和操控平板电脑等几部分组成。无人机飞行平台包含机身、云台相机、动力电池、螺旋桨等部分，用于航摄数据的获取。

无人机通过倾斜摄影，根据目标区实际情况一共布设多个像控点，选取一定数量的控制点、检查点。像控点布设要分布整个测区，均匀可靠，通过连接千寻定位系统，采用 GPS - RTK 的测量方式，进行像控点的测量。根据所采用的航摄系统，以及系统搭载相机镜头情况，对同一片区域设置飞行架次，分别获取垂直影像，多架次获取互成45°的倾斜影像，从不同角度获取反映真实区域地形、结构纹理的影像。航拍结束后，结合地面控制点和 POS 数据，通过内业软件数据处理，建立工程、空中三角测量和三维模型生产几步。基于图形运算单元（GPU）的快速三维场景运算软件，通过计算可以生成密集点云，根据高密度点云自动生成不规则三角网，根据三角网生成白模，对白模赋予纹理，自动生成带真实纹理的实景三维模型。实景三维模型建立后，较精准地实现小区域测绘地形图、土石方计算测量。

1.2　钢筋数字化加工技术

钢筋加工制作实行集中工厂化加工，配备数控弯曲中心、钢筋笼滚焊机、弯箍机等数控加工设备，已搭建起自动化加工的基础智能设备。通过配料钢筋料单，自行安排钢筋料单，虽然是集中加工，但是人为配置钢筋料单会造成诸多不合理情况，一定程度上增加了钢筋加工的损耗率。施工前期对结构进行 BIM 建模，生成模型后，利用其 BIM 技术将每个构件的钢筋生成料单，再根据施工进度对一定周期内加工的钢筋进行集中优化处理，大大减少了材料的浪费，同时，减少了人为工作量，降低了错误率。

在钢筋料单制作前，生成含有配筋信息的 Revit 结构模型（包含 BIM 实体钢筋模型），对接钢筋下料软件，自动生成符合规范图集及翻样规则要求的初步钢筋料单，根据料单需求自动优化配料，使钢筋切割按长短科学搭配，降低废料率，然后将优化后的钢筋料单存储为云数据或电子文档，供钢筋数控加工设备直接调用。

钢筋集中加工厂根据制订的加工配送计划，将复核确认过的钢筋料单数据储存在网络数据库中，生成对接数控加工设备的钢筋电子料单，并同时生成料单二维码，将电子料单下发给操作工人，二维码钢筋料单上同时显示钢筋信息，并对相应加工操作人员下达加工任务指标，明确加工的成型钢筋原材料规格、堆放位置以及加工成型钢筋制品几何规格、数量和任务时间等要求。

1.3　混凝土裂缝控制技术

通过混凝土裂缝控制技术的应用，实现混凝土质量提升，达到更优异的防渗漏目的。混凝土裂缝与结构设计、材料选择、施工工艺等多个环节相关，其中选择抗裂性较好的混凝土是控制裂缝的重要途径。本技术主要是从混凝土材料角度出发，通过原材料选择、配比设计、试验比选等选择抗裂性较好的混凝土，并提及施工中需采取的一些技术措施等。

本工程采用商品混凝土浇筑。

1.3.1　主要材料要求

对主要材料的要求如下：

（1）水泥：采用普通水泥，标号为 425#。通过掺加合适的外加剂可以改善混凝土的性能，提高混凝土的抗渗能力。

（2）粗骨料：采用碎石，粒径 5～20 mm，含泥量不大于 1%。选用粒径较大、级配良好的石子配制的混凝土，和易性较好，抗压强度较高。

（3）细骨料：采用中砂，平均粒径大于 0.5 mm，含泥量不大于 5%。选用平均粒径较大的中、粗砂拌制的混凝土比采用细砂拌制的混凝土可减少用水量 10% 左右，同时相应减少水泥用量，使水泥水化热减少，降低混凝土温升，并可减少混凝土收缩。

（4）粉煤灰：由于混凝土的浇筑方式为泵送，为了改善混凝土的和易性以便于泵送，考虑掺加适量的 I 级粉煤灰。按照《粉煤灰混凝土应用技术规范》（GB/T 50146—2014）中4.2.1 的要求，采用普通硅酸盐水泥拌制大体积粉煤灰混凝土时，其粉煤灰取代水泥的最大限量为 35%。粉煤灰对减少水化热、改善混凝土和易性有利，但掺加粉煤灰的混凝土早期极限抗拉值均有所降低，对混凝土抗渗抗裂不利，因此，粉煤灰的掺量控制在 20% 以内，采用外掺法，即不减少配合比中的水泥用量。接下来，按配合比要求计算出每立方米混凝土所掺加粉煤灰量。

（5）外加剂：通过分析比较及过去在其他工程上的使用经验，每立方米混凝土 2 kg 减水剂可降低水化热峰值，对混凝土收缩有补偿功能，可提高混凝土的抗裂性。具体外加剂的用量及使用性能，商品混凝土公司在浇筑前应将报告送达施工单位，经监理批准，方可按配合比施工。

1.3.2 混凝土配合比要求

混凝土配合比要求如下：

（1）混凝土采用搅拌站供应的商品混凝土，因此要求混凝土搅拌站根据现场提出的技术要求，提前做好混凝土试配。

（2）混凝土配合比应提高试配确定。按照国家现行《混凝土结构工程施工规范》（GB 50666—2011）和《普通混凝土配合比设计规程》（JGJ 55—2011），以及《粉煤灰混凝土应用技术规范》（GB/T 50146—2014）中的相关技术要求进行设计。

（3）粉煤灰采用外掺法时仅在砂料中扣除同体积的砂量。另外应考虑到水泥的供应情况，以满足施工的要求。

（4）配制的混凝土除满足抗压强度、抗渗等级等常规设计指标外，还应考虑满足抗裂性指标要求。使用温度－应力试验机进行抗裂混凝土配合比的优选。

1.3.3 施工要求

施工要求如下：

（1）混凝土运至现场的和易性和坍落度须满足泵送要求，现场严禁人为加水，人为加水将造成混凝土强度的降低，加水部分的混凝土水灰比和强度与原配合比的混凝土不同，造成不同配比混凝土的凝缩裂缝和干缩裂缝。

（2）混凝土振捣时应快插慢拔，插点要均匀排列，逐点移动，顺序进行，不得遗漏，做到均匀振实。移动间距不大于振捣作用半径的 1.5 倍（一般为 30 ~ 40 cm）。振捣上一层时应插入下一层 5 ~ 10 cm，以使两层混凝土结合牢固，振捣时振捣棒不得触及钢筋和模板。不正确的振捣方式会造成混凝土分层离析、表面浮浆而使混凝土面层开裂，或造成混凝土砂浆大量向低处流淌，致使混凝土产生不均匀沉降收缩而在结构厚薄交界处出现裂缝。

（3）在高温季节浇筑混凝土时，混凝土入模温度应低于 30 ℃，模板外加设遮阳网，遮挡滑模后新浇筑的混凝土直接受阳光照射。混凝土入模前模板通过自动喷淋系统进行一定的降温，确保钢筋的温度以及附近的局部气温均不超过 40 ℃。

（4）混凝土养护期间采用自动喷淋系统，并结合温控设备自动控制养护洒水节奏，防止混凝土表面温度受环境因素影响（如暴晒、气温骤降等）而发生剧烈变化。养护期间混凝土浇筑体的里表温度不宜超过 25 ℃，混凝土浇筑体表面与大气温差不宜超过 20 ℃。

1.4 清水混凝土技术

仓体采用滑模施工，内、外模板均使用自制订型大钢模板，其规格为 600 mm × 1 200 mm × 4 mm，模板之间采用螺栓拼接（每条拼缝不少于 4 个）。模板是按照清水混凝土技术要求进行设计加工，采用定型化钢模板，具有足够的强度、刚度和稳定性，满足清水混凝土质量要求和表面装饰效果的模板。

在模板上端第二孔、下端第一孔分别设双钢管围檩，以管卡钩头拉结模板（每条拼缝不少于 2 个），围檩用以调节钢管与提升架立柱连接。模板体系无对拉穿墙杆件，整体混凝土成型表面无空洞，整体性更好。围檩成环扣紧后，板间螺栓拼接。模板拼缝严密、规格准确、便于组装和拆除、表面平整光滑，能确保周转使用次数要求。

1.4.1 滑模模板支设要求

（1）准确控制提升架、模板上口相对标高误差，应小于 ±3 mm。提升架下横梁顶与该处模板上口间距偏差应小于 ±3 mm。

（2）模板两端采用螺栓拼接，其余部分可采用回形卡。

（3）模板与围圈连接应先用钩头螺栓紧固后，再用8#铁丝将模板与围圈铰紧。

（4）模板配件紧固要用力均匀，保证相邻模板配件受力大小一致，避免模板产生不均匀变形。

（5）由于筒仓外壁需要达到清水混凝土要求，故筒仓外壁必须全部采用全新钢模。

（6）围圈在系统组装完成后全部采用焊接连成整体，变截面处还应采用型钢对围圈进行加固，在保证围圈的完整性的同时防止受力变形。同时，外模板下口应采用直径不小于22 mm的钢筋焊成套箍。

（7）模板下口的找补应在模内清理完成，系统验收后进行。

1.4.2　清水混凝土的浇筑

为保证结构良好的整体性，筒仓混凝土应连续浇筑，如必须间隙时，间隙时间应尽量缩短并应在上一层混凝土初凝前，将次层混凝土浇筑完。混凝土按30 cm分层浇筑，每一分层混凝土从开始浇筑至结束须经过3～4层浇筑时间才出模，按控制混凝土出模时间8 h考虑，容许每分层混凝土浇筑时间为1.5 h。振捣上层时，振捣棒应插入下层5 cm，移动间距为振捣作用半径的1.5倍。

1.4.3　清水混凝土的成品保护

上层施工时，不得损坏或污染下一层已浇注的混凝土。浇注上一层混凝土时不允许有浆液或污水流淌或喷洒在已浇好的混凝土筒仓面上。如有污染，必须清洗干净，但不得使污染面积增大。

严禁在仓壁面上乱写、乱画、脚蹬、手抹或随意生火，以免因烟熏而污染墙面，更不得发生火灾。

施工前必须做好各种检查和交接手续，保证各种预埋件的位置准确，严禁在混凝土成型后撬砸墙面。

2　基于BIM技术智慧建造技术

2.1　模型创建及维护

根据相关设计图纸，进行各专业的图纸自查，找出图纸的缺陷，然后分别建立各专业的系统模型。单专业模型示例如图5.3.2.1所示。

工作塔BIM模型

提升塔BIM模型

汽车接收站BIM模型

消防泵房BIM模型

图5.3.2.1　单专业模型示例

2.2 综合模型协调深化

各专业深化模型建立完成后，进行综合管线协调。将土建、水、通风空调、电气各专业模型综合在一起，在 Revit 软件中，结合 Navisworks 软件进行综合协调，碰撞三维检测找出施工交叉矛盾或无法施工的部位，按照施工规范和管道避让的一般原则对管线进行平面和空间位置的调整，并考虑综合支吊架的排布。

2.3 单专业图、综合管线图、预留图制作

综合管线调整完成后，直接导出包含管线系统及标高的单专业图、综合管线图、预留图以及剖面图、大样图等 CAD 图纸。

2.4 钢结构深化设计

深化设计样例如表 5.3.2.1 所示。

表 5.3.2.1　深化设计样例

深化设计要求	深化设计样例
根据钢结构的设计图纸进行三维深化设计，在钢结构与其他专业相冲突的地方运用模型进行碰撞检查，找出问题，并进行修改后以三维图纸的模式进行出图，帮助现场进行构件的安装	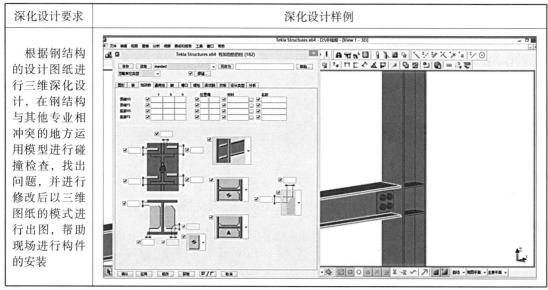

2.5 施工场地布置模拟

用场地模型，对施工临建进行三维设计，并且将施工器械及临时堆场等载入场地模型中，利用 Navisworks 等软件进行动态的施工模拟，以判断场地布置是否合理。现场场地布置模拟示例如图 5.3.2.2 所示。

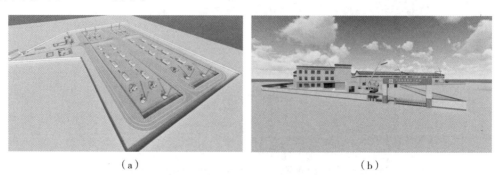

（a）　　　　　　　　　　　　　　　　　（b）

图 5.3.2.2　现场场地布置模拟示例

（a）基础施工阶段 BIM 场布模型；（b）主体施工阶段 BIM 场布模型

2.6　工程量统计

根据已有的 BIM 模型，利用明细表功能，在建模完成后自动统计出结构、建筑、机电等数据库，可对管理人员进行统计的工程量进行校核。工程量统计示例如图 5.3.2.3 所示。

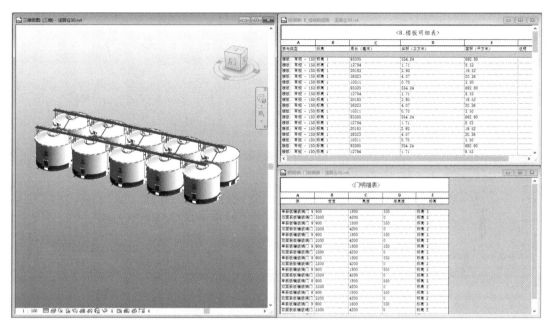

（a）

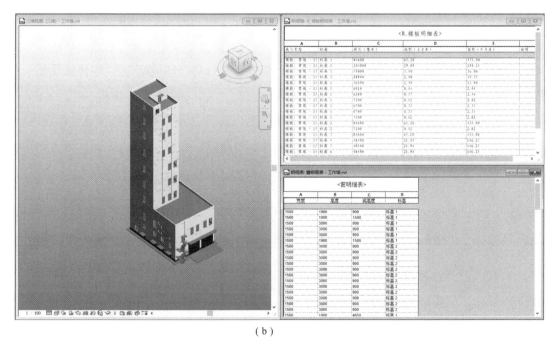

（b）

图 5.3.2.3　工程量统计示例

（a）工作塔工程量统计；（b）浅圆仓工作量统计

2.7　4D 施工模拟、漫游检查

利用 BIM 软件进行施工工程进度模拟，明确人、机、料的过程需求曲线；根据工期节点管线施工、设备安装的实际要求，进行施工工程的工序模拟。施工模拟、漫游检查如图5.3.2.4所示。

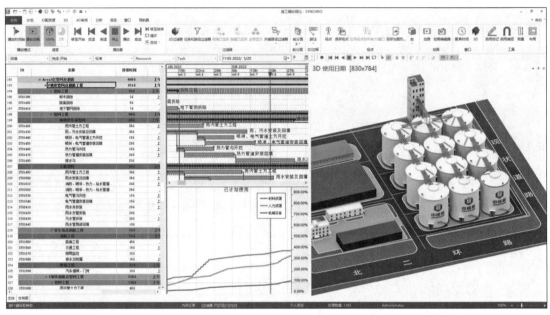

图 5.3.2.4　施工模拟、漫游检查

2.8　大型构件施工模拟

根据大型设备到货需求的时间点，通过 BIM 软件针对钢结构、机电安装、幕墙等大型构件建立模型，在钢结构吊装、机电重点部位安装、幕墙安装等方面进行全路径模拟、墙体预留、障碍物预估，确定吊装运输路径等。通过三维漫游，检查预留净空、预留间距是否满足要求。大型构件吊装示例如图 5.3.2.5 所示。

图 5.3.2.5　大型构件吊装示例

2.9 三维可视化交底

将模拟的方案输出为视频展示给相关管理人员学习，并将重要的节点位置用三维图片绘制，在方案及技术交底中进行应用，更形象直观，让现场工人更好地进行信息的接收。

2.10 净高分析

设计方案优化示例如图 5.3.2.6 所示。

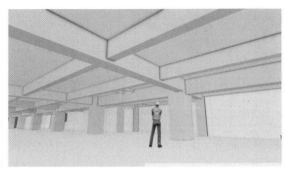

图 5.3.2.6 设计方案优化示例

2.11 漫游

通过漫游，在项目前期预见施工完成效果，提前发现问题并提出解决方案。对施工方案、施工工序进行动画模拟，对其可行性进行讨论与研究，及时优化方案，从而达到节约成本、缩短工期的目的。漫游示例如图 5.3.2.7 所示。

图 5.3.2.7 漫游示例

2.12 模型更新维护及变更管理

在整个项目的实施过程中，我司将根据设计单位签发的设计变更或经业主及设计单位确认的变更类文件及图纸，及时更新模型，确保模型的及时性，保证深化设计模型能够及时反映现场的最新情况，为业主和施工总包单位在施工过程中的沟通协调提供数据基础。模型更新前后对比示例如图 5.3.2.8 所示。

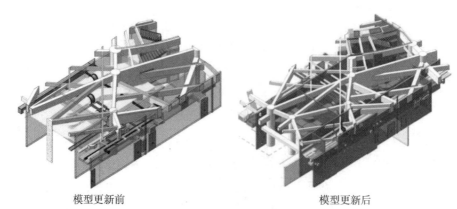

模型更新前　　　　　　　　　　　　　　　模型更新后

图 5.3.2.8　模型更新前后对比示例

2.13　竣工模型交付

在本工程竣工后，交付给业主的除了实体的建筑物外，还将有一个包含详尽、准确工程信息的 BIM 竣工模型，为后续的项目运营提供基础。

此 BIM 竣工模型为一个全面的三维模型信息库，包括本工程建筑、结构、机电等各专业相关模型及大量、准确的工程和构件信息，以电子文件的形式进行长期保存。通过此竣工模型，可以帮助业主进一步实现后续的物业管理和应急系统的建立，实现建筑物全寿命周期的信息交换和使用。

2.14　竣工模型的集成和应用

在工程实施过程中，运用 Revit 系列软件建造的 BIM 模型已基本成型，在形成竣工模型前应对信息模型进行最后的集成和验证。竣工模型交付前验证如表 5.3.2.2 所示。

表 5.3.2.2　竣工模型交付前验证

序号	内容
1	组织各参建方编制完整竣工资料，整理提供作为 BIM 竣工模型的完善基础资料，涉及的模型信息包括以下内容：几何空间信息、技术信息、产品信息、建造信息、维保信息
2	对工程各参建单位提供的信息完整性和精度进行审查，确保本方案要求的信息已全部提供并输入竣工模型中，包括所有的过程变更信息
3	对工程各参建单位提供的信息准确性进行复核，除对实体建筑、基础资料进行核对外，还应对不同单位的信息进行相互验证
4	对竣工信息模型的集成效果进行检测，运用专业软件进行模拟演示，检查各种信息的集成状况

2.15　BIM 模型后期运营应用服务

在项目的运营期，根据物业管理的要求，以 BIM 模型为基础，结合其他技术手段，实现建筑物全生命周期的优化管理是 BIM 技术的重要环节。

3　BIM + 智慧工地

3.1　BIM + 智慧工地协同管理平台概况

针对项目的特点和难点，我们将引入 BIM 5D + 智慧工地协同管理平台，以此管理平台为基础，以进度为主线，以安全、质量为首位，以总承包方项目管理为核心，以各参建单位协同管理为立足点，建立满足项目施工全过程、全方位管理需要的协同化、集成化的项目管理统一平台；对项目进行全面、有效的信息处理，实现参建各相关方之间通畅、高效的信息交流渠道；实现管理工作的协同化、管理过程的精细化、管理信息的共享化、施工过程的可视化、管理决策的科学化，从而提升项目整体管理水平并确保顺利地实现项目各项目标。BIM协同管理平台如图5.3.3.1所示。

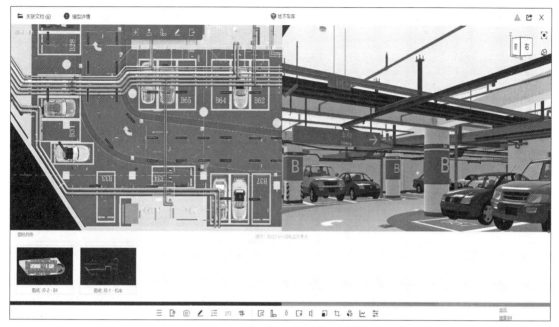

图5.3.3.1 BIM协同管理平台

3.2 劳务管理

门禁系统主要控制施工现场和生活区的人员及车辆的出入。施工现场及生活区各主要出入口都设置相应的设备，并且通过对发放给专人或者车辆的识别卡的记录，将人员信息、车辆信息以及带入现场设备材料信息提供给现场管理指挥中心。门禁系统配合视频监控系统联合工作，一旦有人员进入，则立即开始视频信息的采集，并且对闯入以及非法入侵进行联动监控，将信息及时传达给指挥中心，配合报警系统联动报警。劳务管理看板如图5.3.3.2所示。

3.2.1 AI安全隐患识别系统

AI安全隐患识别系统示意如图5.3.3.3所示。

3.3 设备管理

3.3.1 塔式起重机监测管理

平台高效率、完整地实现塔机实时监控与声光预警报警、数据远传功能，并在司机违章操作发生预警、报警的同时，自动终止起重机危险动作，有效避免和减少安全事故的发生。塔式起重机监测管理示意如图5.3.3.4所示。

3.3.2 施工电梯监测管理

为了方便、快捷地对施工电梯进行合理调度、提高运行效率，在施工电梯上安装楼层呼叫系统。施工电梯升降管理如图5.3.3.5所示。

图 5.3.3.2 劳务管理看板

图 5.3.3.3 AI 安全隐患识别系统示意

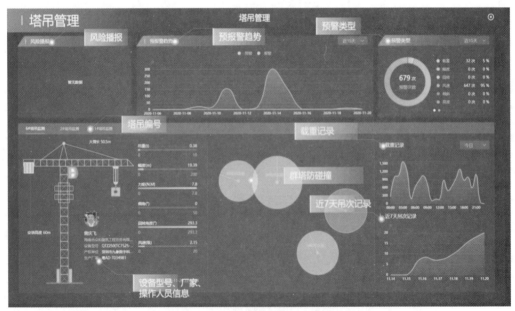

图 5.3.3.4 塔式起重机监测管理示意

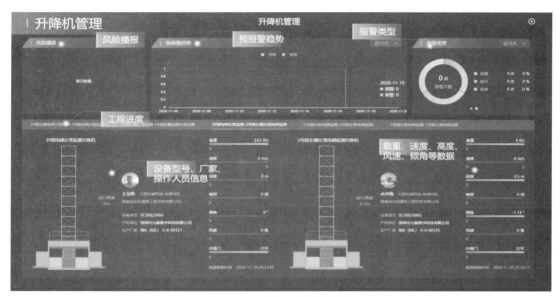

图 5.3.3.5 施工电梯升降管理

3.3.3 车辆出入管理

各分包方的车辆进入现场实行登记制度。车辆进场时在门卫处登记所属劳务分包单位名称、车牌号、进场时间、大约停留时间后，发放临时门禁识别卡，方可进入现场，且凭卡离场。车辆监控系统效果如图 5.3.3.6 所示。

图 5.3.3.6 车辆监控系统效果

3.3.4 临水、临电监测系统

自动远程读取水、电表数据，可按照月、日、时。临水、临电监测设备如图 5.3.3.7 所示。

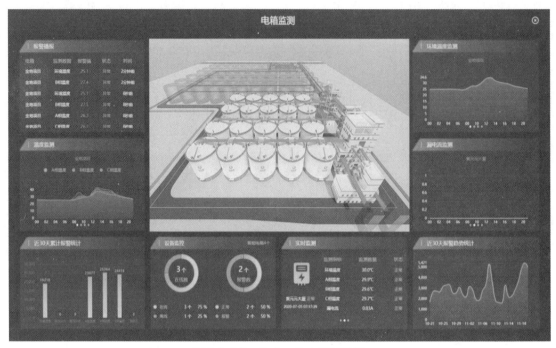

图 5.3.3.7 临水、临电监测设备

3.4 物料管理

通过地磅周边硬件智能监控作弊行为自动采集精准数据；运用数据集成和云计算技术，及时掌握一手数据，有效积累、保值、增值物料数据资产。智能地磅示意如图 5.3.3.8 所示。物料库存监测系统如图 5.3.3.9 所示。

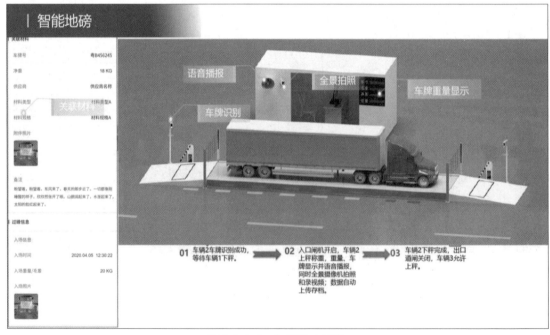

图 5.3.3.8 智能地磅示意

图 5.3.3.9　物料库存监测系统

3.5　工艺工法

3.5.1　模型共享

参建各方用 PC 端或手机 App 就可以查看相关三维模型，可快速查看柱属性、状态、资料等；可以从手机端查看技术交底、大样图、施工图纸等，从而实现了"无纸化"协同管理。

3.5.2　数据交互

施工总包单位在建模过程中，通过检查发现原图纸中存在的错/漏/碰/缺等问题，形成 BIM 设计复核报告，上传云端，设计单位、甲方、监理方、分包方都可以在平台中查看模型及问题，各方通过在线讨论及沟通，解决问题，避免后期因设计变更而产生拆改返工现象。问题和模型的数据交互示意如图 5.3.3.10 所示。

图 5.3.3.10　问题和模型的数据交互示意

3.5.3　档案资料管理

基于 BIM 的文件协同提高了文件的传送效率，使信息的传达更为快速、准确，有效避免了传统信息传递必然的时间滞后和信息衰减。由于进行了统一的文件组织架构管理，在项目实施完成后，所有的资料自动成为企业数据库的一部分。资料管理示意如图 5.3.3.11 所示。

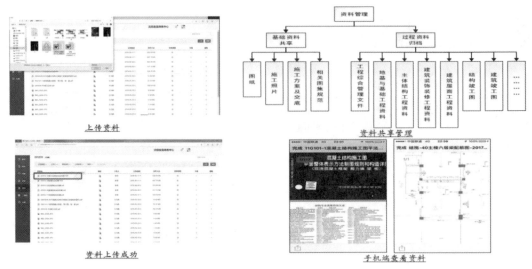

图 5.3.3.11　资料管理示意

3.5.4　合同成本管理

实时看到产值统计、成本比对、分包及设备材料结算等信息关联，参建各方可以在协同平台共同查看工程进度和工程量统计，便于甲方报量和分包结算。合同成本管理示意如图 5.3.3.12 所示。

图 5.3.3.12　合同成本管理示意

3.6　绿色施工

实时采集气象数据，监测项目施工现场环境。环境监测平台如图 5.3.3.13 所示。

3.7　质量管理

通过手机 App 实时监控现场的质量管理状况，做好事前控制工作，以利于发现问题，防患于未然。质量看板如图 5.3.3.14 所示。

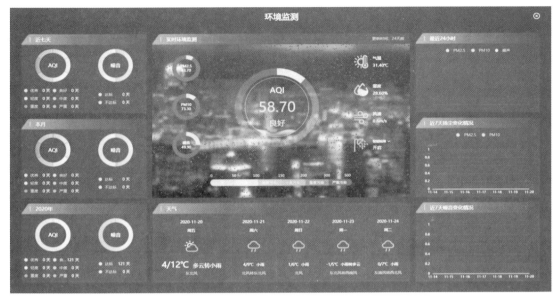

图 5.3.3.13 环境监测平台

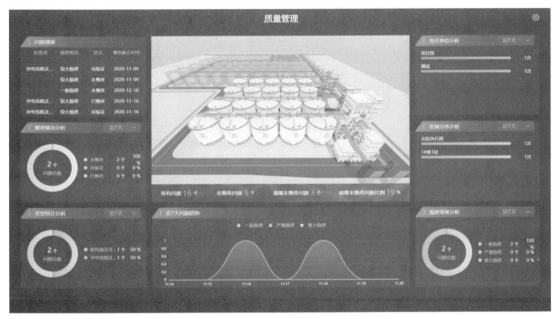

图 5.3.3.14 质量看板

3.8 安全管理

3.8.1 安全巡检

安全员手机端直接收到通知，去现场定期巡检，当发现问题时直接手机发起问题，通知责任人整改；工长收集收到的消息，直接整改，整改完成手机端拍照回复整改完毕，自动通知发起人验收；安全员收到验收消息，去现场验收，合格直接关闭。安全巡检流程如图5.3.3.15 所示。安全问题监督统计如图 5.3.3.16 所示。

图 5.3.3.15　安全巡检流程

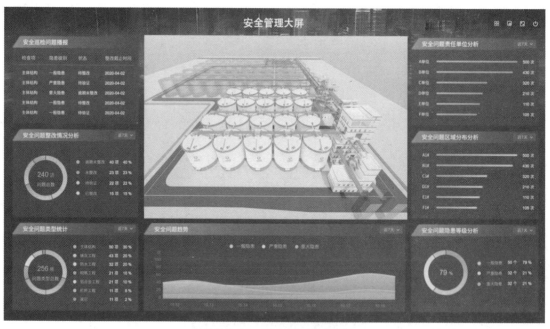

图 5.3.3.16　安全问题监督统计

3.8.2　高大模板支撑系统

高大模板支撑系统在混凝土浇筑过程中和浇筑后一段时间内，由于受压可能发生一定的沉降和位移，如变化过大，可能发生垮塌事故。为及时反映高大模板支撑系统的变化情况，预防事故的发生，需要对支撑系统进行沉降和位移监测。传感器监测如图 5.3.3.17所示。

图 5.3.3.17　传感器监测

3.8.3　红外临边报警系统

红外临边报警系统由一对红外对射主机、处理器主机、警灯、警铃组成。实现现场自动告警提醒、事件自动电话通知管理人员等功能。红外临边报警系统如图 5.3.3.18 所示。

图 5.3.3.18　红外临边报警系统

（a）智能临边防护；（b）红外监控设备

3.8.4　智能烟感监测系统

智能烟感监测系统实时监测宿舍、办公区的日常消防安全状况，一旦发现有人存在违规行为引发火灾，其便会立即报警通知相关人员确认。烟感监测系统如图 5.3.3.19 所示。

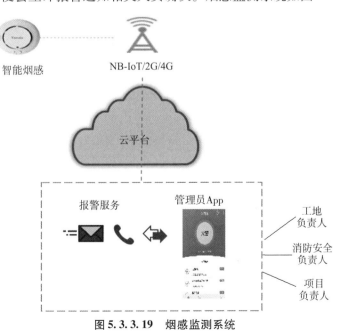

图 5.3.3.19　烟感监测系统

3.8.5 工地广播系统

工地广播系统如图5.3.3.20所示。

工地广播系统

> 日常广播
> 定期宣读生产前的安全注意事项、上下班通知，播放录音或音乐

> 安全警示提醒
> 对当天特殊情况如天气、生产注意事项等，进行广播提醒

> 违章作业及时提醒
> 配合视频监控系统，在发现船只或工人有违章行为时及时告知和警告

> 应急预警、疏散通知
> 对于现场出现突发的安全事故或紧急通知，利用广播系统发出应急预警、指挥疏散。

图5.3.3.20 工地广播系统

3.8.6 VR安全教育体验馆

VR安全教育体验馆如图5.3.3.21所示。

VR安全体验馆

体验项目+基础必备硬件

体验项目+行走平台

体验项目+VR多人体验版

体验项目+蛋椅

> 安全教育效果最好的方式
> （情节互动、体验感强烈，使得施工从业人员能直观感受违规操作带来的危害、后果，强化作业人员安全意识，工人愿意参与）

> 多种形式可选
> （手柄操作互动版、行走平台版、蛋椅版、多人版四种款式供选择，满足低、中、高预算需求）

> 体验感好，可定制开发
> （15年施工行业动画制作经验，画面质感、对话台词、贴合实际工作场景。）

> 体验项目多，内容丰富
> （体验项多达40余个，内容涵盖房建项目、地铁项目、市政项目）

图5.3.3.21 VR安全教育体验馆

3.9 进度管理

通过打通智慧工地平台和BIM建造平台，实现智慧工地与BIM建造的互联互通和数据应用，通过项目进度管控、人员管理、现场可视化管理，逐步实现进度提前目标。进度信息化管理如图5.3.3.22所示。

3.10 全景监控系统

全景监控系统：通过将各类视频监控平台化，并且在GIS地图/平面布置图/BIM模型中对各监控点位进行标记，可利用PC、手机随时随地、有目标地查看实时监控影像，亦可切换到传统的网格监控模式全方位监控；同时通过本地存储，可备份和回放影像。

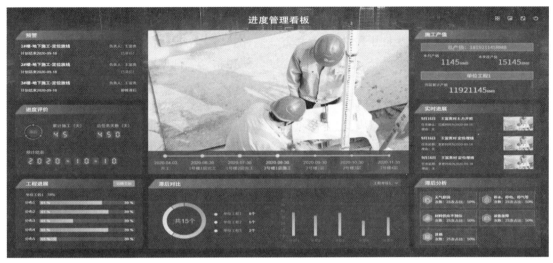

图 5.3.3.22　进度信息化管理

4　绿色储粮技术

4.1　低温储粮技术

温度（t）是影响粮油安全储藏的重要因素。粮堆内的害虫、微生物、粮粒等生物成分在水分和氧气条件适宜的情况下，还必须在一定的温度范围内才能进行正常的生命活动。在不冻坏粮食的情况下，采取不同方式降低储粮温度，就能抑制粮堆内各种生物成分旺盛的生命活动，减少粮食在储藏期间干物质的损耗，最大限度地保持粮食原有品质，延缓储粮陈化速度，是最为理想的一种绿色储粮技术。

低温储粮的历史非常悠久，是目前全世界公认的最为安全、可靠、合理、符合绿色环保要求的储粮技术，其不但可以延缓粮食陈化，具有一定的保鲜作用，而且是目前国内外应用最广泛的病虫害防治方法。研究表明：温度降低 10 ℃，食用粮的生化反应速度就降低一半；粮食保持一定的活力。在温度为 0~50 ℃时，每降低 5 ℃，种子的寿命增加 1 倍。一般环境温度为 8~15 ℃时，是储粮害虫生命活动的最低界限，如果低于此温度，害虫就不能发育和繁殖；如温度为 -4 ℃~8 ℃，害虫就处于冷麻痹状态；如果该温度持续的时间很久，害虫就可能致死。如果温度低于 -4 ℃，达到破坏害虫体内的细胞结构时，害虫则致死。

4.2　气调储粮技术

目前气调储粮技术主要有真空储粮、充 N_2 气调储粮、充 CO_2 气调储粮等。研究证明：当粮堆中氧气浓度降到2%左右，或二氧化碳浓度为40%~60%时，能使粮堆中绝大多数储粮害虫死亡，好氧霉菌可受到抑制，粮食自身呼吸强度也会明显降低。氮气（N_2）气调储粮技术是一项绿色环保储粮技术，与传统保粮方法相比，有杀虫、抑霉、保鲜等优点。气调储粮成功的关键是仓房的气密性，气密性越好，N_2 浓度保持时间会越长，杀虫保鲜效果越好，运行成本越低。

氮气气调技术的原理是让粮仓内的粮堆形成一个全封闭的空间，充入纯净的 N_2，置换出氧气，使仓内 N_2 浓度达到98%以上，并保持 28 天以上甚至更长的时间，不仅能达到杀死害虫的目的，还能抑霉、保鲜，降低粮食品质劣变速度，并且气源来自空气，对环境无任何污染，称得上真正的绿色环保科技储粮技术。

4.3 内环流控温技术

内环流控温技术是利用相同体积粮食和空气的比热容差距很大的原理，粮食吸收空气中的热量升高一定温度，空气释放热量而降低温度，使得粮仓内部的温度保持在一定的温度条件下。

内环流控温技术是在机械通风技术、保温技术和环流技术的基础上逐步发展起来的，其本质是利用一定体积、重量的粮食温度每上升 1 ℃ 可以吸收粮仓空间中更大体积空气中热量的原理，在秋冬季节将粮仓中的粮食通过机械通风降温，降到比较低的温度，在夏季以粮食升高一定温度为代价，通过粮食和空气热量交换，将粮仓中的空间温度保持在一定水平，达到低温储粮、防止储粮害虫繁殖等目的。

内环流控温系统由通风系统、保温环流管路和环流风机及控制系统组成。通风系统为地上笼通风系统。保温环流管道为套管结构，外管是直径 133 mm 的 304 不锈钢管，内管采用直径 90 mm 的 PVC 管，其间填充聚氨酯发泡保温材料，通过通风口和粮面的过墙孔连通粮堆底部和上部的空间。环流风机为三相异步防爆风机，功率为 0.75 kW，控制系统由温度传感器、控制柜、控制单元、液晶显示屏组成，其中温度传感器安装在仓内粮面以上廒间中间位置，用于检测仓内粮面上的温度，并向控制单元发送温度信号。控制柜一般安装在仓外廒间的中间位置，实现系统各部件的运行控制，控制单元安装在控制柜内部，接受温度传感器信号，并根据信号判断发出各运行命令；同时，还要储存各项运行参数。

5 粮库仓储智能化

5.1 充氮气气调的智能化

氮气气调储粮是一种在国内外均被广泛应用的绿色储粮技术，也是我国绿色储粮技术的首选。氮气气调储粮技术即富氮降氧储粮技术，是通过调节粮食仓储环境中氮气、氧气的气体成分比例，使粮堆内氮气浓度达到 95%~98%，并长时间保持该浓度，从而抑制储粮害虫和粮食微生物的生长繁殖，延缓粮食陈化，保持粮食新鲜度。

目前的智能充氮气气调储粮系统主要包括制氮机组设备、氮气管网、氮气环流装置、氮气浓度检测装置和智能控制系统等。系统可实时检测粮堆内氮气浓度和气体的压力，根据杀虫、防虫、储藏等作业需求，适时自动远程控制粮仓现场的自动阀门组、设备开关，对粮仓内氮气进行充气、排气、环流、补气等作业，时刻保持粮仓内氮气浓度，让粮食绿色和环保，提高储粮的安全性。

5.2 粮情监测的智能化

粮情监测系统作为粮食仓储智能化中的重要组成部分，是智能化仓储实现的前提，是保证智能气调、智能通风等系统顺利进行的基础，对粮食品质及安全起着重要的作用。粮情监测主要包括粮食温湿度监测以及虫害监测，并对相关数据进行收集、分析，从而全面掌控储粮动态，降低储粮风险，减少损失，保证粮食的安全。

5.2.1 粮食温湿度监测

利用仓内安装的数字测温、测湿电缆对粮堆各部位温度和湿度、粮仓内空间温度和湿度、粮仓外环境温度和湿度等基本参数进行监测，以三维立体图、数据表格、温湿度曲线等直观的方式显示仓内粮食各部位的温湿度，并对比分析温湿度差值，如有异常，则发出报警信号同时输出控制信号，进而通过智能通风调节粮仓温湿度。

5.2.2 虫害监测

粮食储藏中储粮害虫的发生分布规律与种群动态是其科学防治的依据和基础。利用粮虫诱捕器捕捉仓内虫害，通过传输管道将其采集至储虫瓶中，同时采用红外光源技术对虫害数量统计识别，经数据分析后，形成分析统计报表等，对虫害情况进行综合判断，实时跟踪监测虫害活动和变化情况，并及时采取相应的有效措施。

5.3 温度控制的智能化

温度对于粮食仓储至关重要，温度过高，会加快粮食品质的劣化，影响储粮安全。目前，粮食仓储按照温度控制要求可以分为常温仓和控温仓，其中控温仓又可以分为低温仓和准低温仓。控温仓的温度控制以降低粮温为主，要求温度控制在 20 ℃以下，一般均设置有制冷系统或配置有谷物冷却机。常温仓则通过季节性通风及仓房的保温措施控制粮食温度。

目前普遍采用的为智能通风技术，大致可分为智能化粮堆通风降温系统、智能化排积热通风系统、智能化缓速通风系统、智能化内环流均温通风系统等。根据粮库机械通风管理，利用计算机粮情检测系统检测粮堆内外温度、湿度等通风参数，通过计算比较，准确判断通风条件，当粮堆内、外通风参数符合通风条件时，系统将自动打开粮仓的电动窗户，启动通风机进行机械通风，捕捉最佳时机进行储粮通风降温，避免低效通风、无效通风和有害通风现象的发生，同时可以在后台软件上设置通风设备的自动通风时间，在要求时间内风机自动启动工作，以此实现储粮机械通风过程的全自动化控制，达到降温通风、保质通风的目的，有效改善粮食品质，降低通风能耗，节约储粮。

5.4 粮库作业智能化

粮库作为粮食仓储的场所，其作业内容主要包括出入库作业和粮食进出仓作业。智能出入库系统是指利用一卡通采集信息，在库内各个环节以流水作业方式实现信息共享，简化以往各个作业换机的烦琐流程。智能出入库系统集合了汽车出入库管理、扦样、检化验、计量等功能，能够大幅度提升作业效率。粮食进出仓作业目前采用移动式输送设备和固定式设备两种方式，后者通过对设备进行智能化改造、信息化集成，实现进出仓作业的智能化。

5.5 安防监控系统智能化

粮库智能安防监控系统是基于网络的视频监控系统，利用网络传输视频信号及相应数据，监控中心可以实时查看监控现场情况，可以实现储备粮数量实时监测、仓内视频监控、仓房出入口监控、补仓数量计算等功能，可对粮食库存数量和进出粮作业情况进行远程实时监控，及时刷新真实库存数量，在粮仓有异动时，系统自动启动测量机构跟踪测量计算，确保粮食储备的数量真实可靠，减少清查盘库成本。库内监控系统主要设置在库区各建筑物及主干道上，实现库区全网络覆盖，提供全方位安全保障措施，建立一套以预防为主、联动控制、响应及时的安全防范体系。

5.6 仓储信息管理智能化

粮库有粮食中转、储存、贸易和信息服务的等多种业务，涉及较多的生产现场管理及复杂的运输管理。仓储信息管理系统将众多业务子系统有机结合，并将现代信息技术、先进管理理念与粮食管理需求相融合，根据粮食管理目标、职责、流程和层级，建设以储备粮业务为核心，涵盖粮食仓储、购销、质量、应急供应、粮情监测、统计、财务等综合管理内容的仓储信息管理系统。目前，仓储信息管理系统智能化不断完善，逐步实现了仓储信息网络化，全方位信息化管理使人们对粮库的综合管理水平不断提升。

科技储粮的智慧建造、绿色储粮、粮库智慧化发展还存在很大的发展空间，未来科技也在不断发展进步，科技储粮综合借鉴先进技术，不断研发、完善、强化储粮技术。科技储粮任重而道远，这是各类研究机构、各类企业的管理人员、研究人员和工作人员的一项长久任务，最终依靠科技进步突破关键技术难题，对于"把中国人的饭碗牢牢端在自己手中"具有十分重要的意义。

参 考 文 献

［1］中华人民共和国住房和城乡建设部. GB 50300—2013《建筑工程施工质量验收统一标准》［S］. 北京：中国建筑工业出版社，2014.

［2］中华人民共和国住房和城乡建设部. GB 50204—2015《混凝土结构工程施工质量验收规范》［S］. 北京：中国建筑工业出版社，2015.

［3］中华人民共和国住房和城乡建设部，中华人民共和国国家质量监督检验检疫总局. GB 50656—2011《施工企业安全生产管理规范》［S］. 北京：中国计划出版社，2012.

［4］中华人民共和国住房和城乡建设部. GB 50026—2020《工程测量规范》［S］. 北京：中国计划出版社，2021.

［5］中华人民共和国住房和城乡建设部. GB 50870—2013《建筑施工安全技术统一规范》［S］. 北京：中国计划出版社，2014.

［6］中华人民共和国住房和城乡建设部. GB 51210—2016《建筑施工脚手架安全技术统一标准》［S］. 北京：中国建筑工业出版社，2017.

［7］中华人民共和国住房和城乡建设部. GB 50010—2010《混凝土结构设计规范》［S］. 北京：中国建筑工业出版社，2011.

［8］中华人民共和国住房和城乡建设部. JGJ 162—2008《建筑施工模板安全技术规范》［S］. 北京：中国建筑工业出版社，2008.

［9］中华人民共和国住房和城乡建设部. JGJ 59—2011《建筑施工安全检查标准》［S］. 北京：中国建筑工业出版社，2012.

［10］中华人民共和国住房和城乡建设部. JGJ 300—2013《建筑施工临时支撑结构技术规范》［S］. 北京：中国建筑工业出版社，2014.

［11］中华人民共和国住房和城乡建设部. JGJ 80—2016《建筑施工高处作业安全技术规范》［S］. 北京：中国建筑工业出版社，2016.

［12］中华人民共和国住房和城乡建设部. JGJ 130—2011《建筑施工扣件式钢管脚手架安全技术规范》［S］. 北京：中国建筑工业出版社，2011.

［13］建筑施工委员会.《建筑施工手册》［M］. 5 版. 北京：中国建筑工业出版社，2013.

［14］中华人民共和国住房和城乡建设部. JGJ 59—2011《建筑施工安全检查标准》［S］. 北京：中国建筑工业出版社，2012.

［15］中华人民共和国住房和城乡建设部. JGJ/T 231—2021《建筑施工承插型盘扣式钢管脚手架安全技术标准》［S］. 北京：中国建筑工业出版社，2021.

［16］中华人民共和国住房和城乡建设部. JG/T 503—2016《承插型盘扣式钢管支架构件》［S］. 北京：中国标准出版社，2017.

［17］《中华人民共和国安全生产法》中华人民共和国主席令第 88 号.

［18］《建设工程安全生产管理条例》中华人民共和国国务院令第 393 号.

［19］《危险性较大的分部分项工程安全管理规定》中华人民共和国住房和城乡建设部令第 47 号.

［20］《住房城乡建设部办公厅关于实施（危险性较大的分部分项工程安全管理规定）有关问题的通知》建办质〔2018〕31 号.

［21］《住房和城乡建设部办公厅关于印发危险性较大的分部分项工程专项施工方案编制指南的通知》建办质〔2021〕48 号.